全国环境监测培训系列教材

生态环境遥感监测技术

环境保护部卫星环境应用中心
中 国 环 境 监 测 总 站 编

中国环境出版集团·北京

图书在版编目（CIP）数据

生态环境遥感监测技术 / 环境保护部卫星环境应用中心，中国环境监测总站编. —北京：中国环境出版集团，2013.12（2020.9 重印）
全国环境监测培训系列教材
ISBN 978-7-5111-1664-2

Ⅰ. ①生…　Ⅱ. ①环…②中…　Ⅲ. ①环境遥感—应用—生态环境—环境监测　Ⅳ. ①X83

中国版本图书馆 CIP 数据核字（2013）第 288464 号

出 版 人　武德凯
责任编辑　曲　婷
责任校对　尹　芳
封面设计　陈　莹

出版发行　中国环境出版集团
（100062　北京市东城区广渠门内大街 16 号）
网　　址：http://www.cesp.com.cn
电子邮箱：bjgl@cesp.com.cn
联系电话：010-67112765（编辑管理部）
发行热线：010-67125803，01067113405（传真）

印　　刷　北京中科印刷有限公司
经　　销　各地新华书店
版　　次　2013 年 12 月第 1 版
印　　次　2020 年 9 月第 3 次印刷
开　　本　787×1092　1/16
印　　张　15.25
字　　数　350 千字
定　　价　45.00 元

《全国环境监测培训系列教材》
编写指导委员会

《全国环境监测培训系列教材》
编审委员会

《生态环境遥感监测技术》
编写委员会

主 任 委 员：吴国增

副主任委员：王　桥　李京荣

委　　　员：（以姓氏笔画为序）

王昌佐　厉　青　申文明　许全文　张　峰　杨一鹏
吴传庆

编 写 人 员：（以姓氏笔画为序）

万华伟　马万栋　王昌佐　王中挺　王雪蕾　毛慧琴
厉　青　申文明　付　卓　史园莉　孙中平　朱　利
刘晓曼　刘慧明　初　东　张　峰　张　雪　吴传庆
吴艳婷　吴　迪　刘思含　杨一鹏　杨海军　肖　桐
肖如林　李　静　李　营　陈　辉　张丽娟　周春艳
屈　冉　侯　鹏　赵少华　洪运富　姜　俊　洪运富
姚延娟　殷守敬　高彦华　聂忆黄　游代安　熊文成
翟　俊

序

党的十八大把生态文明建设纳入中国特色社会主义事业总体布局，提出建设美丽中国的宏伟目标。环境保护作为生态文明建设的主阵地和根本措施，迎来了难得的发展机遇。环境监测是环保事业发展的基础性工作，“基础不牢，地动山摇”。环境监测要成为探索环保新路的先锋队和排头兵，必须建设一支业务素质强、技术水平高、工作作风硬的环境监测队伍。

我国各级环境监测队伍现有人员近6万人，肩负着“三个说清”的重任，奋战在环保工作的最前沿。我部高度重视监测队伍建设和人员培训工作，先后印发了《关于加强环境监测培训工作的意见》、《国家环境监测培训三年规划(2013—2015年)》，并启动实施了环境监测大培训。

为进一步提升环境监测培训教材的水平，环境监测司会同中国环境监测总站组织全国环境监测系统的部分专家，编写了全国环境监测培训系列教材。这套教材深入总结了30多年来全国环境监测工作的理论与实践经验，紧密结合当前环境监测工作实际需要，对环境监测各业务领域的基础知识、基本技能进行了全面阐述，对法律法规、规章制度和标准规范作了系统论述，对在监测管理和技术工作中遇到的重点和难点问题进行了详细解答，具有很强的科学性、针对性和指导性。

相信这套教材的编辑出版，将会更好地指导全国环境监测培训工作，进一步提高环境监测人员的管理和业务技术能力，促进全国环境监测工作整体水平的提升。希望全国环境监测战线的同志们认真学习，刻苦钻研，不断提高自身能力素质，为推进环境监测事业科学发展、建设生态文明作出新的更大的贡献！

吴晓青

2013年9月9日

前 言

《生态环境遥感监测技术》分册是全国环境监测培训系列教材之一。教材为进一步提高全国环境监测管理和技术水平，强化环境监测培训工作，落实《关于加强环境监测培训工作的意见》和《国家环境监测培训三年规划（2013—2015年）》，环境保护部计划编写全国环境监测培训系列教材14本，环境遥感监测分册为其中一本，主要介绍卫星遥感技术在环境保护领域中的应用。环境遥感工作是针对环境管理的需求和环境保护的重点工作，基于环境一号卫星数据及其它多源遥感数据，开展了系列的环境遥感监测技术体系、关键技术研究及业务运行工作。环境遥感工作基于各项成果，近年出版了《基于环境一号卫星的生态环境遥感监测》、《大气环境卫星遥感技术及其应用》、《环境一号卫星应用系统工程及其关键技术研究图集》等专著。

本教材吸纳了以上专著的一些内容，以现有较为成熟的环境遥感技术应用技术体系和业务运行成果为主，介绍了环境遥感监测应用进展和图像处理、水环境遥感监测、大气环境遥感监测、生态环境遥感监测原理及应用等内容，旨在提高环境遥感监测技术应用能力和水平，为环境保护和环境管理提供支持。

本教材第一章环境遥感概论由张峰、吴艳婷、赵少华、刘思含、翟俊编写；第二章遥感图像处理由申文明、付卓、熊文成、肖如林、史园莉、张雪、姜俊编写；第三章地表水环境遥感监测由吴传庆、朱利、殷守敬编写；第四章空气环境遥感监测由厉青、周春燕、毛慧琴、王中挺、陈辉、张丽娟编写；第五章生态环境遥感监测由万华伟、屈冉、李静、王昌佐、刘晓曼、高彦华、肖桐、刘慧明编写。

本教材所介绍的成果是在环境保护部领导和各相关部门的支持和帮助下取得的，本教材的编写也得到了环境保护部和相关部门的指导和支持，在此表示衷心的感谢。同时，也感谢参与本教材编写的各位工作人员。

编者

2013年9月于北京

目　录

第一章　环境遥感概论

第一节　环境遥感发展现状

一、环境遥感

环境遥感是指利用卫星平台上的光学、微波和电子光学遥感仪器从高空接收被测环境物体反射或辐射的电磁波信息，并加工处理成能识别和揭示环境现象物理属性、形状特征和动态变化信息的科学技术。其主要任务是利用卫星遥感手段提供全球或局部地区的环境遥感图像，从而获取地球各种环境要素的定量数据。“环境遥感”一词于1962年开始在国际科技文献中出现。1964年美国国家航空航天局、国家科学院和海军海洋局联合发起举行“空间地理学”的专题讨论会，讨论如何从空间研究地球环境，提出一个以地球为目标的空间观测规划。1964年10月一架装有微波辐射仪、摄影测量照相机、多光谱照相机、紫外照相机、红外扫描仪、多普勒雷达等遥感仪器的遥感飞机投入使用；1967年在美国国家航空航天局主持下制定了地球资源和环境观测计划，并制成“地球资源技术卫星”（后改称“陆地卫星”）；1972年美国发射了首颗地球资源技术卫星ERST-1（Landsat1），之后环境遥感技术得到了不断地发展，卫星所携带的遥感仪器种类越来越多，波段覆盖了紫外、可见光、红外、微波波段，地面分辨率由公里级发展到米级，波谱分辨率由几百纳米发展到了几个纳米。随着环境遥感技术的发展，逐渐出现了对大气、陆地、海洋环境及其动态变化进行监测的环境卫星系列。环境卫星对环境污染的监测可做到大面积同步，每隔一定时段对地面重复成像，进行连续监测，掌握环境污染的动态变化，预报污染发展趋势。随着全球性环境问题的日益突出，环境卫星已受到国际上的高度重视，美国、法国、日本等发达国家已发射了各种环境卫星，对地球环境进行全面观测。

二、环境遥感应用现状

环境遥感应用主要指利用环境遥感技术进行的各种生态环境监测、分析、评估、预警，以及对各种环境遥感数据产品进行加工、生产、分发和利用。随着国际性环境问题的日益突出，环境遥感应用的重要性也越来越明显，世界上任何一个掌握卫星遥感技术的国家无一例外地把环境遥感应用作为其卫星应用的重点来对待。目前环境遥感应用及进展主要体现在大型水体环境遥感应用、区域大气环境遥感应用和宏观生态环境遥感应用三大方面。

（一）水环境遥感监测应用发展现状

水环境遥感监测分为海洋水色遥感和内陆水体遥感。海洋水色遥感监测目前已逐步实现了业务化运行，监测指标主要为叶绿素 a 、悬浮物、水温等，代表性的卫星平台和传感器有美国的 Seastar/SeaWiFS、EOS-TERRA&AQUA/MODIS 及欧空局的 ENVISAT/MERIS、日本的 ADEOS/GLI、印度的 IRS/OCM 等，国产卫星有海洋卫星系列的 HY-1A、HY-1B 和风云卫星系列的 FY-1C 和 FY-1D。内陆水体水域面积相对小且污染类型多样，要求更高的空间分辨率和光谱分辨率，监测指标主要为叶绿素 a 、悬浮物、可溶性有机物、水温、透明度等。通常采用空间分辨率较高的陆地卫星系列（如美国的 Landsat/TM、法国的 SPOT/HRV、印度的 IRS-1/LISS-Ⅲ）和高光谱卫星（如美国的 EO-1/Hyperion 等）。国产卫星以环境一号卫星数据为主，目前已建立了水华、叶绿素 a 、悬浮物、水温等水环境指标的遥感反演与信息提取的技术流程。

水环境遥感监测应用示范方面，我国先后对海河、渤海湾、蓟运河、大连湾、长春南湖、于桥水库、珠江、苏南大运河、太湖、巢湖、滇池、三峡库区等大型水体进行了遥感监测，工作主要集中在水中悬浮物、水体温度、色度的变化、水中可溶性有机物等变化的监测，具体包括水域分布变化、水体沼泽化、赤潮和富营养化、泥沙污染、废水污染、固体漂浮物污染监测等。其中，环境保护部对太湖、巢湖、滇池、三峡水库等内陆水体的蓝藻水华、水体富营养化等遥感动态监测已经实现业务化运行，对近海海域绿藻浒苔、溢油等遥感监测应用也取得了显著成效。

（二）大气环境遥感监测应用发展现状

在区域大气环境遥感方面，由于卫星遥感监测大气环境污染的优势，使得利用卫星遥感监测大气环境的技术得到了较快的发展，自 20 世纪 70 年代开始到现在，欧美等发达国家在使用卫星遥感技术监测大气气溶胶、可吸入颗粒物（TSP、PM_{10}）、臭氧（O_3）、二氧化硫（SO_2）、二氧化氮（NO_2）、二氧化碳（CO_2）、甲烷（CH_4）等方面取得了显著进展，其中对大气气溶胶、O_3、沙尘暴等监测已经基本达到业务化应用程度。经过多年努力，国际上已发展了大量用于大气环境监测的卫星传感器，主要有美国的 NOAA/AVHRR、EOS-TERRA、AQUA/MODIS、TERRA/MOPITT，欧空局的 ENVISAT/SCIAMACHY、ERS-2/GOME、METOP-1/GOME-2，日本的 ADEOS-Ⅱ/TOMS&TOVS 等。其中用于探测气溶胶光学厚度的有装载于 EOS-TERRA 和 EOS-AQUA 平台上的 MODIS 传感器，ERBS 平台上的 SAGE Ⅱ 传感器，此外还有 GOES、TOMS 等传感器；用于探测 O_3 的有装载于 NASA 的 TOMS 传感器、装载于 NOAA 上的 TOVS 传感器、装载于 ERS-2 上的 GOME 传感器、装载于 METOP-1 上的 GOME-2 传感器等；用于探测 CO 和 CH_4 的有装载于 EOS-TERRA 上的 MOPITT 传感器；用于探测 SO_2、NO_2 等气体的有 SCIAMACHY 传感器等。其中美国的 TERRA 卫星上携带的对流层污染测量传感器 MOPITT 可以实现对研究区域上空某一高度 CO 的浓度分布和由于生物质燃烧释放的 CO 的分布；美国的 TERRA 和 AQUA 卫星上携带的 MODIS 传感器、OrbView-2 卫星上的 SeaWiFS 传感器可以实现对大气污染事件的监测，如烟雾、霾、火灾、沙尘、火山喷发等引起的污染现象的监测；TERRA

卫星上的 MISR 传感器可以实现对大气雾和霾、大气颗粒物的监测；CERES 传感器可实现对大气气溶胶的辐射影响效应的监测；ASTER 可以实现对火灾、烟雾、火山喷发、大型火电站的监测；TRMM 卫星的可见光和红外扫描仪（VIRS）传感器也可以实现对火灾形成的烟雾进行监测。

由于大气中各成分的浓度较小，且波谱特征较为复杂，卫星遥感对大气污染参数监测能力较弱，但是由于大气成分监测对象在紫外、可见光、红外波段的吸收特性和对不同波段太阳辐射的消光差异，综合利用可见光、紫外、红外等高光谱遥感，可以较好地实现对大气环境的遥感监测和分析。发达国家对大气气溶胶、臭氧、沙尘暴的监测基本实现业务化应用，国内对大气气溶胶、颗粒物浓度、沙尘以及秸秆焚烧火点监测等也已经开始业务化运行，SO_2、NO_2、CO_2、CO 等污染气体与温室气体监测正在进行应用示范。国产卫星主要为风云系列气象卫星（FY）和环境一号卫星（HJ-1），目前已经建立了气溶胶、颗粒物浓度、污染与温室气体（O_3、SO_2、NO_2、CO_2、CO、CH_4）、热污染等大气监测指标的遥感反演与信息提取算法与技术流程，并在空气环境遥感技术研究与应用示范等方面进行了研究，开展空气质量评价、秸秆焚烧火点监测，沙尘监测预警等应用。其中，对全国和地区的秸秆焚烧动态监测、城市大气气溶胶监测、沙尘及沙尘暴动态监测与评估已经实现业务化运行，正在尝试开展对污染气体、温室气体以及颗粒物浓度的业务化动态监测。其中，在 2008 年北京奥运会、2010 年上海世博会和广州亚运会期间，对北京周边、长三角和珠三角地区秸秆焚烧情况进行遥感监测，为环境监察部门的执法工作提供了重要依据，为保障北京奥运会、上海世博会和广州亚运会期间空气质量控制提供了信息服务。

（三）生态环境遥感监测应用发展现状

利用遥感进行生态环境的监测应用发展较为成熟，主要研究集中在土地利用/土地覆盖与城市扩展动态监测、生物物理参数信息提取（如植被指数 NDVI、叶面积指数 LAI、蒸散量 ET、初级生产力 NPP、地表反照率 Albedo、陆地表面温度 LST 等）、大尺度生态系统状况评估、生态环境质量动态监测和评价，区域尺度上开展对重要生态功能区、自然保护区、生物多样性优先保护区的生态环境监测，还有针对重大工程环境影响评价、土壤侵蚀与地面水污染负荷产生量估算，生物栖息地评价和保护、工程选址、防护林保护规划和建设、灾害预警与灾后评估等众多方面。

目前，生态环境卫星遥感监测常用的卫星主要有美国的 Landsat/TM 系列、法国的 SPOT 系列、美国的 EOS 系列、日本的 ADEOS 系列、印度的 IRS 系列、中巴资源卫星 CBERS 系列以及美国的 EO-1/ALI 高光谱卫星等。Landsat-7 于 1999 年发射，具有 1 个 15 m 分辨率的全色谱段和 60 m 分辨率的热红外波段，可广泛用于水穿透、叶绿素吸收和测深、植被类型区分、健康植被的峰值、植物活力估计、湿度含量、氢氧离子吸收、植物热应力、薄云穿透等。SPOT-4 于 1998 年发射，主要遥感器有用于陆地、海洋、植被和冰雪探测的 HRVIR（高分辨可见光和红外遥感器），用于植物水分、植物状况等探测的 Vegetation（植被仪）。EOS 是美国对全球陆地、海洋和大气进行综合观测的大型遥感卫星系统。国内主要有 HJ-1、资源一号、北京一号等国产卫星，针对 HJ-1 卫星数据，已构建了生态环境遥感监测指标体系，建立了土地生态自动分类以及生物物理参数、景观状态参数等遥感反演与信息提取的技术流程。

生态环境遥感监测应用示范方面，美国等发达国家已经基于 TM 数据建立国家级土地覆盖数据库，并实现周期为 5 年左右的动态更新。2001 年启动的千年生态系统评估，在全球尺度上系统、全面地揭示了各类生态系统的现状和变化趋势、未来变化的情景和应采取的对策，对国际社会和许多国家产生了重要影响。我国于 1999—2002 年启动中国西部地区和中东部地区生态环境现状调查，开展了土地利用分类和现状评估、典型生态问题和典型区域分析等工作，取得了较好的成效。2011 年，再次启动全国生态环境十年变化（2000—2010 年）遥感调查与评估，主要对生态系统格局、质量、服务功能、人为胁迫、生态问题进行分析，全面反映我国生态环境现况和变化，总结生态环境保护成效和经验。在区域尺度上，在保护区监管、城市热岛、流域治理监测、自然灾害评估，以及湿地、森林、草原、矿区监测与调查等领域开展了相关工作。其中，对国家级自然保护区内人为活动遥感监测和评估，对青海木里、陕西榆神府矿区等矿产资源开发区生态状况的遥感监测应用，对呼伦贝尔防风固沙生态功能区、西藏拉鲁湿地、三江源、辽河流域等典型区的生态遥感监测评价和示范等，都取得了显著的成效，为生态管理提供了重要技术支持。近年来遥感技术在环境事件应急工作中也开始发挥作用，针对 2008 年汶川特大地震、2010 年舟曲特大滑坡泥石流、2010 年西南极端气象干旱、2011 年云南盈江地震和长江中下游重大干旱等突发环境事件，环保部门采用卫星遥感进行的灾区环境影响及损毁遥感监测与评估、生态环境风险遥感评价，为抗震救灾和恢复重建工作提供了重要技术支持。

第二节　环境遥感应用需求

随着环境保护工作力度的不断加大，卫星遥感技术在环境保护领域中应用的必要性和迫切性也越来越突出，发展我国专门用于环境监测的卫星系统、开展环境遥感监测应用技术研究和业务运行工作已成为共识。按照我国环境保护管理工作的实际需要和环境监测工作任务要求，环境遥感应用需求主要体现主要污染物减排、突出环境问题监测、环境风险防控、核与辐射环境安全及环境外交等方面。

一、主要污染物减排遥感监测应用需求

完成污染减排任务的重要前提是查清污染源的分布，分析主要污染物排放情况及其原因，准确核定污染源排放量，从而实现通过环境管理控制主要污染物排放总量。卫星遥感技术对我国目前的污染物监测具有重要价值，可应用于减排指标、监测、考核三大体系中，增强区域和流域的污染物时空分布和变化分析能力，满足重点流域和区域污染源排放监管、环境执法的需要。

1. 主要污染物总量减排指标制定需求

科学的指标体系是节能减排工作顺利开展的重要前提，应做到方法科学、交叉印证、数据准确、可比性强，能够及时、准确、全面地反映主要污染物的排放情况和变化趋

势。需要卫星遥感数据提供大空间范围、长时间序列、多理化特性的污染物信息，从而更好地掌握我国主要污染物的分布、来源以及时空变化，对污染源进行普查并动态更新相关信息，为制定科学合理的减排指标体系、分解落实具体的减排任务提供有力信息支持。

2. 主要污染物总量减排监测需求

准确的减排监测体系是节能减排任务有效落实的关键保障，应实现装备先进、标准规范、手段多样、运转高效，能够及时跟踪各地区和重点企业主要污染物排放变化情况。需要卫星遥感技术为主要污染物的排放监测提供大范围、短周期、高分辨率、多信息的数据，通过与地面监测手段有机结合，不仅能对大尺度、跨行政区、成因复杂的宏观环境状况进行监测，而且能对重点企业、区域的排放情况进行连续跟踪监测，为减排监测工作提供了稳定、高效、准确的数据保障。

3. 主要污染物总量减排考核需求

严格的减排考核体系是推进和落实节能减排任务的重要手段，应权责明确、监督有力、程序适当、奖罚分明，能够做到让那些不重视污染减排工作的责任人付出应有的代价。需要卫星遥感技术在宏观尺度和长时间序列下对污染物总量连续监测，在此基础上对减排成效进行核查、比较和评估，为考核地方及大型企业的减排任务完成情况提供准确、客观的依据，从而保障国家节能减排宏观部署的有效实施。特别需要发展环境大气专用载荷，对 SO_2 和氮氧化物等“十二五”减排的主要污染物进行直接定量反演，并间接获取另两个主要污染物——化学需氧量和氨氮的相关指标，为国家减排污染物总量核查提供有力手段，在减排效果核定与评价方面发挥积极作用。

二、突出环境问题遥感监测需求

改善环境质量，让江河湖泊休养生息，力争重点区域水质明显好转；实施多种污染物综合控制，改善重点区域和城市空气质量。这都需要利用卫星遥感技术获取有效的环境监测数据，客观反映环境质量状况和变化趋势，支持监视环境状况变化、考核环境保护工作成效、实施环境质量监督管理等业务工作。

1. 空气环境监测的遥感需求

为推进区域大气污染联防联控，协同控制温室气体排放，实施多种污染物综合控制，改善重点区域和城市空气质量，需要卫星遥感提供大范围、连续性、定量化的大气成分信息，对大气颗粒物、污染气体、温室气体的含量和时空分布进行有效监测。大气环境监测的遥感需求主要包括：

1）在城市环境空气质量监测方面，以可吸入颗粒物含量、灰霾分布的遥感监测为重点，对长三角、珠三角、京津冀等城市群及典型环境空气污染区域进行遥感监测、预警和评价；

2）以重工业区、主要城市群 SO_2 和氮氧化物的遥感监测为重点，对大中城市及其近郊酸雨污染严重和大气 SO_2 浓度不达标地区以及大型燃煤电厂进行遥感监测、预警和评价；

3）在温室气体监测方面，以 CO_2、CH_4、O_3 等温室气体遥感监测为重点，开展温室气体排放源的监测和监管，对全球变化敏感区域与敏感生态系统的环境空气质量变化进行遥感监测、预警和评价；

4）以二氧化硫排放量较大的6 000多家国控重点污染源监测为重点，对煤炭、冶金、石油化工、建材等行业的工业废气点污染源进行遥感监测、预警和评价；

5）以全国主要农业区遥感监测为重点，对农作物秸秆焚烧及其环境影响进行监测和评价，为秸秆焚烧监察执法工作提供依据，保障区域环境空气质量安全；

6）以我国北方等沙尘集中发生区域为重点，对沙尘的分布范围及强度进行监测，开展沙尘天气对城市空气质量影响评价。

2．水环境监测的遥感需求

为加大重点流域区域污染防治力度，落实“让江河湖泊休养生息”的指导思想，严格保护饮用水水源地、深化重点流域水污染防治，迫切需要利用卫星遥感对我国的水环境进行定量、持续、全面的监测，具体包括以下几方面的需求：

1）以大型水体叶绿素、悬浮物、可溶性有机物、水温、透明度等遥感监测为重点，对淮河、海河、辽河、松花江、三峡水库库区及上游、黄河小浪底水库库区及上游、南水北调水源地及沿线、太湖、滇池、巢湖以及渤海等重点海域和河口地区水环境质量进行遥感监测和预警；

2）以沿江沿河的化工企业为重点，利用遥感技术调查有毒有害物质的工业污染源及工业污水排放口，并定期提交调查报告；

3）利用卫星遥感技术协助划定饮用水源保护区，开展饮用水源地周边环境状况遥感调查，开展水源地水土保持、水源涵养、面源污染遥感监测。对水源保护区上游建设水污染严重的化工、造纸、印染等大型企业群进行遥感监控。

3．生态环境监测的遥感需求

国家要求从区域生态保护、生态保护监管、农村污染防治、土壤污染防治、生态示范创建等多个方面推进生态保护工作。据此需要开展的生态环境遥感监测重点工作如下：

1）利用遥感技术开展全国生态环境遥感调查，动态反映土地覆盖/土地利用、生物物理参数（如植被指数、叶面积指数、生物量、净初级生产力、土壤含水量等）的时空变化；

2）对自然保护区生态环境进行监测，监控人类活动对自然保护区的影响，优化自然保护区空间结构和布局，建立卫星遥感和地面监测相结合的自然保护区生态环境监测体系；

3）对重要生态服务功能区，针对水源涵养、洪水调蓄、防风固沙、水土保持等生态服务功能进行动态监测；

4）开展城市及其周边垃圾堆放场、绿地、城市热岛、城市土地开发利用等监测与评估；

5）开展农村生态环境监测，进行农产品产地环境变化遥感监控；开展重点流域、区域农村面源污染遥感调查，摸清农村面源污染负荷及特征；

6）开展土壤污染现状遥感调查与评价，根据不同土壤污染类型（重金属、有机污染等），针对典型区域（污灌区、固体废物堆放区、矿山区、油田区、工业废弃地等）开展遥感监测；

7）对我国生态敏感区和脆弱区进行遥感监控，调查我国典型生态敏感区和脆弱区的类型与空间分布，开展生态环境变化遥感监测；

8）开展资源开发环境遥感监管，对资源开发活动的生态破坏状况开展系统的遥感调查与评估，着重对开发建设活动引起的地表植被破坏、水土流失、农牧交错区的土地退化和草原沙化等进行监控；

9）开展国家大型工程遥感监测与评估，对国家重大工程和重大开发项目环境影响及其变化进行监测，支持工程施工前环境影响评价、工程施工过程监理、工程竣工验收等工作；

10）开展国家生态保护治理工程效果监测，对天然林保护、天然草原恢复、退耕还林、退牧还草、退田还湖、防沙治沙、水土保持、防治石漠化等生态治理工程开展监测与评价。

三、环境风险防控遥感监测需求

维护环境安全是环保部门的工作重点之一，需要遏制突发事件总量上升，作好预防和应对。此项工作需建立环境事件风险防范体系，对环境事件危险源、主要流域、大型工程以及一些国家级活动区域进行快速、连续、精准的监测，在此基础上监督管理，积极预防、及时控制、消除隐患。国务院应急办规定环保部报送突发事件处置报告中必须有遥感影像分析，要求明确标出事件发生地点、影响范围、发展态势等。因此，迫切需要利用卫星遥感技术手段提高环境事件防范和处理能力，进一步提高环境突发事件应急监测的时效性、准确性，尽可能地避免或减少突发环境事件的发生，消除或减轻环境事件造成的中长期影响，保护人民群众生命财产安全。环境应急工作的遥感需求主要包括以下方面：

1）开展环境污染事故区及周边环境遥感监测，进行污染物泄漏、危险品爆炸、尾矿垮塌、有毒有害品扩散、疫情，以及突发的水华、赤潮、热污染、溢油、富营养化的监测与预警；

2）开展全国环境风险调查与评估，全面调查和综合评估全国重点环境风险源和环境敏感点，摸清环境风险的高发区和敏感地区；

3）开展地震、洪涝、火灾、滑坡、雪灾、风暴等气候地质灾害引发的环境事故及对生态环境变化的监测与预警。

四、核与辐射环境安全遥感监测需求

核与辐射安全监管是环保部又一重要职责，我国核电管理工作的重中之重是核设施的安全建设和安全运行。为进一步提高核与辐射监管水平，需要开展核电站施工建设和运行生产环境影响的监测与评估以及核泄漏及相关污染的预警与监控等。当前核与辐射安全监管的遥感需求主要有：

1）为核电设施工程选址提供基础信息资料，包括周边生态环境、基础地理信息等；

2）对已经通过环评批复准予建设的核电设施工程进行监管，监督核电项目厂房、机组的施工进展是否符合批复时间要求，监测核电工程对周边生态环境的影响，防止未批先建或违规建设；

3）利用遥感对温排水等核电站运行的环境及生态影响进行监测和评估，对核泄漏及相关污染进行预警和跟踪监测。

五、服务环境外交与履约需求

环境外交在世界各国对外交往中的影响日益加强。目前，全球气候变化、荒漠化、生物多样性锐减等问题已经成为世界各国共同关注的问题，跨国界河流也已是当今国与国水资源矛盾与冲突的发源地。随着全球环境的问题加剧，环境因素影响已超出环境领域的范畴，正渗入国家安全、国际经济和贸易等各个层面。作为最大的发展中国家，我国已成为仅次于美国的全球第二大温室气体排放国，世界各国日益关注我国的节能减排成效。我国已与 27 个国家签订了 30 多个双边环境保护协定或备忘录，加入了《生物多样性公约》《气候变化框架公约》《京都议定书》等 20 多个国际环境公约。这使得我国需要以更加积极的姿态、务实的行动，承担起大国责任，推动解决全球和区域环境问题。

从世界卫星遥感应用的发展经验看，我国需要发展专门的环境载荷用于温室气体遥感探测，监测我国及全球的温室气体浓度及空间分布，及时反映全球变化敏感区域与敏感生态系统的环境动态变化，为我国在参与国际二氧化碳减排、碳贸易等谈判提供客观、准确的信息和支持。对东北、西北、西南和广西跨国界河流进行大范围的遥感监测，增强解决跨境河流争端能力，提高我国在流域国家之间谈判的话语权，从而服务于我国的环境外交与履约的战略需要。

第三节　环境遥感应用系统

环境应用系统是环境一号卫星应用的技术平台，也是发挥环境一号卫星应用作用和效益的关键所在。其应用目标是以环境一号卫星为主要数据源，结合多源遥感数据的应用，实现地表水、环境空气、宏观生态的大范围、全天候、全天时的遥感动态监测，为环境管理提供多层次、全方位的环境遥感信息和技术服务，提高国家对生态环境和重大环境污染事故的监控能力。

一、环境遥感应用系统总体

环境应用系统是按照实用性、先进性、安全性、稳定性、可靠性、可扩展性、开放性原则建立的环境遥感监测业务系统，它是基于环境一号卫星的国家级生态环境遥感监测业务平台，其主要功能是环境一号等国内外卫星数据的获取、处理、环境应用、数据产品生产和分发。环境应用系统由业务运行管理分系统、数据管理与用户服务分系统、图像处理与专题产品生产分系统、环境空气遥感应用分系统、地表水环境遥感应用分系统、生态环境遥感应用分系统、地面数据采集分系统七个业务系统和一个计算机支撑平台组成，见图 1.1。

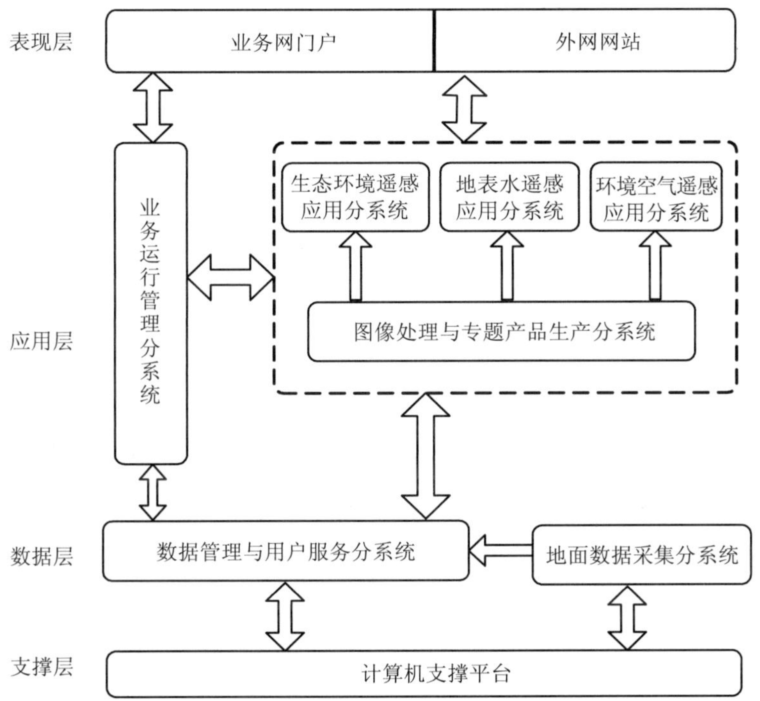

图 1.1　环境应用系统组成

环境应用系统总体架构采用平台化的体系结构，自上而下依次为访问平台、应用服务平台、公用服务平台、应用中间件平台、数据资源平台和支撑平台。访问平台是环境应用系统提供统一信息服务的“窗口”，通过访问平台在线获取各级数据产品。访问平台具体表现形式为门户集成。通过门户集成可以把各分系统中 B/S 部分统一集成在一起。

应用服务平台是环境应用系统的各分系统实现的应用软件平台，通过菜单、工具条、对话框等图形元素，为用户提供各种功能与服务，并将这些功能紧密地集成在一起。应用服务平台是系统中直接与各类用户进行人机交互、完成用户日常任务的工具。

公用服务平台包含由环境应用系统的某个分系统实现、但能被其他分系统调用的可重用服务组件，主要包括数据存档服务、数据检索服务、数据目录服务、元数据服务、用户认证服务、用户信息查询服务、基本图像处理服务、基础专题产品生产服务等公共性服务。公共服务层是可供多个分系统调用的基础服务，通过消息服务的模式实现。这种方式不仅减少了重复开发，提高了软件的可重用性、一致性、可维护性与可扩充性，并且通过基于消息中间件的服务总线技术，可以使各个分系统采用不同的操作系统平台和开发语言来实现，这大大增强了系统构架的灵活性，同时减少了对开发者的限制，提高了系统的开发效率。公用服务平台可提供数据存档服务、数据检索服务、数据目录服务、元数据服务、基本图像处理服务、专题产品生产服务、用户认证服务、用户信息查询服务等功能。

应用中间件平台为应用服务平台和公用服务平台提供消息中间件、授时服务、日志服务、地理信息系统、遥感图像处理库、SAN 文件共享、空间数据引擎等底层支撑服务。

数据资源平台提供系统运行的公共数据环境，包括用户服务与信息发布数据库、业务运行管理数据库、系统维护数据库、元数据库、影像数据库、产品数据库、辅助数据库。数据资源平台完成各类数据的管理，并基于环境应用系统的统一数据规范，为上层提供统一的数据模型、统一的数据编目机制及统一的数据存档与数据提取服务。

支撑平台提供系统运行的软件、硬件环境。软件环境为操作系统、数据库管理系统、系统管理软件。硬件环境为服务器、存储设备、网络设备。

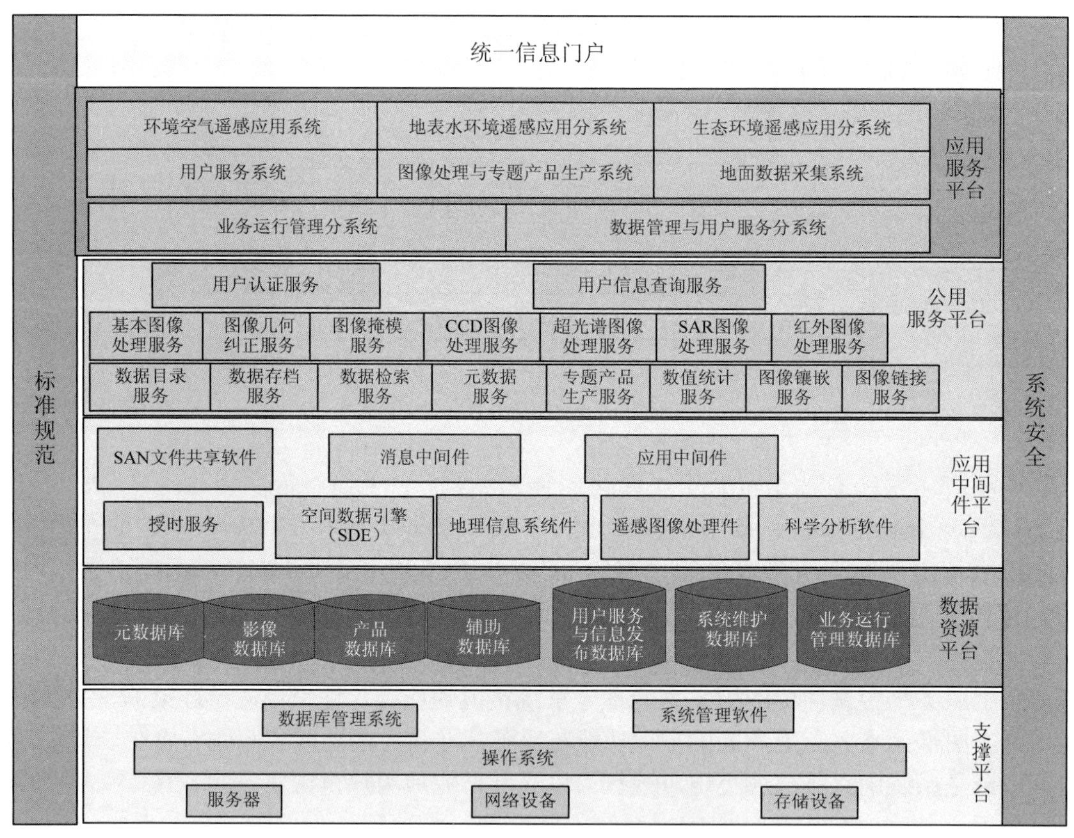

图 1.2 环境应用系统总体架构结构

二、环境遥感应用系统主要功能

1. 多源遥感数据批处理

对环境一号卫星 4 种有效载荷数据进行快速批量处理，并采用并行和集群技术，集成环境一号卫星数据处理最新技术，实现环境一号卫星基础数据产品和专题数据产品的自动化生产。

2. 海量遥感数据一体化管理

对各类环境数据进行整合，按照环境遥感信息标准规范，利用数据资源管理平台实现数据的统一管理、检索和分发，并为各业务应用提供数据统一访问接口和统一归档接口，实现各种数据资源的一体化、安全、规范和自动管理。

3. 环境遥感监测指标提取、分析与评价

以环境一号卫星数据为主，借助于环境背景数据、地面监测数据等，对环境空气、地表水及生态环境监测指标进行信息提取，并依据提取的环境指标信息进行分析与评价。在环境空气遥感监测方面，具有区域环境空气颗粒物污染、雾霾污染、沙尘暴、秸秆焚烧等遥感监测能力；在地表水遥感监测方面，具有内陆水体叶绿素、悬浮物、大型水体水华、近岸海域溢油、浒苔等遥感监测能力；在生态遥感监测方面，具有生物物理参数、地表景观遥感参数、生态评价因子等遥感监测能力。

4. 业务运行统一协调管理

可按环境遥感应用任务驱动模式，确定环境应用系统的数据流程、处理流程和生产流程，并在统一指挥、统一任务计划和统一资源调度下进行业务运行。

5. 数据与产品质量分析

支持对各级卫星遥感数据产品进行质量分析和真实性检验，保障各级各类数据产品的真实性、稳定性和连续性。

6. 数据与信息产品服务

针对不同用户提供不同级别数据应用需求，提供环境一号卫星等多源遥感数据产品检索、浏览和下载服务，支持各类卫星遥感专题数据产品和应用数据产品的发布和共享。

三、环境遥感应用系统业务运行模式

环境应用系统采用任务驱动的业务运行模式。任务驱动业务运行模式就是根据环境一号卫星观测计划，制定环境应用系统产品生产任务计划，在环境业务运行管理分系统的统一协调和管理下，对二级数据进行几何精校正、数据融合、镶嵌处理，生成高级数据、专题数据产品和环境应用产品，完成环境应用系统产品生产任务计划。

任务驱动模式将环境应用系统中那些功能相对单一、任务明确的产品生产任务设计成环境应用系统的独立运行服务，面向用户提供多种产品生产服务。根据环境应用系统提供服务的能力，通过业务运行管理系统制定生产任务计划，驱动相应的服务，实现产品的生产和业务的运行。任务驱动模式是针对环境应用系统业务运行的复杂性提出的，任务驱动模式保证环境应用系统各分系统互通互用，避免重复建设，最大限度发挥系统的优势，充分利用系统的软硬件资源。

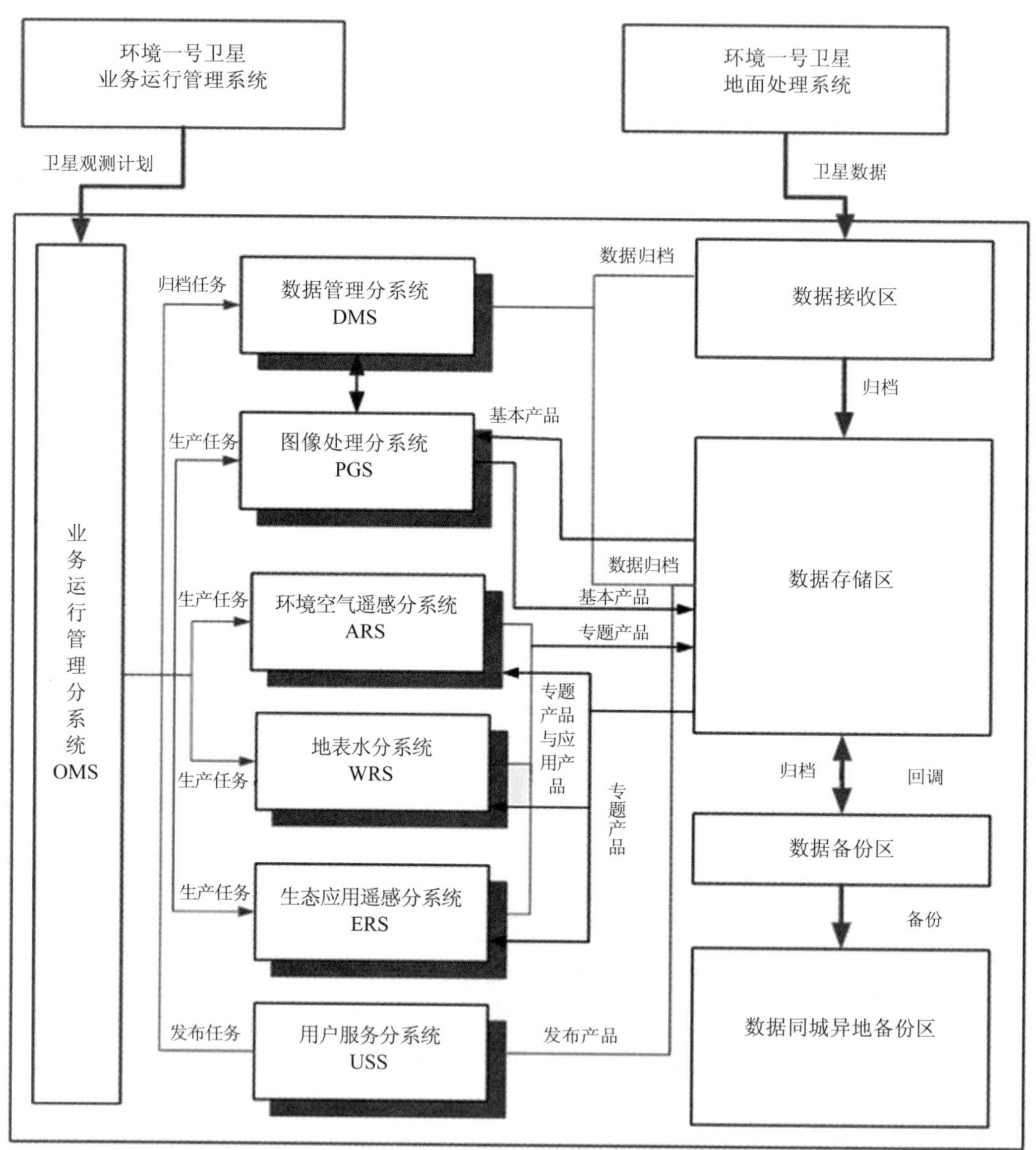

图 1.3 环境应用系统业务运行模式

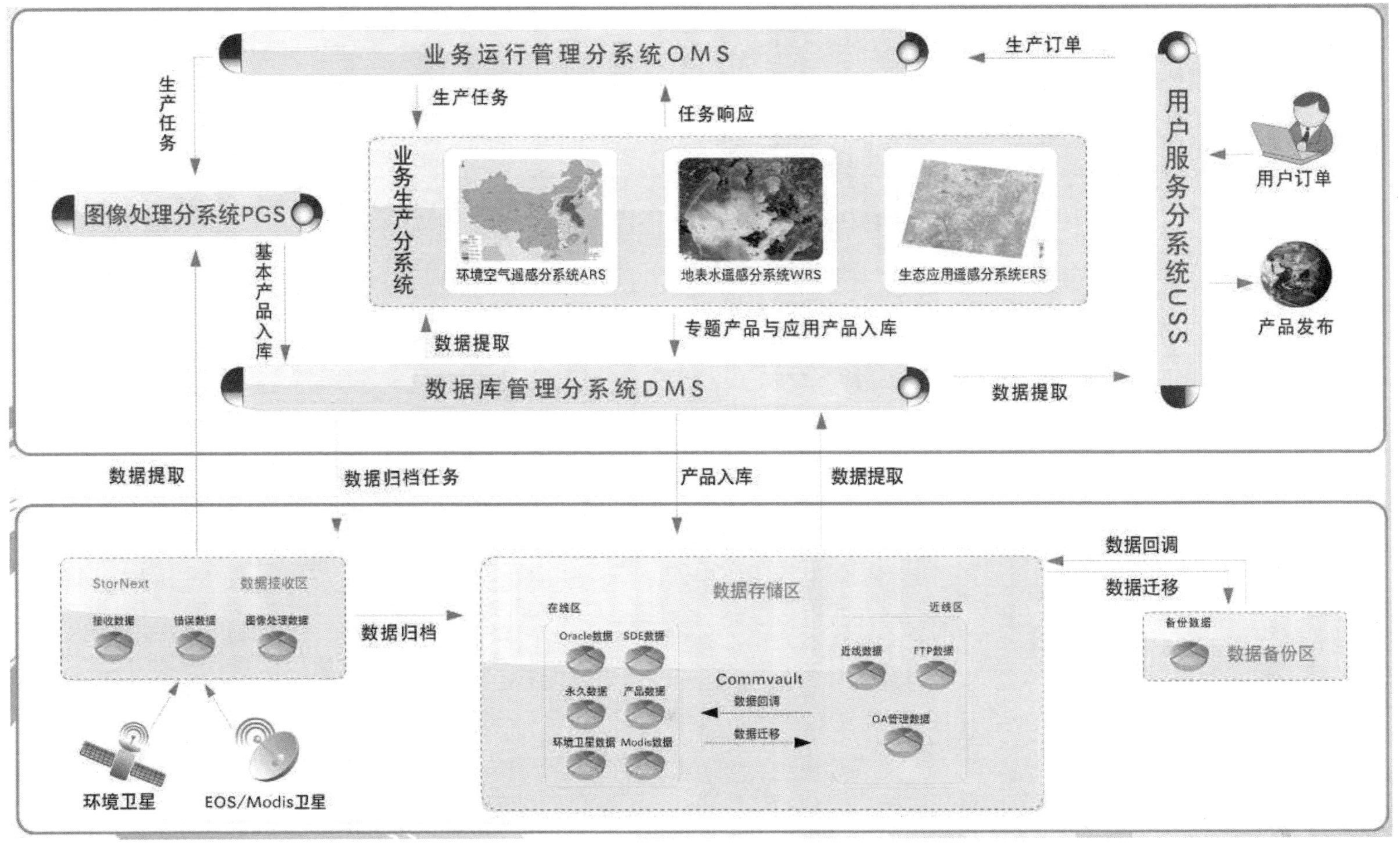

图 1.4 环境应用系统工作模式与处理流程图

四、环境遥感应用各分系统功能与技术流程

根据环境遥感监测业务工作的实际需要，环境遥感应用系统分为业务运行管理分系统、数据管理与用户服务分系统、图像处理与专题产品生产分系统、生态遥感应用分系统、地表水环境遥感应用分系统、环境空气遥感应用分系统和计算机业务支撑分系统共七个分系统，见图 1.5。

数据管理与用户服务分系统负责对环境一号卫星的数据进行分级、分类，有序地管理并以直接数据存取、数据查询检索和定制处理等多种形式，向各用户提供目录查询服务、数据采集服务、产品订购和产品分发服务，为数据的共享和增值应用提供支撑。系统通过建立外网门户，实现环境一号卫星产品与环境遥感信息的对外发布，建立与其他部门以及外部单位的目录资源共享，并通过外网用户需求信息的收集，实现内部业务工作的相应调整。外网用户也通过外网门户获得环境一号卫星产品与环境遥感信息的浏览、检索、订购、下载等服务，实现与环境应用系统间的信息互动，最终以在线、多媒体、邮件、光盘等多种方式获取相关的环境一号卫星产品与环境遥感信息。同时数据管理与用户服务分系统还面向业务网内部用户，建立了环境应用相关信息查询和显示的统一业务系统门户，内部用户可以查阅环境档案资料，检索各类环境一号卫星产品与环境遥感信息，统一处理环境应用相关的业务工作。数据管理与用户服务分系统由数据归档子系统、数据检索服务子系统、数据维护管理子系统、数据统计分析子系统、用户管理子系统、订单管理子系统、产品查询子系统、产品发布子系统和门户集成与内容管理子系统组成。

图像处理与专题产品生产分系统以环境一号卫星数据为主要数据源，兼顾其他卫星数据，进行数据产品生产，并针对生态环境特征选择对生态环境监测具有普遍意义的可遥感指标进行业务化生产，生成环境专题产品，满足区域生态环境监测的需要。分系统具有数据质量分析、数据辐射与几何定标精度检验、环境遥感数据产品真实性检验等功能。

业务运行管理分系统是环境应用系统与环境一号卫星地面运行管理系统的接口，负责环境应用系统中各类生产计划的制定和任务调度、控制各分系统之间的业务与数据流程，以及进行网络监控管理，并实施环境应用系统与环境一号卫星运行管理系统间的业务联系，根据各类用户的任务订单，制定环境一号卫星数据接收计划；安排数据产品的生产计划、调度系统资源完成各级产品的生产并对产品进行质量控制。

生态遥感应用分系统负责基于环境一号等多源遥感数据的全国生态状况监测与评价、自然保护区动态监测与评价、大型工程/区域开发项目的生态环境影响监测、国家生态建设区域效果综合评估、重要生态功能区监测与评价、城市环境遥感应用、区域生态与环境灾害遥感应用、土壤生态遥感监测、固废遥感监测、全球环境变化遥感监测与评价。

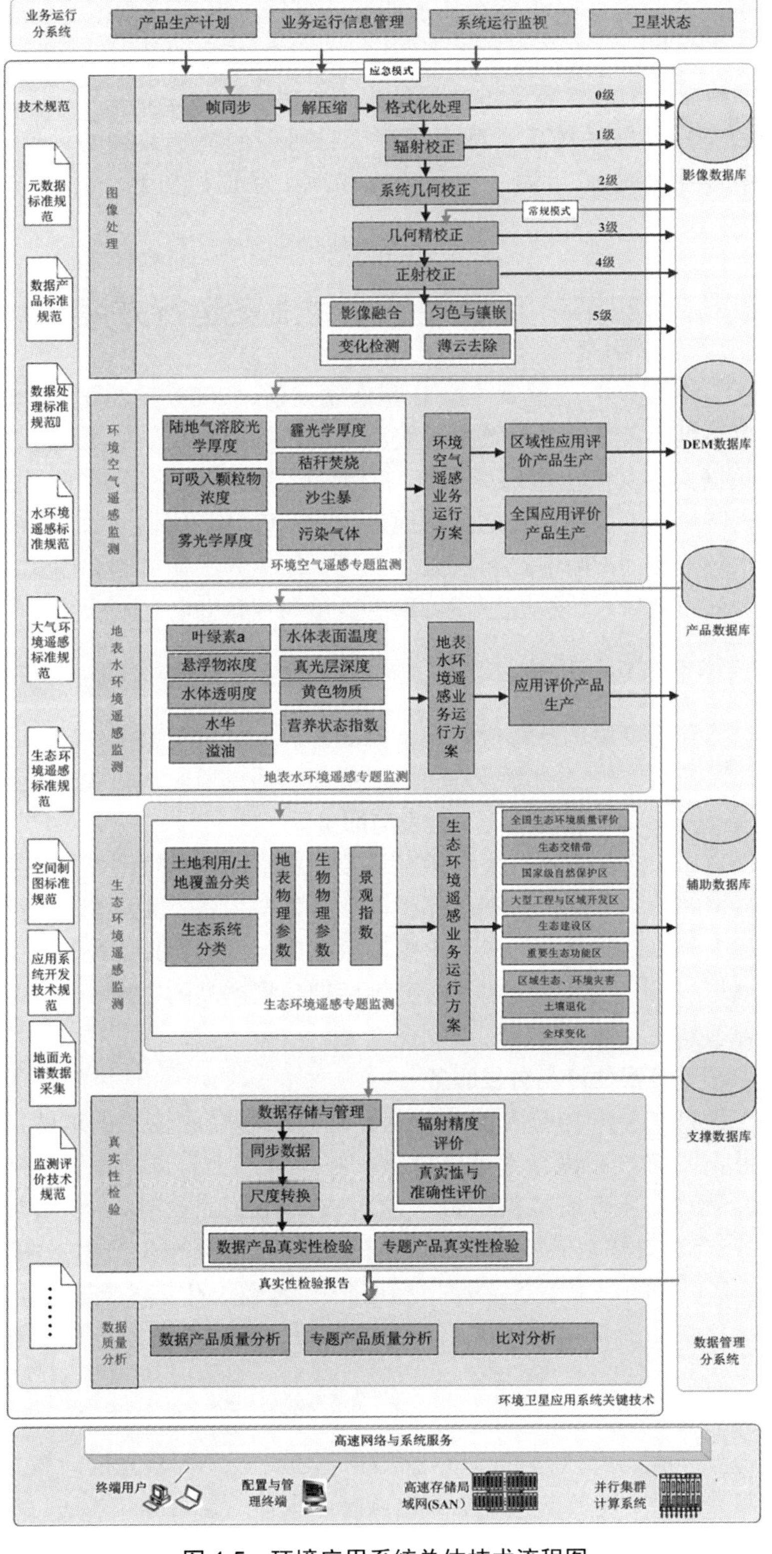

图 1.5 环境应用系统总体技术流程图

地表水环境遥感应用分系统负责基于环境一号等多源遥感数据的地表水环境污染信息获取、分析、处理和应用，具有地表水环境污染主要指标的动态遥感监测以及快速、客观、准确、全面地反映地表水环境污染状况及其变化特征的业务应用功能。

环境空气遥感应用分系统负责基于环境一号等多源遥感数据的环境空气污染监测，具有区域空气污染物的遥感反演、秸秆焚烧和沙尘暴遥感监测、污染排放源监测等功能。

第四节　环境遥感应用业务运行方案

2008 年 9 月，环境一号卫星 A 星、B 星成功发射，2009 年 2 月，中编办批复环保部卫星环境应用中心机构，经过多年数据收集和整理，卫星中心已初步构建了长时间序列的环境监测空间数据集，其中卫星遥感数据有环境卫星、资源卫星、气象卫星、MODIS、QUICBIRD 等，还包括不同比例尺的基础地理数据，以及其他辅助数据。初步构建了环境卫星遥感业务平台，并且不断实践和探索“天地一体化”工作机制和模式，逐步形成环境遥感监测业务运行技术体系，构建了环境遥感监测与评价业务运行方案。

一、环境遥感业务运行内容

业务运行包括环境卫星遥感影像数据产品的生产、分发与服务，环境卫星专题产品的生产与分发服务以及水、气、生态等方面的卫星环境遥感监测等，见图 1.6。

1. 环境卫星遥感影像产品的生产、分发与服务

环境卫星遥感影像产品生产分发与服务主要包括：面向环境遥感业务应用，开展以环境卫星为主要数据源的基本图像数据产品生产、分发与服务，主要包括几何精校正产品、正射影像产品和大气校正产品，形成基本图像数据产品库。支持水环境、大气环境和生态环境的遥感监测与应用，同时满足向社会提供标准数据产品的需求。开展遥感专题制图产品的制作，为管理部门和地方提供标准制图服务。

2. 环境卫星专题产品生产与分发服务

环境卫星专题产品生产与分发服务包括：通过环境专题信息的遥感反演，制作成专题数据产品，并对数据产品进行真实性检验，在此基础上，进行专题产品的生产、分发服务。生产的专题产品主要有植被指数（NDVI）、增强植被指数、植被覆盖度、叶面积指数（LAI）、光合有效辐射吸收系数（FPAR）、植被净第一生产力（NPP）、地表蒸散（ET）、地表温度（LST）、土壤含水量、土地利用/覆盖、生态系统类型、景观生态指数等数据产品。为区域生态环境遥感监测与评价应用、环保部和地方环境管理提供基本专题数据支持。

3. 水环境遥感监测与评价

1）全国重点湖库水体富营养化遥感监测。基于经过几何校正的环境卫星或其他卫星数据，结合同期的地面实测数据，对全国重点湖库水体的富营养状态进行遥感监测。主要监测指标为营养状态指数，基于营养状态指数对水体的富营养化进行分级分析。最后结果以专题图与综合报告的形式进行显示。监测的时间频率为周、月、年。

2）全国重点湖库的水华遥感监测。基于经过几何校正的环境卫星或其他卫星数据，对全国重点湖库的水华情况进行遥感监测。主要监测内容为水华分布的面积及发展趋势。最后结果以专题图与综合报告的形式进行显示。监测的时间频率为日、周、月、年。如果有突发情况可以实现按需进行监测。

3）全国典型饮用水水源地遥感监测与评价。基于经过几何校正的环境卫星或其他中高分辨率卫星数据，对全国典型饮用水水源地进行遥感监测与评价。主要监测内容为水体制图、水体消落带的提取、取水口周边情况排查、水源地保护区生态安全评价。最后结果以专题图与综合报告的形式进行显示。监测的时间频率为一年。其中水体制图内容的监测频率可以按需，取水口周边情况排查内容可以每年一次。主要区域为环保部关注的饮用水水源地。

4）全国近岸海域水环境遥感监测。基于经过几何校正的环境卫星或其他中高分辨率卫星数据，对全国近岸海域水环境进行遥感监测。主要监测内容为海岸带线提取、海岸带人类活动、近岸海域主要水质参数、泥沙堆积情况。最后监测结果以专题图和报告的形式进行显示。监测的时间频率为一年。主要监测区域为渤海的渤海湾、黄海的胶州湾、东海的舟山群岛海域、南海的港澳海域。

5）全国跨界河流遥感监测。基于经过几何校正的环境卫星或其他中高分辨率卫星数据，对全国跨国界河流进行遥感监测，主要监测内容为跨国界河流制图、境外河流及岸边情况调查、河道变化。最后监测结果以专题图和报告的形式进行显示。监测的时间频率为一年。主要监测范围为 15 条跨国界河流。

6）全国重点河流水资源监测。基于经过几何校正的环境卫星或其他中高分辨率卫星数据，对全国重点河流的水资源情况进行遥感监测，主要监测内容为河宽、河流的断流、封冻期等；最后监测结果以专题图和报告的形式进行显示。监测的时间频率为一年。主要监测范围为北方大中型河流，主要是黄河和松花江。

7）全国重点流域水环境遥感监测。基于经过几何校正的环境卫星或其他卫星数据，对全国重点流域的水环境进行遥感监测，主要监测内容为流域内水域面积、重大人类活动影响、非点源 TN、TP、流域水环境生态评估。最后监测结果以专题图和报告的形式进行显示。监测的时间频率为一年。主要监测范围为太湖流域和鄱阳湖流域。

8）水环境应急监测。基于经过几何校正的环境卫星或其他卫星数据，对水环境方面的紧急情况进行应急监测，主要监测内容为溢油分布、溢油面积及变化、赤潮分布、赤潮面积及变化。最后监测结果以专题图和报告形式进行显示。监测时间频率为按需。

4．大气环境遥感监测与评价

1）颗粒物污染遥感监测。利用环境卫星、MODIS、CBERS 等数据，对华北平原、长三角、珠三角等重点研究区进行颗粒物污染监测，主要监测指标是 PM_{10} 浓度分布、等级。此业务还需完善算法，需要地面激光雷达及 PM_{10} 监测数据的支持。

2）霾等级及污染遥感监测。利用环境卫星、MODIS 等数据，对全国进行霾等级及污染监测，监测指标为霾分布、等级、面积分析及统计。此业务还需进一步进行算法测试，在珠三角、长三角、京津唐等地开展业务试运行工作，此监测内容需高精度地表反射率数据的保障支持。

3）沙尘遥感监测。利用环境卫星、MODIS 等数据，对中国北方地区进行沙尘遥感监测，监测指标包括沙尘分布、强度、面积及分析统计。

4）秸秆焚烧遥感监测。利用环境卫星、MODIS、NOAA 等数据，在全国范围内开展秸秆焚烧遥感监测，监测热异常点分布及火点数目。秸秆焚烧遥感监测目前已比较成熟，现在基本实现业务化运行。

5）污染/温室气体遥感监测。以 OMI、AIRS 为数据源，在全国范围内进行污染气体遥感监测，监测指标为 NO_2、SO_2、CO 浓度及分布；以 AIRS 为数据源，在全国范围内进行温室气体遥感监测，监测指标为 CH_4、CO_2 的分布及浓度。此数据源不易获取，目前国内还没有此类传感器，算法研究工作也仅处于初期阶段。

6）区域环境空气质量遥感分析与评价。以环境卫星、MODIS 及国外卫星气体监测数据为数据源，在华北平原、长三角、珠三角等重点研究区开展区域环境空气质量评价工作，主要包括 PM_{10}、能见度、NO_2 等环境指标。此业务涉及指标较多，评价方法还需进一步研究，逐步开展应用示范工作。

5. 生态环境遥感监测与评价

（1）国家级自然保护区遥感监测与评价。利用环境卫星及高分辨率遥感数据，对国家级自然保护区生态环境质量现状和动态变化（主要包括：保护区内核心区、缓冲区和试验区城镇、居民点、工矿企业、道路和农田分布及面积；人类干扰指数、土地利用程度；归一化植被指数；景观多样性指数、景观破碎度指数；生态弹性度指数）进行监测与评价。

2）重要生态功能区遥感监测与评价。利用环境卫星数据、生态系统分类产品数据、土地利用产品数据和其他辅助数据，监测生态系统结构及面积变化、生态类型转移分析、人类干扰和生态破坏程度、景观格局指数、主要生态功能变化等生态功能区的生态环境状况，并对重要生态功能区的生态系统结构和服务功能进行评价，为国家重要生态功能区管理提供监测与评价应用数据产品和技术支持。

3）全国生态环境质量遥感监测与评价。利用环境卫星等遥感数据，对全国生态环境质量相关因子进行遥感监测，并在此基础上，结合必要的地面监测数据，进行生态环境质量评价，为环保部进行宏观生态管理和生态建设提供技术支持。包括生态系统宏观结构监测、生态系统自然条件监测、生态系统生产力监测和生态系统人类胁迫信息监测。据此，进行生态环境质量指数（EI）的计算，完成对全国生态环境质量的综合评价。

4）城市生态环境质量遥感监测与评价。利用环境卫星及部分高分辨率遥感数据，对重点城市如直辖市、省会城市等进行生态环境质量遥感监测和评价，制作应用数据产品。内容包括：城市土地利用遥感监测、城市绿地遥感监测、城市湿地遥感监测、城市热岛效应遥感监测、城市裸露土石方遥感监测等，为环保部城市生态管理和决策提供相关技术支持。

5）重大工程遥感监测。利用环境卫星数据，结合其他遥感数据源和地面调查数据，对正在施工建设和已经建成的大型工程对生态环境的影响进行监测与评价。主要监测大型工程开工状态、建设过程，面积、数量、空间分布，是否属于未批先建，已建工程生态占用、工程生态影响（植被覆盖、水环境污染、粉尘污染、水土流失、景观格局变化等）等。

6）土地退化遥感监测。利用环境卫星遥感数据，辅以地面调查数据及基础地理数据等，对全国和重点区域土壤侵蚀面积、沙化土地面积、盐碱化土地面积、土壤侵蚀强度、沙漠化强度、综合土地退化强度等土壤退化状况进行遥感监测，对土壤退化程度进行分析，为国家土壤生态环境管理提供应用数据产品和技术支持。

7）自然灾害与次生地质灾害应急遥感监测。利用环境卫星数据，对突发性区域生态环境灾害及其造成的次生地质灾害、生态敏感目标的破坏和生态环境质量状况进行遥感应急监测和评价，为灾区生态环境规划恢复提供技术支持。包括雪灾冻害、地震、干旱等生态环境遥感监测。

8）固废遥感监测。利用环境卫星数据及其他多源遥感数据、基础空间数据等辅助数据，通过固废信息提取，对固废堆放场空间分布和面积、空间位置、动态变化、生态恢复状况及周边环境变化进行遥感监测，为国家固废管理提供技术支持。

9）全球变化遥感监测。利用环境卫星数据，结合其他遥感数据源和社会统计数据，对全球变化响应敏感区域的冰雪覆盖面积、雪线、海岸线及其对全球变化的反映进行遥感监测。对自然生态系统的碳排放进行遥感估算，定位碳源汇的空间分布，结合社会经济碳排放数据，对中国的碳排放进行估算。

10）生物多样性遥感监测。利用环境卫星 CCD 数据、高光谱数据、高分辨率遥感数据、不同植被群落实测光谱数据、地面生物多样性调查数据及其他辅助数据，如地貌图、植被图、生态系统分类图等，监测植被指数 NDVI、Simpson 多样性指数、生态系统多样性、景观丰富度和景观多样性及外来入侵物种。

二、环境遥感业务运行产品体系

业务运行产品体系包括环境卫星遥感影像数据产品，环境卫星定量反演专题产品以及水环境、大气环境、生态环境等方面的卫星环境遥感监测与评价应用产品，见图 1.6 和表 1.1 至表 1.5，从而面向全面环境遥感业务应用工作，为环境管理和决策服务提供信息服务。

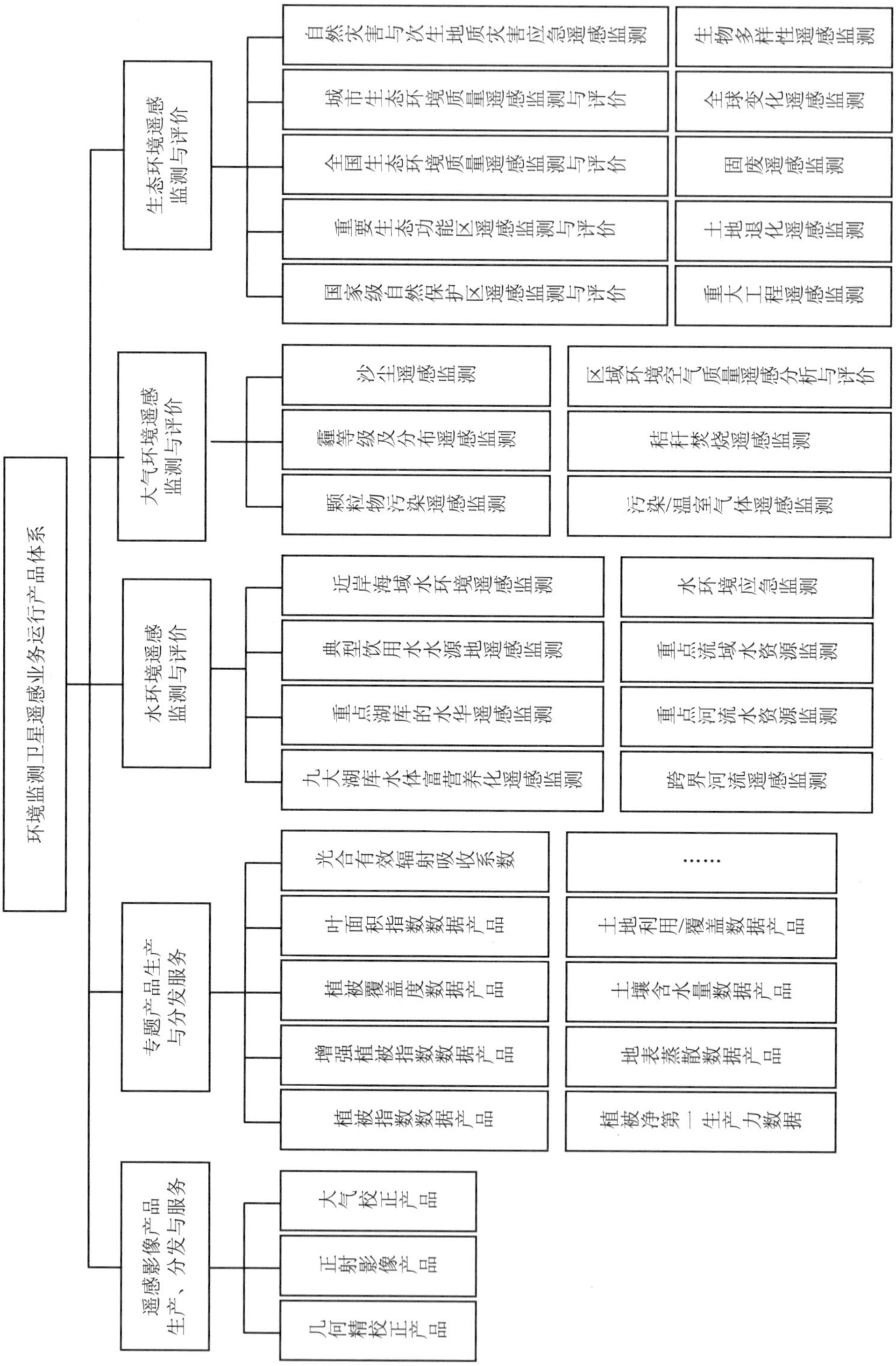

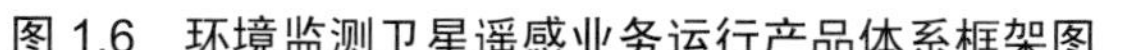

图 1.6 环境监测卫星遥感业务运行产品体系框架图

表 1.1　卫星遥感影像产品

序号	产品名称	监测指标	监测频率/上报时间	监测范围	精度	保障条件	结果与形式	备注
1	基本图像数据产品	几何精校正产品，三射影像产品，镶嵌匀色产品、大气校正产品	正射影像产品一年全国覆盖2～4次，其余产品按需设定频率	全国或按需	几何精校正产品1～3个像元，大气校正产品90%	气溶胶光学厚度数据，环境应用系统支持	产品数据（TIF/HDF5）	范围、频率及精度受运行系统及辅助数据限制
2	初级图像产品	系统辐射校正产品，系统几何校正产品	按需（应急条件下）	按需（应急条件下）	相对辐射校正精度优于5%，绝对辐射校正精度优于10%	环境应用系统软硬件支持，数据来源保障	产品数据（TIF/HDF5）	
3	遥感专题制图产品	环境卫星影像数据	全国环境卫星镶嵌制图1幅/a，按需监测	按需	校正精度1个像元	正射影像产品精度	专题图（JPG）	生产频率、范围和精度受运行系统限制

表 1.2　卫星遥感定量反演专题数据产品

序号	产品分级	产品名称	比例尺/空间分辨率/m	误差（或精度）/%	覆盖范围	更新频率	备注
1	地表参数专题产品	土地利用/覆盖数据产品	30	90	全国	年	
2		生态系统分类数据产品	30	85	全国	年	
3		景观格局指数产品	30	85	全国	年	
4	生物物理参数专题产品	归一化植被指数（NDVI）及合成数据产品	30	90	全国	4日	无云或少云情况下
5		增强植被指数（EVI）及合成数据产品	30	90	全国	4日、周、旬、月	无云或少云情况下
6		叶面积指数（LAI）及合成数据产品	30	80	全国	4日、周、旬、月	无云或少云情况下
7		光合有效辐射吸收系数（FPAR）及合成数据产品	30	80	全国	4日、周、旬、月	无云或少云情况下
8	地表物理参数专题产品	净初级生产力（NPP）及合成数据产品	30	80	全国	4日、周、旬、月	无云或少云情况下
9		地表蒸散量及合成数据产品	30	80	全国	4日、周、旬、月	无云或少云情况下
10		地表温度（LST）数据产品	150～300	80	全国	4日	无云或少云情况下
11		植被覆盖度	30	80	全国	4日	无云或少云情况下
12		土壤水含量数据产品	150～300	80	全国	4日	无云或少云情况下

表 1.3 水环境遥感监测应用产品

序号	产品名称	监测指标	监测频率/上报时间	可监测范围	精度/%	保障条件	业务运行结果与形式	备注
1	全国九大湖库水体富营养化遥感监测报告	营养状态指数、富营养化分级	周/月/年	九大湖库	70	HJ 星为主，以其他卫星同期的地面实测数据进行验证分析； 地面实测的 TP/TN 数据支持； 进行准确的几何纠正； 相应的人力保障	报告（周报/月报/年报）或专题图	—
2	全国重点湖库的水华遥感监测报告	水华分布、面积、水华趋势	日/周/月/年	日报：太湖、巢湖 周报：9 个重点湖库 月报：28 个重点湖库 年报：28 个重点湖库	90	HJ 星为主，MODIS、TM、CBERS 等同期的地面实测数据以进行验证分析； 进行准确的几何纠正； 相应的人力保障	日报/周报/月报/年报	有突发情况可以按需监测
3	全国典型饮用水水源地遥感监测与评价报告	水体制图、消落带、取水口周边情况排查、水源地保护区生态安全评价	年报	10 个饮用水源地	—	取水口周边情况排查，需要高分数据	—	制图：可按需，时间灵活；取水口周边情况排查，可每年一次
4	全国近岸海域水环境遥感监测报告	海岸带人类活动（与开发有关），海岸提取线、主要水质参数、泥沙堆积	年报	渤海湾（渤海）；胶州湾（黄海）；舟山群岛海域（东海）；港澳海域（南海）	—	海洋盐度监测的保障条件：（1）2009 年 12 月 4 日欧空局成功发射的 SMOS 卫星，SMOS 卫星的传感器为“Y”形二维干涉双极化 1.4 GHz 辐射计；（2）SMOS 的二级产品之一就是海洋盐度分布图	—	—

序号	产品名称	监测指标	监测频率/上报时间	可监测范围	精度/%	保障条件	业务运行结果与形式	备注
5	全国跨界河流遥感监测报告	制图、下游情况遥感调查、河道变化、水质	年报（如果需要，可做季报）	15 条重要跨国界水体	—	水质遥感监测：需要未来的高分载荷才可以做	—	—
6	全国重点河流水资源监测报告	河宽、断流、封冻期	年报	北方大中型河流（主要为黄河，松花江）	—	—	—	—
7	全国重点流域水环境遥感监测	水域面积变化，重大人类活动对水体的影响，非点源N、P 总量，流域水环境生态评估	年报	太湖流域，鄱阳湖流域	—	全流域的有色可溶性有机物（CDOM）监测数据及三维荧光分析数据； 全流域的 TN、TP 监测数据； 全流域的土地利用数据； 全流域 1∶5 万数字高程模型（DEM）； 全流域数字水系图； 全流域基础地形图（DLG）； 全流域土壤类型图； 全流域土壤物理和化学资料； 全流域气象观测数据； 全流域水库资料和农业管理资料； 全流域水文观测资料（降水量、蒸散发、流量、产沙量）	—	—
8	水环境应急监测简报	溢油分布、面积及变化，赤潮分布、面积及变化	按需	按需	80	雷达卫星数据； 同期的地面实测数据	简报	—

表 1.4　大气环境遥感监测业务应用产品

序号	产品名称	监测指标	监测频率/上报时间	监测范围	精度/%	保障条件	业务运行结果与形式	备注
1	颗粒物污染监测	PM_{10}浓度分布、等级、统计	日、周、月、季、年	华北平原、长三角、珠三角	PM_{10} 精度：80	MODIS、HJCCD、CBERS数据，PM_{10}监测需地面激光雷达及PM_{10}监测数据保障	专题图/简报	
2	霾等级及污染监测	霾分布、等级、面积分析及统计	日、月、季、年	全国	80	MODIS、HJCCD需高精度地表反射率数据保障	专题图/简报	
3	沙尘遥感监测	沙尘分布、强度、面积及其分析统计	日、周、月、季、年	中国北方地区	85	MODIS、HJCCD及红外数据需沙尘地面监测数据	专题图/简报	
4	秸秆焚烧遥感监测	热异常点分布、数据统计、禁烧区数据统计	日、周、月、季、年	全国	85	MODIS、HJCCD、NOAA数据	专题图/简报	
5	区域环境空气质量分析	PM_{10}、能见度、NO_2	月、季、年	华北平原、长三角、珠三角	80	MODIS、HJCCD及国外卫星气体监测数据	专题图/简报	

表 1.5　生态环境遥感监测业务运行产品

序号	产品名称	监测指标	监测频率/上报时间	监测范围	精度/%	保障条件	业务运行结果与形式	备注
1	自然保护区遥感监测与评价	保护区内核心区、缓冲区和实验区城镇、居民点、工矿企业、道路和农田分布及面积，人类干扰指数、土地利用程度，归一化植被指数，景观多样性指数、景观破碎度指数，生态弹性度指数	半年报/年报	国家级自然保护区	80	环境卫星 CCD 数据；高分遥感卫星影像数据；全国国家级自然保护区的边界；系统支持提取精度较高的土地利用数据	监测简报/专题图	—
2	重要生态功能区生态环境遥感监测与评价	生态系统结构及面积变化、生态类型转移分析、人类干扰和生态破坏程度、景观格局指数、主要生态功能变化	年报	全国重要生态功能保护区	80	环境卫星 CCD 数据；高分数据；重要生态功能区边界及规划资料；其他辅助数据，如地质图、地貌图、植被图等；系统支持专题信息提取	监测年报/专题图	—
3	全国生态环境质量遥感监测与评价	全国生态系统结构及变化（农田/森林/草原/聚落/湿地/荒漠生态系统比例）、生物丰度指数、植被覆盖指数、水网密度指数、土地退化指数、污染负荷指数	年报	全国	80	覆盖全国的高质量环境卫星数据；系统支持，生态系统类型等专题信息自动提取	监测年报/专题图	—
4	城市生态环境质量遥感监测与评价	城市土地利用；城市绿地面积、分布、比率；城市湿地面积、分布、比率；城市热岛强度、强热岛分布区空间位置等	年报	重点城市及城市群	80	高分辨率遥感卫星影像数据；城市建成区和行政区边界；城市规划资料；系统支持提取精度较高的土地利用数据	监测年报/专题图	—

序号	产品名称	监测指标	监测频率/上报时间	监测范围	精度/%	保障条件	业务运行结果与形式	备注
5	重大工程遥感监测	大型工程开工状态、建设过程，面积、数量、空间分布，是否属于未批先建，已建工程生态占用，工程生态影响（植被覆盖、水环境污染、粉尘污染、水土流失、景观格局变化等）等	半年报/年报	全国或根据环保部管理部门的需求	80	环境卫星 CCD 数据；高分辨率遥感卫星影像数据；通过审批的大型工程信息，包含工程边界、经纬度和审批时间	监测简报/专题图	—
6	土地退化遥感监测	植被覆盖状况、土壤侵蚀面积、沙化土地面积、盐碱化土地面积、土壤侵蚀强度、沙漠化强度、综合土地退化强度	季报/半年报/年报	土壤保持重要生态功能区；水源涵养重要生态功能区	80	环境卫星 CCD 数据及其它中高分辨率数据；DEM 数据；地面调查数据，包括水文泥沙资料、土壤侵蚀观测资料、标桩实测数据；其它辅助数据，如地质图、地貌图、植被图、沙漠化图、气象资料等	监测简报/专题图	—
7	自然灾害与次生地质灾害应急遥感监测	森林火灾、冰雪、洪涝、干旱等自然灾害前后植被指数、森林生态系统损毁、湖泊和水库等水域动态变化、次生地质灾害数量、面积和空间分布，地震引发灾区滑坡、泥石流、植被覆盖破坏、农田生态系统影响、堰塞湖及对河流破坏、敏感环境目标破坏情况	按需	灾害发生区	80	环境卫星 CCD 数据；高分辨率遥感数据；高光谱数据；航空数据；灾区地质图、地貌图、植被图等基础数据；气象资料等	应急监测简报/专题图	应急监测

序号	产品名称	监测指标	监测频率/上报时间	监测范围	精度/%	保障条件	业务运行结果与形式	备注
8	固废遥感监测	固废堆放场空间分布、面积、数量和动态变化；固废堆放场裸露度、植被覆盖度	季报/半年报/年报	全国特大城市和重点城市群周边、重要矿山开发区、重点流域	80	环境卫星 CCD 数据；高光谱数据；高分辨率遥感数据；固废场规划图等	监测简报/专题图	
9	全球变化遥感监测	冰雪覆盖面积、雪线；海岸线变化；净第一生产力、自然系统碳排放、碳源汇空间分布	季报/半年报/年报	全球变化敏感区（青藏高原等）	80	环境卫星 CCD 数据；高分辨率遥感数据；系统支持提供准确的 NPP 及生态系统分类数据；系统支持大范围遥感影像拼接、处理能力	监测简报/专题图	
10	生物多样性遥感监测	植被指数 NDVI；Simpson 多样性指数；生态系统多样性；景观丰富度和景观多样性；外来入侵物种	季报/半年报/年报	全国生物多样性重要生态功能区以及自然保护区	80	环境卫星 CCD 数据；高光谱数据；高分辨率遥感数据；不同单植被群落实测光谱数据；地面生物多样性调查数据；其他辅助数据，如地貌图、植被图、生态系统分类图等	监测简报/专题图	

第二章　遥感影像图像处理

第一节　遥感图像处理基本原理

遥感图像反映的是地物电磁波谱辐射能量的空间分布，它包含了地物的光谱特征、空间特征、时间特征等。不同地物，由于电磁波谱辐射能量的不同，在图像上表现也不一，因此可以根据电磁波谱辐射能量的变化和差异来识别和区分不同地物。遥感图像容纳了大量的信息，为了提高遥感解译的效果，必须先对原始的遥感图像进行一系列的处理——遥感数字图像处理，使得遥感图像更为清晰，目标地物更加突出，便于识别。遥感数字图像处理虽然并没有增加遥感图像的信息量，但改善了图像的视觉效果，提高了可辨性。遥感数字图像处理的内容包括：图像校正、图像变换、信息融合。

一、遥感图像处理的流程

以环境一号卫星图像处理流程为例。环境一号卫星图像处理以解压缩、帧同步、分景后的影像为起始处理对象，经辐射校正、几何校正生成各级产品，在这些产品的基础上，可以进一步进行镶嵌、融合、云去除、变化检测、分类、影像分析等处理，生成满足应用目标的图像产品。环境一号卫星图像据处理总体流程如图 2.1 所示。

二、遥感数字图像处理系统

目前国内外应用较为广泛的遥感图像处理软件平台包括：ERDAS IMAGINE、ENVI、PCI Geomatica、ER MAPPER、GeoImager、Titan Image、CASM ImageInfo、GEOWAY IS、IRSA。这里主要介绍 ERDAS IMAGINE（以下简称 ERDAS）、ENVI、PCI Geomatica（以下简称 PCI）三种主流软件。

（一）ERDAS IMAGINE

ERDAS IMAGINE 是美国 ERDAS 公司开发的遥感图像处理软件。ERDAS 的系统具有如下特点。

1. 菜单清晰易读，用户界面良好

充分的人机对话几乎都含有缺省值，便于操作（除一些特殊情况）。

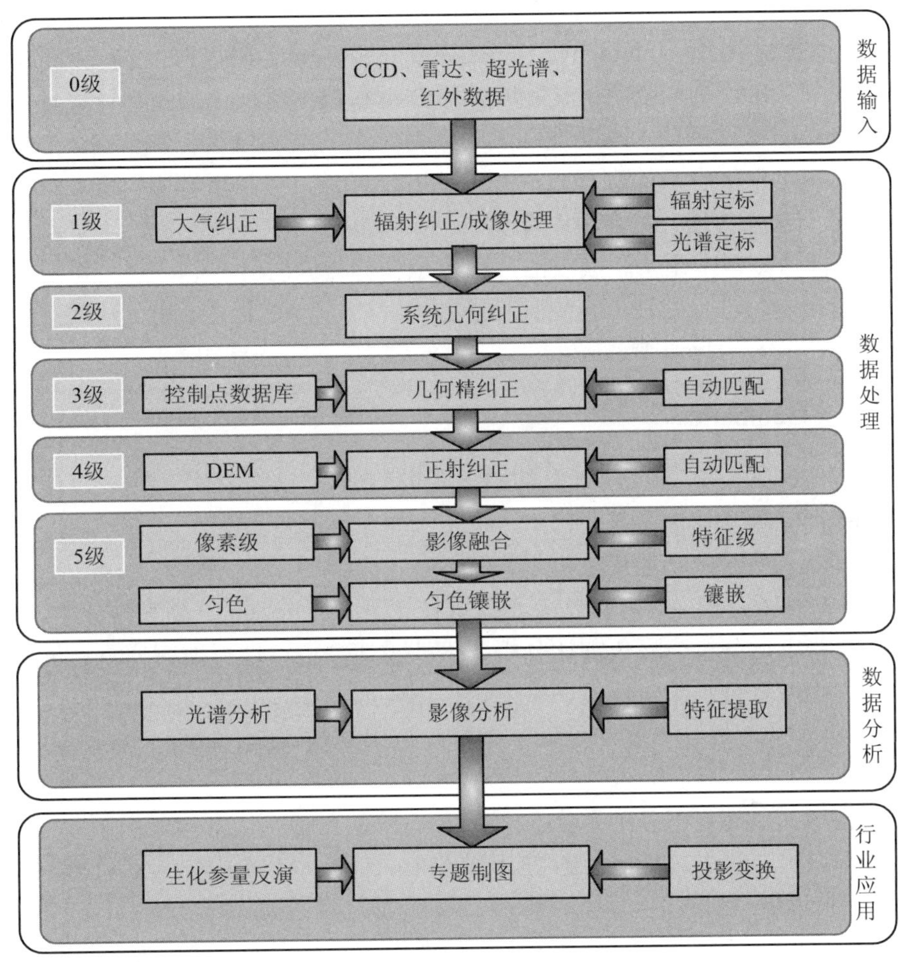

图 2.1　环境一号卫星数据图像处理基本流程图

2．包含充分的接口

如与世界著名的 GIS 软件 ARCINFO，计算机辅助设计软件 Auto CAD，大众数据库 Dbase、Minitab 和 SAS 等统计软件等，有着良好的接口，这样，ERDAS 的数据文件就能与其他软件进行交流与共享，扩大了 ERDAS 的应用面。

3．别具特色的栅格地理信息系统

具有关于 GIS 专题的叠加、复合、搜索、分析等诸多功能，方便易用。

4．包含了图像处理领域内诸多最新的算法

软件版本不断更新，更适应于各种各样的新应用。

（二）ENVI

ENVI 是美国 ITT Visual InformationSolutions 公司的旗舰产品。ENVI 由遥感领域的科学家采用 IDL 开发的一套功能强大的遥感图像处理软件。是处理分析并显示多光谱数据、高光谱数据和雷达数据的高级工具。ENVI 的系统具有如下两个特点。

1. 交互式设计，系统开放灵活，可扩展性强

ENVI 是完全由 IDL（Interactive Data Language）写成。ENVI 的许多特性与 IDL 语言的特性紧密相关。IDL 是一个用于交互式数据分析和数据可视化的完整计算环境。将大量数学设计分析和图形显示技术与功能强大的面向数组的结构化语言结合在一起。由于 IDL 的开放性，用户可以很容易的进行二次开发，方便灵活，可扩展性强。

2. 菜单设计直观方便，符合用户习惯

ENVI 在图像处理中是基于波段的，当多个文件被同时打开时，用户可以选择不同文件中的多个波段同时进行处理，直观且功能强大。ENVI 的主菜单和交互式菜单已经标准化，直观方便，符合用户习惯。

（三）PCI Geomatica

PCI 软件是加拿大 PCI 公司开发的用于图像处理，几何图像、GIS、雷达数据分析，资源管理和环境监测的软件系统。PCI 的系统有如下三个特点。

1. PCI 拥有最齐全的功能模块

PCI 拥有常规处理模块、几何校正、大气校正、多光谱分析、高光谱分析、摄影测量、雷达成像系统、雷达分析、极化雷达分析、干涉雷达分析、地形地貌分析、矢量应用、神经网络分析、区域分析、GIS 连接、正射影像图生成及 DEM 提取（航片、光学卫星、雷达卫星）、三维图像生成、丰富的可供二次开发调用的函数库、制图、数据输入/输出等四百多个软件包。

2. PCI 软件能够运行于多种平台

包括各种微机、SUN、IBM、INTERGRAPH、DC、APPLE、VAX、LINUIX 机等。

3. 图像处理的产品

PCI 总体已形成三个系列的产品，即专业遥感图像处理产品、专业雷达信号处理及分析产品、数字摄影测量产品。

第二节　遥感图像辐射校正

辐射定标和辐射校正是遥感数据定量化的最基本的环节。辐射定标是指传感器探测值的标定过程方法，用以确定传感器入口处的准确辐射值。辐射校正是指消除或改正遥感图像成像过程中附加在传感器输出的辐射能量中的各种噪声的过程。

一、遥感图像辐射处理流程

以环境一号卫星为例，环境一号卫星辐射定标与辐射校正主要包括遥感器校正、大气校正、地形校正等。环境一号卫星辐射校正流程如图 2.2 所示。

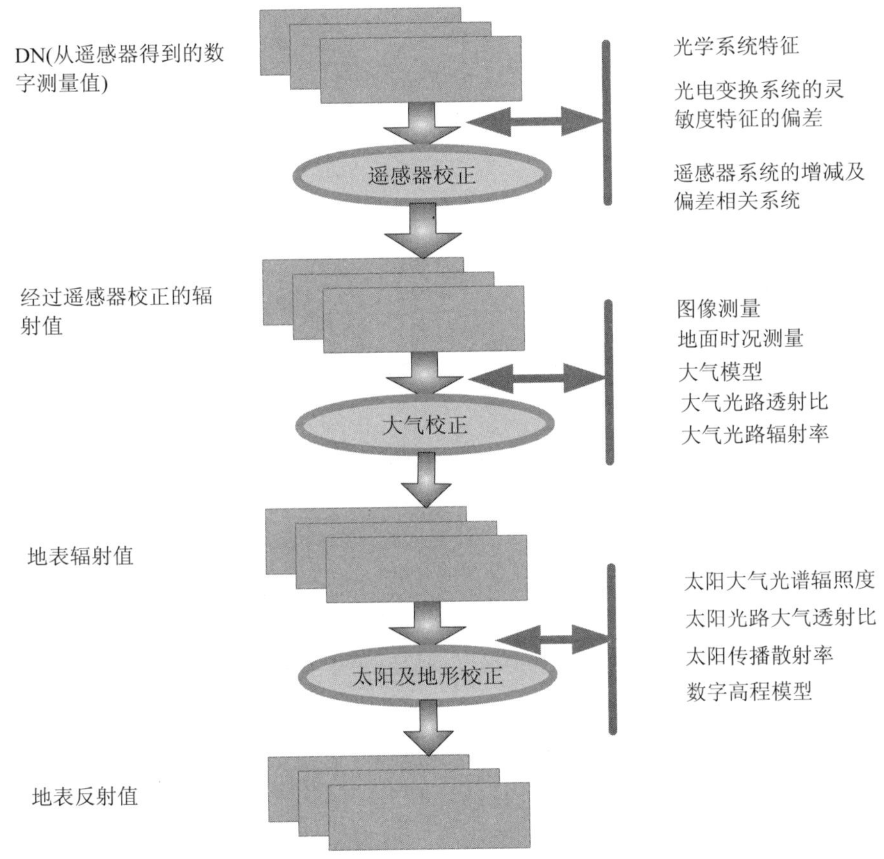

图 2.2 环境一号卫星数据辐射校正流程

二、传感器校准

以环境一号卫星为例，环境一号卫星遥感器主要包括分光学、微波（SAR）和红外三个种类。

（一）光学遥感器校正

光学遥感器校正包括绝对定标和相对定标。

绝对定标是对目标作定量的描述，要得到目标的辐射绝对值。要建立传感器测量的数字信号与对应的辐射能量之间的数量关系，即定标系数，此步骤在卫星发射前后都要进行。卫星发射前的绝对定标是在地面实验室或实验场，用传感器观测辐射亮度值已知的标准辐射源以获得定标数据。卫星发射后，定标数据主要采用敦煌外场测量数据，此值一般在图像头文件信息中可以读取。

相对定标得出目标中某一点辐射亮度与其他点的相对值，又称为传感器探测元件归一化，是为了校正传感器中各个探测元件响应度差异而对卫星传感器测量到的原始亮度值进行归一化的一种处理过程。由于传感器各个探测元件之间存在差异，使传感器探测数据图像出现一些条带。相对辐射定标的目的就是降低或消除这些影响。

（二）SAR 校正

SAR 校正包括内定标与外定标。

内定标是通过固定设备（如定标信号源、复制调频信号）注入定标信号到雷达数据流中，以标定雷达系统性能的过程。

外定标是通过地面目标产生或反射的定标信号来标定雷达系统性能的过程，这些地面目标可以是已知雷达截面积的点目标（如角反射器和有源反射器），也可以是已知散射特征的分布目标（如热带雨林）。

（三）红外遥感器校正

红外遥感器可采用内定标法。新一代的热扫描仪，均附有内部温度参考源，多采用在旋扫描镜角视场的两侧放置两个黑体辐射源的形式。这两个黑体源的温度被精确控制，并设置为地面检测目标的“最冷”与“最热”，对于每一条扫描线，扫描器先登录冷参考源的辐射温度，然后扫描地面，最后再登录热参考源的辐射温度，所有的信号记录在磁带上，两个温度源也随图像数据被记录下来，以便推算整幅热图像的辐射温度，同时保证当与其他热扫描仪输出值对比时，有一个绝对辐射值作为参考。

对于红外扫描仪定标，可运用经验或理论的大气模拟来计算大气效应。在理论大气模型数学关系中利用观测到的各种环境参数（如温度、压力、二氧化碳浓度等），来预测大气对遥感信号的影响。在这里，对影响大气效应因子的测量和建模是很复杂的，往往建立实际地表测量值与相应扫描数据之间的经验关系，来消除大气的影响。同时需要建立不同遥感器热辐射值之间的转换关系。

三、大气纠正

（一）大气校正原理

大气校正分为绝对校正和相对校正。绝对校正需要采用大气辐射传输理论模型。

辐射传输方程是描述电磁辐射在散射、吸收介质中传输的基本方程。大气辐射传输模型能较合理地描述大气散射、大气吸收、发射等过程，且能产生连续光谱，避免光谱反演的较大定量误差，因而得到最广泛的应用。许多大气校正算法都是根据辐射传输原理发展起来的。如适用于遥感图像大气影响校正的 RADFIELD 辐射传输计算模型、参数化的向上亮度模型以及广泛应用的 LOWTRAN-7、MODTRAN 大气模型、5S（the Simulation of the Satellite Signal in the Solar Spectrum）和 6S（the Second Simulation of the Satellite Signal in the Solar Spectrum）模型。其中部分模型已经在商业软件中实现，最为重要的几个为 ACORN、ATREM、FLAASH 和 ATCOR。

一般来说，模型需要的参数主要（以 6S 模型为例）如下。

（1）太阳和传感器的几何参数信息，包括太阳天顶角、卫星天顶角、太阳方位角、卫星方位角；这些参数均可以根据影像成像时间、卫星轨道参数计算得到。

（2）大气组分参数，即大气模式，包括大气水汽、成分参数；6S 模型中提供“中纬度夏季，中纬度冬季、热带”等模型来计算大气组分参数。

（3）气溶胶组分参数，包括灰尘、烟尘等气溶胶组成成分的百分比参数；6S 模型中提供标准模型来替代，如“大陆模型”等。

（4）气溶胶大气路径长度，一般用当地能见度参数表示（如：10 km，如果可能的话，从附近的机场获取）。

（5）目标的海拔高度，主要是影像景的平均高度（如：海平面以上 200 m）。

（6）传感器波段条件，即各个波段的信息（均值和半峰全宽（FWHM））。

（7）地面反射模型，基于朗伯体模式或基于二向反射方向函数（BRDF）的地面模型。

模型的影像输入是经过遥感器定标后的辐射亮度值，其单位为 $Wm^{-2}\mu m^{-1}sr^{-1}$ 。

（二）大气校正实例

以 2002 年 ETM+影像为例，通过“6S”模型对该影像进行大气校正，根据校正结果的典型地物光谱曲线图（图 2.4）可以看出校正的结果较好。结果如图 2.3 所示。

校正前影像

校正后影像

图 2.3　校正前后遥感影像

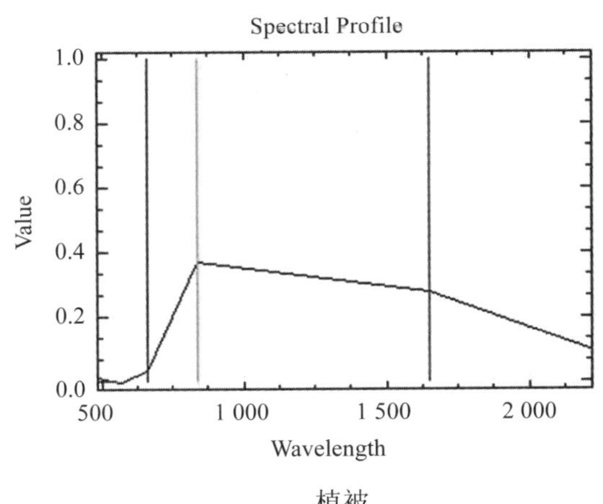

植被

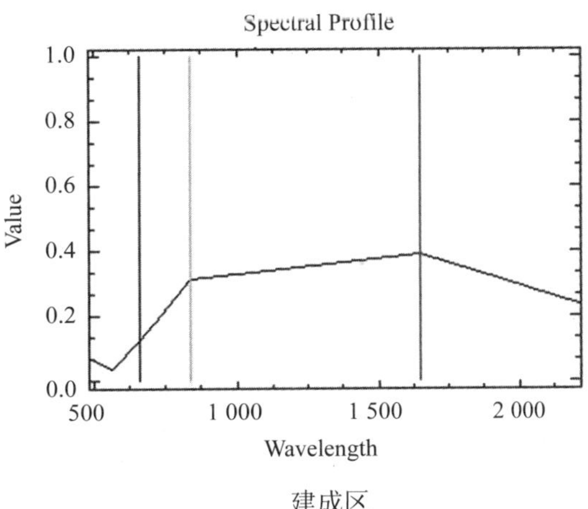

建成区

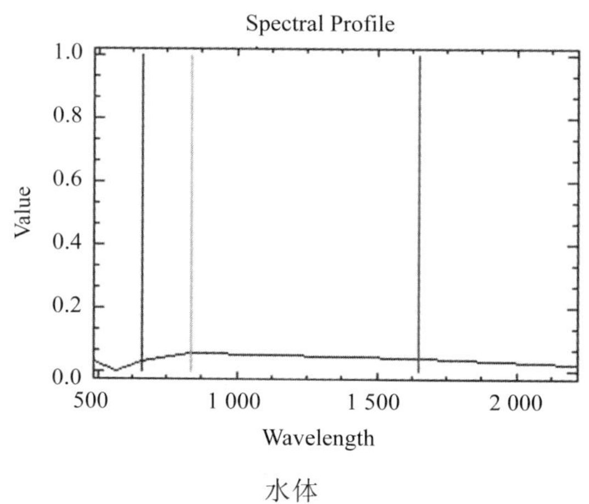

水体

图 2.4 校正结果的典型地物光谱曲线图

四、太阳高度和地形校正

地面辐射校正是遥感影像辐射校正的主要内容，是获得地表真实反射率的必不可少的一步。地形对光学遥感卫星影像数据辐射亮度的影响是非常显著的，太阳光线和地表作用以后再反射到传感器的太阳光的辐射亮度和地面倾斜度有关。卫星遥感器接收辐射能量包括地面目标接收到的辐射能量以及遥感器接收到的来自地面目标的反射能量。地形不仅影响到地面所接收的辐射能量，同时，地形的变化也会改变太阳辐射源、地面目标和卫星遥感器三者所构成的几何结构，而这种几何结构决定着地面目标在卫星遥感器方向上反射辐射能量的多少。

太阳高度角引起的辐射畸变校正是将太阳光线倾斜照射时获取的图像校正为太阳光垂直照射时获取的图像。太阳高度角可以根据成像时的时间、季节和地理位置确定。太阳高度角产生的阴影一般是难以消除的，但对于多光谱图像可以利用两个波段图像的比值产生一个新图像以消除地形的影响。地形影响引起的辐射校正需要知道各坡面的倾角，需要已知该地区的 DEM。此外，可以通过比值图像来消除或部分减小其影响。

（一）余弦校正模型

余弦校正模型是由 Teillet 提出的，它是一个简单的光学函数，其基本原理是：校正后像元接收的总辐射与坡面像元接收的总辐射有一个由入射角（定义为太阳天顶与垂直于坡面的方位夹角）余弦决定的直接比例关系。假定：①地表为朗伯面；②日地距离不变；③照射地球的太阳能量为常量。定义到达斜坡像元的辐照度与入射角 i 的余弦成正比，入射角 i 是像元的法线与天顶方向的夹角，辐照度（E_g）的 cos$i$ 部分到达该斜坡像元。可用下面的余弦方程对遥感数据进行简单的地面辐射校正：

$$L_H = L_T \frac{\cos\theta_o}{\cos i} \tag{2-1}$$

式中，L_H 为水平面辐射（即坡度坡向校正后的遥感数据）；L_T 为坡面辐射；θ_o 为太阳天顶角；i 为太阳入射角。

（二）C 校正模型

其基本思想是：对于任意波段影像的像元亮度（DN）值和其对应的太阳入射角余弦值都满足线性关系。理想情况下，当太阳入射角为零或小于零时，表明该点缺乏太阳光照，则该点的 DN 值应该为零，该拟合直线应通过原点。然而，由于大气散射和地表相邻点反射光折射的缘故，为了使像元 DN 值和太阳入射角 α 的余弦值满足线性关系，因此，Teillet 等在余弦函数中引入了一个附加调整因子，成为 C 校正模型：

$$L_{\mathrm{H}} = L_{\mathrm{T}} \frac{\cos\theta_{\mathrm{o}} + C}{\cos i + C} \quad (2\text{-}2)$$

式中，$C = b/m$，L_{H} 为水平面辐射（即坡度坡向校正后的遥感数据）；L_{T} 为坡面辐射；θ_{o} 为太阳天顶角；i 为太阳入射角。

（三）经验统计校正模型

对于影像中的每个像元而言，它们的影响因素主要是：1）根据 DEM 预测的光照度；2）实际遥感数据。考虑该分布中的统计关系，回归模型可基于下述公式进行：

$$L_{\mathrm{H}} = L_{\mathrm{T}} - \cos(i)m - b + \overline{L}_{\mathrm{T}} \quad (2\text{-}3)$$

式中，L_{H} 为水平面辐射（即坡度坡向校正后的遥感数据）；L_{T} 为坡面辐射（即原始遥感数据）；$\overline{L}_{\mathrm{T}}$ 为森林覆盖像元的 L_{T} 平均值（根据地面反射率）；i 为像元法线方向的太阳入射角；m 为回归的斜率；b 为回归模拟在 y 轴上的截距。

（四）Minnaert 校正模型

Teillet 等将 Minnaert 校正引入到基本的余弦函数：

$$L_{\mathrm{H}} = L_{\mathrm{T}} \left(\frac{\cos\theta_{\mathrm{o}}}{\cos i} \right)^{k} \quad (2\text{-}4)$$

式中，k 为 Minnaert 常量。k 值在 0～1 之间变化，是地面接近朗伯体表面程度的测度。标准朗伯体表面的 k=1，它代表经典的余弦校正。

第三节　遥感图像的几何处理

一、几何纠正

一般原始影像包含有严重几何变形，几何变形是指图像上的像元在图像坐标系中的坐标与其在地图坐标系等参考系统中的坐标之间的差异，消除这种差异的过程称为几何校正。变形误差可以分为内部误差和外部误差两类。内部误差是由传感器结构等因素引起的，如焦距的变动、镜头畸变、扫描棱镜旋转速度的不均匀、扫描线的非直线型和非平行性等。

内部误差大小因遥感器结构而异，一般不大。外部误差主要是指遥感器本身处在正常工作的条件下，由遥感器以外的各因素所造成的误差，主要有相机投影方式、地形起伏、地球曲率、地球旋转、大气折射、传感器的位置和姿态变化等。

（一）几何纠正流程

遥感数据几何校正处理主要包括系统几何校正、几何精校正和正射校正，总体技术流程如图 2.5 所示。这些步骤也可以综合完成，即由辐射定标后分景数据直接校正成几何精校正影像或正射影像，减少重采样次数。

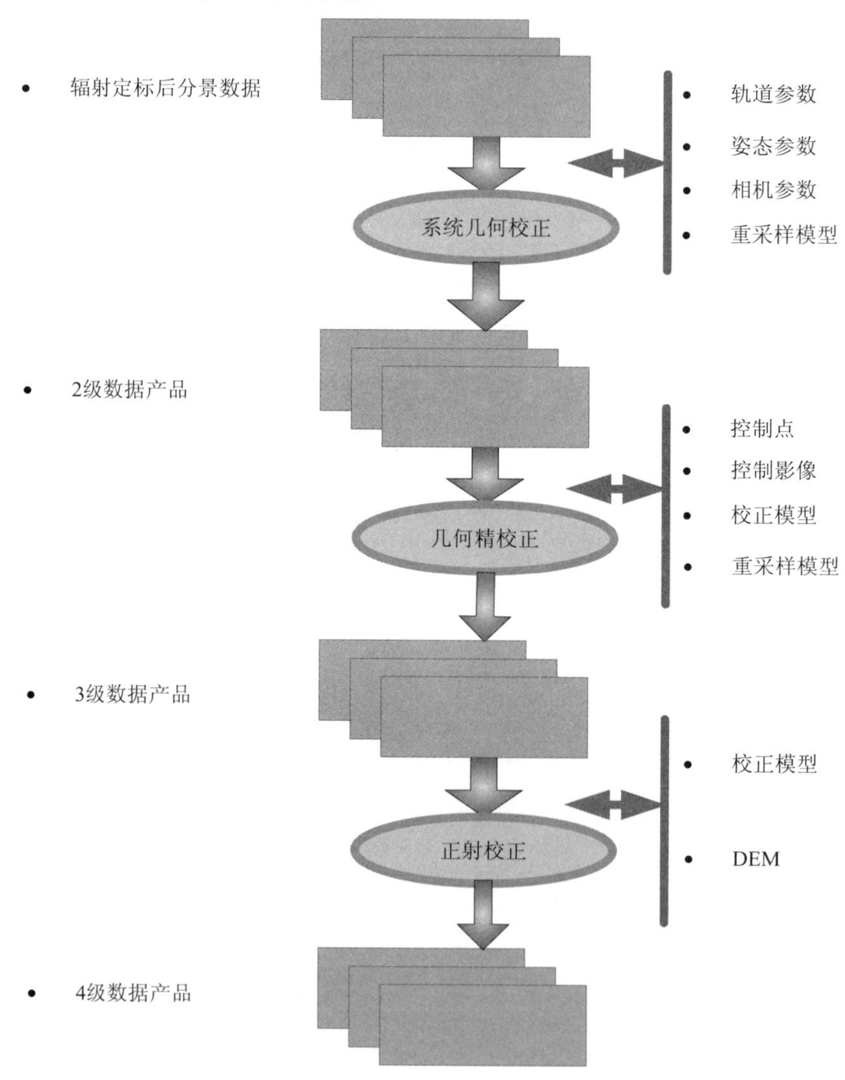

图 2.5 环境一号卫星数据几何校正流程

（二）系统几何纠正

遥感数据系统几何校正是利用各种可以预测的参数，如传感器的校准数据、位置参数、平台姿态等测量值代入理论校正公式，把原始影像校正到所要求的地图投影坐标系中去，形成 2 级产品。系统几何校正首先需要从卫星轨道参数计算星下点轨迹经纬度，然后根据卫星姿态和侧视角，计算出图像点经纬度。通常卫星的轨道数据包括：格林尼治角测量时间、格林尼治角、卫星轨道的半长轴、轨道倾角、卫星椭圆轨道的偏心率、近地点辐角等。这些轨道参数的关系如图 2.6 所示。

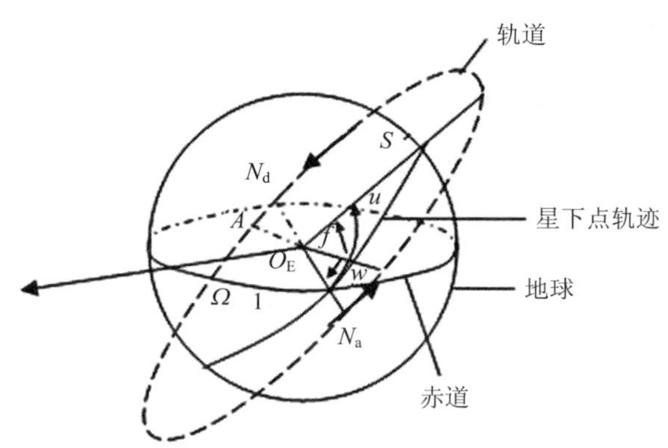

图 2.6 轨道参数关系图

在环境一号卫星数据中，除了真近点角 u、纬度幅角 f 与相应时刻的平近点角 M 以外，其他的数据都已经由卫星提供。因此可以从开普勒方程推出后续任意时刻的平近点角 M 值。得到卫星飞经 S 位置时的平近点角 M 值后，可以利用逼近法解出偏近点角 E 的数值解，并进一步得到真近点角 f 和纬度辐角 u。最后可得卫星的星下点轨迹经纬度坐标（φ，λ）。有了星下点轨迹经纬度坐标，根据航高、侧视角、传感器几何参数、地球模型计算出图像的坐标。系统几何校正的关键在于充分利用星上辅助数据中的星历参数进行众多坐标系间的转换。

（三）几何精纠正

遥感影像的几何精纠正即消除图像中的几何变形，产生一幅符合某种地图投影或图形表达要求的新图像的过程。几何精纠正包括两大环节：首先进行像素坐标的变换，即将图像坐标转变为地图或地面坐标；然后对坐标变换后的像素亮度值进行重采样。遥感图像纠正处理的具体过程如下：

（1）根据图像的成像方式确定影像坐标和地面坐标之间的数学模型。

（2）根据所采用的数字模型确定纠正公式。

（3）根据地面控制点和对应像点坐标进行平差计算变换参数，评定精度。

（4）对原始影像进行几何变换计算，像素亮度值重采样。

目前的常用的几何精纠正方法有多项式法、共线方程法和随机场插值法等。

（四）正射校正

正射校正是将中心投影的影像通过数字校正形成正射投影的过程，其原理为：将影像化为很多微小的区域，根据有关的参数利用相应的构像方程式或按一定的数学模型用控制点解算，然后利用地形高程模型（DEM）对原始影像进行校正，求得解算模型使其转换为正射影像。影像的正射校正借助于 DEM，对影像中每个像元进行地形变形的校正，使影像符合正射投影的要求。由于充分利用了 DEM 数据，故能够改正因地形起伏而引起的像点位移。

正射校正的方法很多，主要有物理模型和经验模型两种。物理模型以共线方程为代表，建立在严格的物理推导基础上，因此需要已知传感器的轨道参数和姿态参数等较难获取的参数才获得较高的精度；经验模型应用灵活，只要有足够数量的控制点以及该地区的 DEM 数据就可以进行正射校正，但是其精度往往受到 DEM 精度和控制点精度的影响。

（五）精度评价

利用未参加校正的控制点作为检查点，检查校正影像的精度。精度较好的影像，更新参与其几何校正的控制点在数据库的使用评价属性，该属性作为下次控制点数据检索时的推荐值。

二、影像镶嵌

利用几何校正方法将所有参与镶嵌的图像纠正到统一的坐标系中，通过设置重采样、色彩平衡、直方图匹配等参数，绘制影像间拼缝并且设置拼缝处理算法，将多幅图像拼接起来形成一幅更大幅面的图像，从而实现影像的无缝拼接。影像镶嵌的技术问题之一是如何将多幅影像从几何上拼接起来，之二是消除几何拼接以后的图像上因灰度（或颜色）差异而出现的拼接缝。

对环境一号卫星 CCD 数据进行镶嵌一般可以分解为如下几种情况。

1. 同星 CCD1 与 CCD2 的镶嵌

此时，由于 CCD1 与 CCD2 成像时间一样，且卫星成像条件一致，几何变形方面两者有较好的一致性。另外，经辐射定标后两者的光谱反射率也能较为一致。因此，此时的镶嵌可以基于系统几何校正数据进行镶嵌。

2. 同轨 CCD 数据的镶嵌

同轨 CCD 数据的获取是在同一条件下进行，成像过程也是整个条带成像，因此在原始分景阶段就可以根据研究区域的需要进行分景。也可以通过对同轨 CCD 数据系统几何校正数据进行直接叠加拼接获得镶嵌图像，以包含研究区域。

3. 不同时相或不同卫星的 CCD 数据镶嵌

当以上两种镶嵌方式不能覆盖研究区或由于数据质量的原因（如某些区域被云覆盖），则需要进行不同时相、不同卫星数据的镶嵌。这个过程可以分解如以下几步。

（1）选图像

对参与镶嵌的卫星图像除共同的质量要求外，还应考虑选择成像时间和系统处理条件尽可能比较接近的卫星，以减少后续的色调调整等工作量与难度。同时应根据图幅分布情况，选出处于工作区中心部位的一幅图像作为镶嵌的基准像幅，然后对上下左右相邻图像进行几何配准，确定重叠区。

（2）相邻图像几何配准

在相邻图像的重叠区选取控制点，分布要均匀，控制点初选后，应进行优化，剔除那些几何坐标误差超限的点对，采用多项式拟合变换，把相邻图像校正到基准图像上去。也就是以控制点为基础，对相邻图像重叠区内的影像差异进行平差，以达到两者的一致，几何配准后，重叠区就随之确定。

（3）相邻图像色调调整

色调调整是决定遥感图像数字镶嵌质量的另一个重要环节。需镶嵌的相邻图像，由于成像日期、系统处理条件可能有差异，不仅存在几何畸变问题，而且还存在辐射水准差异导致同名地物在相邻图像上的灰度值不一致的问题。如不进行色调调整就把这种图像镶嵌起来，即使几何配准的精度很高，重叠区复合的很好，但镶嵌后的两边影像的色调差异明显，接缝线十分突出，既不美观，又影响对地物影像与专业信息的分析与识别，降低应用效果。色彩平衡用于在镶嵌前去除单幅影像的亮度变化，提供两种亮度变化模型 Parabolic 和 Linear 供选择。Parabolic 为椭圆球模型，对应于影像亮度由中心向边缘逐渐变暗的情况，适用于大多数在可见光波段垂直成像的航片。Linear 为线性模型，对应于影像亮度沿一个斜面单调变化的情况，适用于雷达影像等侧向成像的情况。

（4）重采样

输入影像可能会有不同的空间分辨率或者输出影像的空间分辨率与输入影像的空间分辨率不同，都会对输入影像进行重采样，以保证镶嵌质量。系统提供了三种重采样方法：最邻近、双线性、双三次插值。

（5）直方图匹配

直方图匹配对图像查找表进行数学变换，使一幅图像某个波段的直方图与另一幅图像对应波段类似，或使一幅图像所有波段的直方图与另一幅图像所有对应波段类似。直方图匹配经常作为相邻图像拼接或应用多时相遥感图像进行动态变化研究的预处理工作，通过直方图匹配可以部分消除由于太阳高度角或大气影响造成的相邻图像的效果差异。

（6）接边线设置

在重叠区选择一条连接两边图像的拼接线，使得根据这条拼接线拼接起来的新图像浑然一体，不露拼接的痕迹，这样就保证了镶嵌的质量。接边线是位于某幅图像与图像列表中该图像之前的所有图像的重叠区中的一条多边线，且这条多边线将重叠区分成两个部分，其中一部分属于该图像，另一部分属于其他图像。在消除拼缝的处理中，提供有无接边线生成方法。

（7）图像镶嵌

经过几何配准、重采样处理、直方图匹配和色调调整后便可正式进行图像镶嵌了。为此需在重叠区选择一条连接两边图像的拼接线，使得根据这条拼接线拼接起来的新图像浑然一体，不露拼接的痕迹。选择基于重叠影像的拼缝消除算法，对拼接缝上任意一点两侧的灰度按如下公式进行处理：

$$I_i = I_{Ai} + (I_{Bi} - I_{Ai}) \times K \tag{2-5}$$

$$K = \frac{i}{K} \quad 0 \leqslant i \leqslant W - 1$$

其中，I_i 为平滑处理后得到的像元灰度值（与拼接缝上该点距离为 i 的像元），I_{Ai}、I_{Bi} 分别为重叠区上该位置两景镶嵌图像的像元灰度值，W 为灰度平滑宽度，K 为权数。W 值小于重叠区的宽度，K 在平滑范围内呈线性反向变化。

第四节　影像融合

随着遥感技术的发展，为了充分利用多传感器、多分辨率、多波段的遥感数据以及非遥感数据自身的特点，将多种遥感及非遥感的数据结合起来，取长补短，发挥各自的优势，有助于更全面地反映地物目标，提高信息解译及分析能力。多源信息融合是指将不同类型信息源的信息进行融合。主要包括：像素级融合、特征级融合、决策级融合、多源信息融合。

针对环境一号卫星多传感器类型，通过融合技术充分利用光学影像、雷达影像、超光谱影像、红外影像的综合信息，根据卫星传感器的互补性、同星不同传感器图像之间的良好配准性（如 B 星 CCD 和红外图像同天同地区具有较好的配准性）、CCD 数据高时相分辨率等特点，可以开展多种方式的融合。常规的融合方法有：Brovey 比值融合、高通滤波、IHS 变换融合、主成分变换、小波变换等融合方法。

（一）Brovey 比值融合

Brovey 变换是一种通过归一化后的三个波段的多光谱影像与高分辨率影像乘积的融合方法。Brovey 变换的优点在于锐化影像的同时能够保持原多光谱影像的信息内容。其公式为：

$$\mathrm{DN}_f = \frac{\mathrm{DN}_{Bi}}{\mathrm{DN}_{B1} + \mathrm{DN}_{B2} + \mathrm{DN}_{B3}} \cdot \mathrm{DN}_{pan} \tag{2-6}$$

式中：DN_f 为融合后的像素值；DN_{Bi} 为多光谱影像中第 i 波段的像素值；DN_{pan} 为高分辨率全色影像的像素值。

利用比值运算可以扩大不同地物的光谱差异。对两个不同时相的遥感影像进行比值运算的融合处理，融合结果虽然使总体色调和纹理细节有所下降，但是在变化区域内的色调表示却异常突出和明显，使一些细微、独立的变化都能够在融合结果中表现出来，这是因为动态变化能够引起融合影像的光谱特征、纹理特征变异，从而在融合结果中突出显示出来。另外，比值运算可以消除共同噪声，消除或削弱地形阴影、云影的影响等。应注意的是，纹理特征的变异不总是变化区域，它还与诸如照度差异、大气条件、地面湿度及两图像间的几何配准精度等因素有关，应与区域变化加以区分。

（二）IHS 变换融合

IHS 变换基于 IHS 色彩模型和应用广泛的融合变换方法，有两个显著的特点：一是它有效地把一幅彩色影像的红（R）、绿（G）、蓝（B）成分变换成代表空间信息的强度分量和代表光谱信息的色度分量、饱和度分量，这一过程称 IHS 正变换；二是它具有可逆性，即能将 H、I、S 变换成 R、G、B，这一过程称逆变换或反变换。由于人眼对影像强度的分解力比色度和饱和度的分解力高，因此据人眼视觉特性和 IHS 变换的特点，IHS 色彩变换先将多光谱影像进行彩色变换，分离出强度 I、色度 H 和饱和度 S 三个分量，然后将高分辨率全色影像（PAN）与分离的强度分量 I 进行直方图匹配，使之与 I 分量有相同的直方图，最后再将匹配后的 PAN 代替 I 分量与分离的色度 H 分量、饱和度 S 分量融合，并按照 IHS 逆变换得到空间分辨率提高的融合影像，即空间分辨率提高的多光谱影像。此变换可用于相关资料的色彩增强、地质特征增强、空间分辨率的改善、分类精度的提高以及不同性质数据源的融合。此方法的局限性在于只能适用于三个波段的变换；另外，新的强度 I 分量与原始的强度 I 分量要具有较大的相关性，以减少融合后图像的畸变。

（三）PCA 变换融合

主成分变换是遥感数字图像处理中运用比较广泛的一种算法，是在统计特征基础上的多维（多波段）的正交线性变换。主成分变换将各种光谱图像均视为一个随机变量。融合时首先求它们的协方差矩阵的特征值和特征向量，然后将特征向量按对应特征值的大小从大到小排列并得到变换矩阵，最后对多光谱图像作变换，并按应用的目的和要求取前面几个图像进行融合。遥感图像的不同波段之间往往存在着很高的相关性，这可通过 PCA 变换，把多波段图像中的有用信息集中到数量尽可能少的新的主成分图像中，并使这些主成分图像之间互不相关，从而大大减少总的数据量，并使图像信息得到增强。利用 PCA 变换就可以很方便地将影像的结构信息通过第一主分量表达出来。由此可见，PCA 变换对影像编码，影像数据压缩，影像增强，图像变化探测，多时相影像融合非常有用。其方法是将多光谱的多个波段先做主分量变换，将高分辨率全色影像与第一主分量进行直方图匹配，然后用匹配后的高分辨率影像代替第一主分量，最后进行反主分量变换，得到空间分辨率提高了的多光谱影像的融合影像。

方法与 IHS 类似，但由于第一分量表示多光谱图像最大变化，而 I 分量只是表示平均变化，因此 PC1 与全色图像一般有较高相关性，光谱畸变相应会较小。但对于 SAR 图像和红外图像，相关性还是还是很小，需要做进一步处理改进融合方法来减少光谱畸变。

（四）小波变换融合

在目前常用的图像融合技术中，基于多分辨率分析的图像融合方法是应用非常广泛并极其重要的一类算法。由于其融合过程是在不同尺度、不同空间分辨率、不同分解层上分别进行。

基于小波变换的多传感器图像融合的物理意义在于：

（1）通常图像中的物体、特征和边缘出现在不同大小的尺度上。因此，任何一幅特定比例（尺度）的地图都无法清晰地反映所有特征和细节信息。图像小波分解是对图像进行多尺度、多分辨率分解，其对图像的分解过程可以看做是对图像的多尺度边缘提取过程，同时，小波的多尺度分解还具方向性。若将小波变换用于多传感器图像的融合处理，就可能在不同尺度上，针对不同大小、方向的边缘和细节进行融合处理。

（2）小波变换具有空间和频域局部性，利用小波变换可以将融合图像分解到一系列频率通道中，这样对图像的融合处理是在不同的频率通道分别进行。而人眼视网膜图像就是在不同的频率通道中进行处理的，因此基于小波变换的图像融合有可能达到更好的视觉效果。

（3）小波变换具有方向性，人眼对不同方向的高频分量具有不同的分辨率，若在融合处理时考虑到这一特性，就可以有针对性地进行融合处理，以获取良好的视觉效果。

（4）对参加融合的各图像进行小波金字塔分解后，为了获得更好的融合效果并突出重要的特征细节信息，在进行融合处理时，不同频率分量、不同分解层、不同方向均可以采用不同的融合规则及融合算子，这样就可能充分挖掘被融合图像的互补及冗余信息，有针对性地突出或强化感兴趣的特征和细节信息。

图像分解的基本理论是将图像分解成低通和高通成分，如低通滤波形成低频率图像，从原始图像中减去低频率图像就形成高频率图像，这两幅图像中包含了原始图像的所有信息，如果加在一起，就能得到原始图像。融合过程如图 2.7 所示。

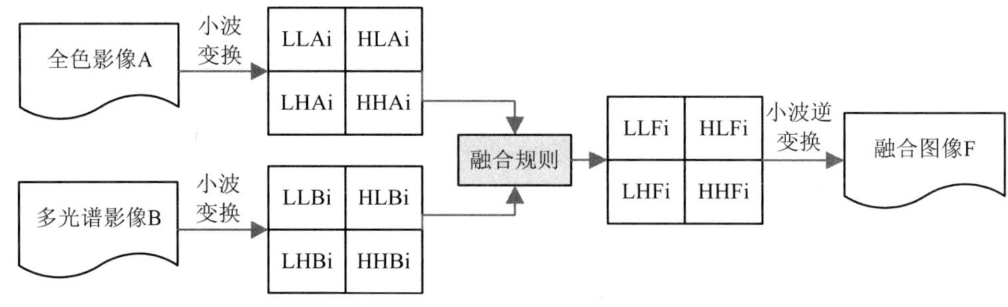

图 2.7 小波融合过程示意图

第五节 变化检测与信息提取

一、变化检测

（一）变化监测基本概念

随着各种遥感数据的不断积累和空间数据库的建立，地球表面不同空间尺度的数据得以被全面的记录。如何从这些遥感数据中提取和检测变化信息已成为遥感信息科学的重要研究课题。遥感变化检测的实质是检测遥感瞬间视场中地表特征随时间发生的变化而引起的两个时期影像像元光谱响应的变化，所以遥感检测的变化信息必须考虑可能造成像元光谱响应变化的其他要素提供的信息，如土壤水分、植被物候学、大气条件、太阳角（影像时相）、传感器参数等，并且要消除这些信息的影响。

（二）变化检测流程与方法

遥感变化检测，首先进行数据选取，然后进行数据预处理，包括辐射纠正、几何纠正、影像匹配等几个方面；关键工作就是选择合适的信息提取和分离方法来检测变化信息，最后评价结果的精度，详见表 2.1。

表 2.1 遥感变化检测流程

步 骤	任务要点
工程定义和描述	定义应用问题，确定研究区域和研究对象，明确研究目标
数据获取	根据应用要求选取合适的遥感影像及辅助数据
数据预处理	影像镶嵌、影像剪裁、几何校正、辐射校正
变化检测	选用合适的方法，提取和分析变化信息，生成变化分布图
精度评估	评价变化检测的结果精度
产品输出	各种变化检测结果，包括图件、表格、文档等的制作输出

利用遥感多光谱数据进行变化信息的检测和提取有多种方法。传统的方法大体可以分为两类：光谱类型特征分析和光谱变化向量分析。

（1）光谱类型特征分析方法主要基于不同时相遥感影像的光谱分类和计算，确定变化信息的分布和类型特征，分为直接比较法、分类后比较法和多光谱变换法。

（2）光谱变化向量分析方法是基于不同时相图像之间的辐射变化，着重对各波段的差异进行分析，确定变化的强度与方向特征。

（3）新的遥感变化检测方法很多，其中以交叉相关分析和 ChiSquare 变换的方法应用较多。

二、信息提取

众所周知，自然界的一切地物都具有电磁辐射特性、空间分布特性以及时间变化规律，而遥感成像的过程，就是通过不同的成像方式将地物的特性表现在遥感影像上。

遥感专题信息的提取，就是通过对遥感影像中各地物目标的特征信息进行分析、推理和判断，最终达到识别目标或现象的目的。因此，遥感信息提取，也可以说是遥感成像过程的逆过程，如图 2.8 所示。遥感专题信息提取的方法主要有三种，即目视解译获取、专题分类获取和知识发现获取。

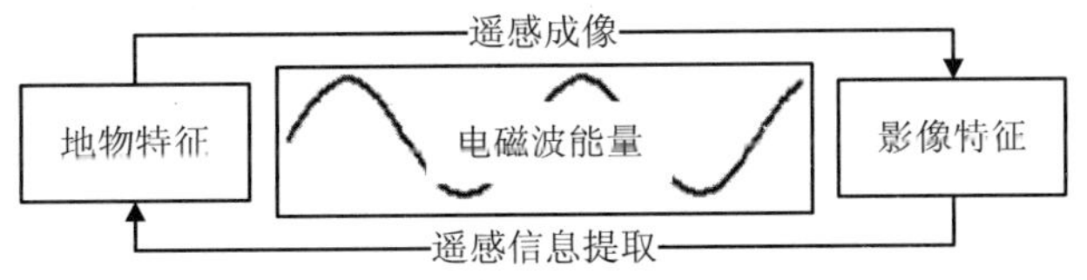

图 2.8 遥感成像与遥感信息提取的关系

其中，目视解译是指通过人工识别图像的特性，运用工作经验和专业知识，提取出有用的信息。目视解译是最基本的遥感影像解译方法。专题分类获取，是指运用计算机自动分类的技术，对反映地物光谱特性的像元值进行统计、运算、对比和归纳，将像元归入不同地物类别。而知识发现获取，则是将综合遥感影像与地理信息系统数据、气候数据以及其他相关知识相结合，对地物进行区分和识别的一种方法。

（一）目视解译

目视解译是一种传统的解译方法，也是一种人工提取信息的方法，使用眼睛目视观察（可借助一些光学仪器），凭借解译人员的知识、经验和掌握的相关资料，通过大脑分析、推理和判断，提取有用的信息。

目视解译是利用图像的影像特征（色调或色彩，即波谱特征）和空间特征（形状、大小、阴影、纹理、图形、位置和布局）与多种非遥感信息资料相组合，运用生物地学相关规律，进行由此及彼、由表及里、去伪存真的综合分析和逻辑推理的思维过程。

长期以来，目视解译是地学专家获得区域地学信息的主要手段。正如陈述彭先生所说，“目视解译不是遥感应用的初级阶段或者是可有可无的，相反，它是遥感应用中无可替代的组成部分，它将与地学分析方法长期共存、相辅相成”。由于综合利用了地物的色调或色彩、形状、大小、阴影、纹理、图案、位置和布局等影像特征知识以及有关地物的专家知识，并结合其他非遥感数据资料进行综合分析和逻辑推理，目视解译能达到较高的专题信息提取的精度，尤其是在提取具有较强纹理结构特征的地物时更是如此。即使在计算机自动分类技术日渐成熟的今天，目视解译仍是重要的获取遥感信息的手段，而且自动分类的结果也需要专业人员的目视鉴定。

（二）专题分类

1. 监督分类

监督分类方法（Supervised Classification）又称为训练分类法，即参考先验知识和辅助信息，在遥感图像上识别出一些已知其类别的像元，将这些样本构成训练样本，通过对训练样本的学习并提取样本的统计特征，得到了分类模板，然后用分类模板对原图像进行具有相似特征像元的识别，完成分类（党安荣，2003；梅安新，2001）。当对研究区域比较了解的时候，或掌握了更多的先验知识，为了将这些有用的辅助信息参与到遥感分类中，需要使用监督分类方法。监督分类中最常用的算法有最小距离法和最大似然法。

监督分类方法中最主要的是分类模板的建立，而分类模板的精确与否又依靠训练样本的精度，因此训练样本的选取直接影响着分类结果的可靠性。分类模板的建立是一个循环过程：选择样本，建立分类模板，执行分类、分类结果评价、修改模板、再次分类，如此反复，直到分类结果满意为止。

监督分类简单实用，但在处理分类前必须确定好已知地物样本的分类特征及其参数，这是分类成败的关键。已知样本分类特征及其参数的确定要有代表性，要有足够的样本（或像元）作为统计的基础。此外，由于环境的变化及其复杂性，以及干扰因素的多样性和随机性，由训练场地已知样本所获得的分类特征及其参数，只能代表一定时间和具体地域的情况，不能无条件地推广。若地区情况或环境条件变化，应该另选训练场地，以免造成较大的误差或误判。

监督分类的总体流程如图 2.9 所示。

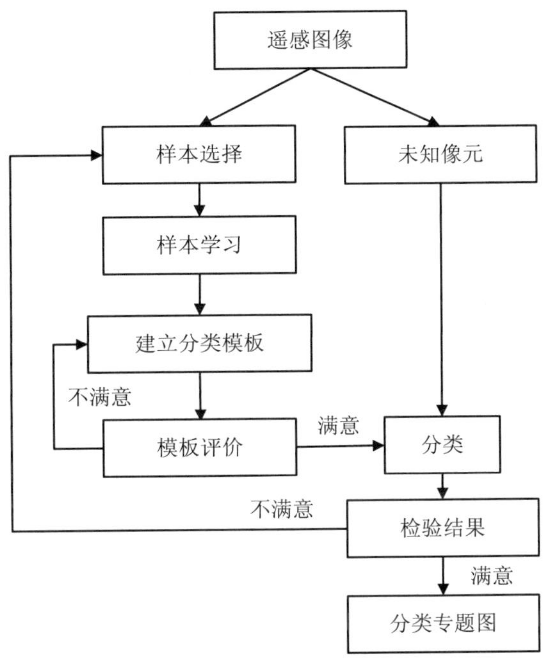

图 2.9 监督分类流程图

2. 非监督分类

遥感影像的非监督分类也称为聚类分析或点群分析，是在没有先验知识的情况下，根据多光谱影像本身的统计特征及自然点群的分布情况来划分地物类别的分类处理。由于针对环境一号卫星的数据某些地方可能没有，所以需要进行非监督分类。非监督分类不需要人工选择训练样本，仅需极少的人工输入，计算机按一定规则自动地根据像元光谱或空间等特征组成集群组，然后分析者将每个组与参考数据比较，将其划分到某一类别中。非监督分类常用以下算法：ISODATA，链状方法、等混合距离法、集群分析、分层聚类。

非监督分类的主要流程见图 2.10。

3. 面向对象分类

（1）面向对象分类概述

面向对象分类考虑地物空间特征，不再以像元为单位进行分类，而是通过对影像的分割，使同质像元组成大小不同的对象。对象内部光谱差异小，因此对任一对象忽略其纹理等空间信息，从光谱和空间特征进行分类。

面向对象分类主要包括影像分割、对象层次结构、分类规则和信息提取。影像分割从任一像元开始，采用自下向上的区域合并方法形成对象。小的对象可以经过若干步骤合并成大的对象。对象层次结构分割时，像元层和整个影像视为两个特殊的对象层，任何分割所形成的对象层则介于其间，大尺度分割下所形成的对象是有效尺度分割所形成的对象组合产生的。分割后，不同层次可以对特定地物建立各自规则。并针对影像分割后形成的多边形对象，进行分类统计，实现信息提取，完成分类。其算法流程如图 2.11 所示。

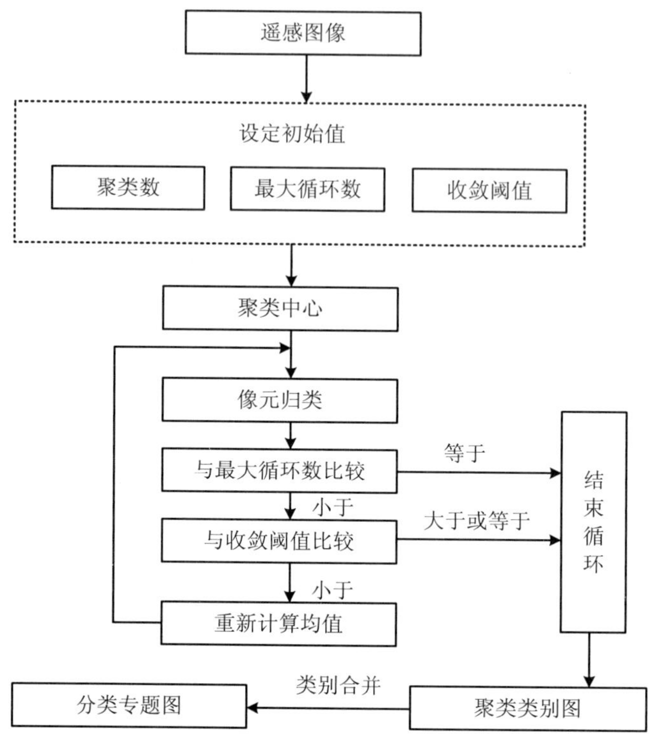

图 2.10 非监督分类主要流程

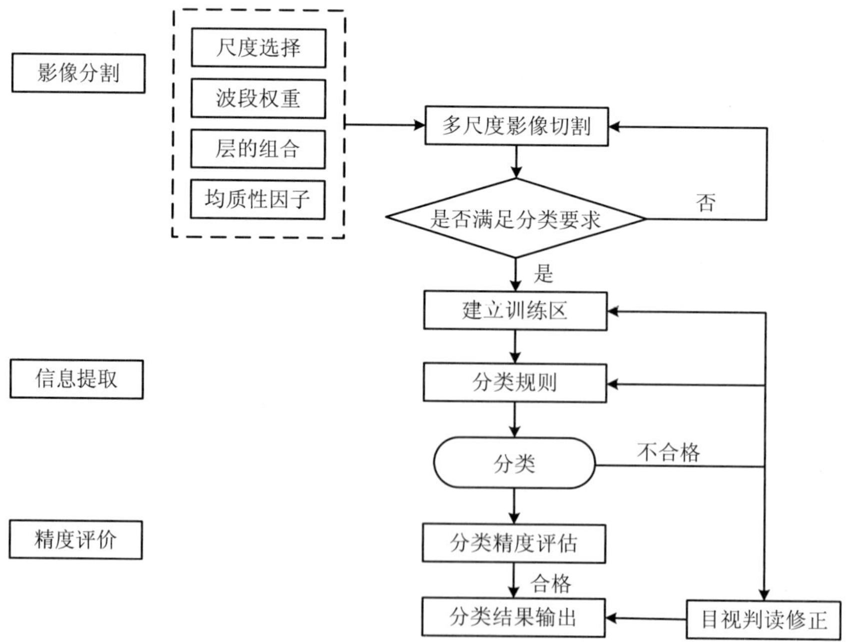

图 2.11 面向对象分类算法流程

（2）eCognition 介绍

自从 eCognition 以来，面向对象技术越来越多地受到遥感影像信息提取的青睐。欧盟的多个国家一改以往遥感应用的技术方法，纷纷采用面向对象的影像分析方法对土地利用、生态环境、水污染、农田等进行遥感识别与提取，遥感数据源也多种多样，有高分辨率的航空影像、IKONOS、QUICKBIRD 等，也有 TM、SPOT 等中分辨率的影像，雷达数据与 NOAA 数据也在森林火灾与大范围的植被制图方法中得以应用。从影像分析的发展趋势来看，面向对象的影像分析方法将以不可抵挡的劲头改变人们的常规思维，从而取代多年来的基于像元的影像分析方法。

eCognition 是德国 Definiens 公司在 2000 年推出的面向对象影像分析软件，它为图像自动分析提供一整套独特的功能和技术方法，引导了面向对象的影像分析方法的。eCognition 分类针对的是对象而不是传统意义上的像素，充分利用了对象信息（色调、形状、纹理、层次）和类间信息（与邻近对象、子对象、父对象的相关特征）。eCognition 是基于 Dalmatian 技术建立的，其概念基础为重要的语义信息描述的不是单个像元，而是一幅图像，更重要的是表现有意义的图像目标和它们之间的相互关系。

eCognition 采用一种新颖独特的分割法则，以任意分辨率提取属性信息一致的图像目标，因此图像信息能以不同尺度的一致性来表达，特别是分割技术甚至可以应用于纹理数据。以图像目标为基础，通过对不同来源的图像信息赋予相同的值，在一定程度上解决了多源数据融合的问题。eCognition 系列的用户界面很有特色，它们使图像目标、功能、分类等信息变得清晰明确而且可以直接进行操作。分类过程是在模糊逻辑的基础上进行的，其技术方法允许用户对不同对象属性的分类因子如光谱、纹理和形状等进行合并。利用图像目标的属性和网络图像目标之间的相互关系，复杂的图像分类可以通过对上下文信息和语义信息的合并来实现。

首先进行影像的多尺度分割。多尺度分割是给影像对象一个特定的尺度，根据指定的光谱和形状的同质准则，使整幅影像的同质分割达到高度优化的程度，其中，需要进行尺度选择、赋予不同波段权重、进行层组合以及考虑均质性因子来进行分割；然后进行信息提取，采用模糊数学算法进行分类，提取分类信息；最后进行精度评价，并修正错误，提高精度。

（3）面向对象分类实例

本实例采用 eCognition 软件对 TM 遥感影像（2001 年 9 月 17 日，轨道号 122-32，如图 2.12 所示）进行了面向对象分类，待分类别为水体、居民地、林草地、耕地、河漫滩以及阴影共六类。实验区位于河北蓟县，东经 117° 10′～117° 48′，北纬 39° 47′～40° 15′之间，北部地形是低山和丘陵，南部为平原。全境海拔最高 1 445 m，最低 1 m。土地利用类型以旱地、林地为主，城镇和农村居民点星形分布。

根据图 2.11 所示的流程对研究区影像进行面向对象分类，并同时用最大似然法进行监督分类作为比照。影像多尺度分割效果如图 2.13 所示。要达到满意的分割结果，在影像多分辨率分割过程中参数的选定是很重要的，主要的参数有尺度、均质性因子、波段权重、图层组合等。

图 2.12　研究区 Landsat TM 遥感影像

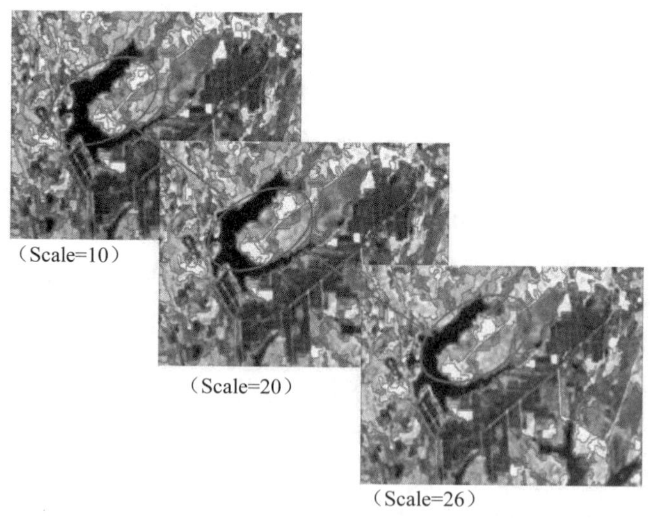

图 2.13　多尺度分割效果比较

最终得到的分类结果如图 2.14 所示，经过精度评价，监督分类结果达到 78.24%，而面向对象分类的精度为 82.67%。

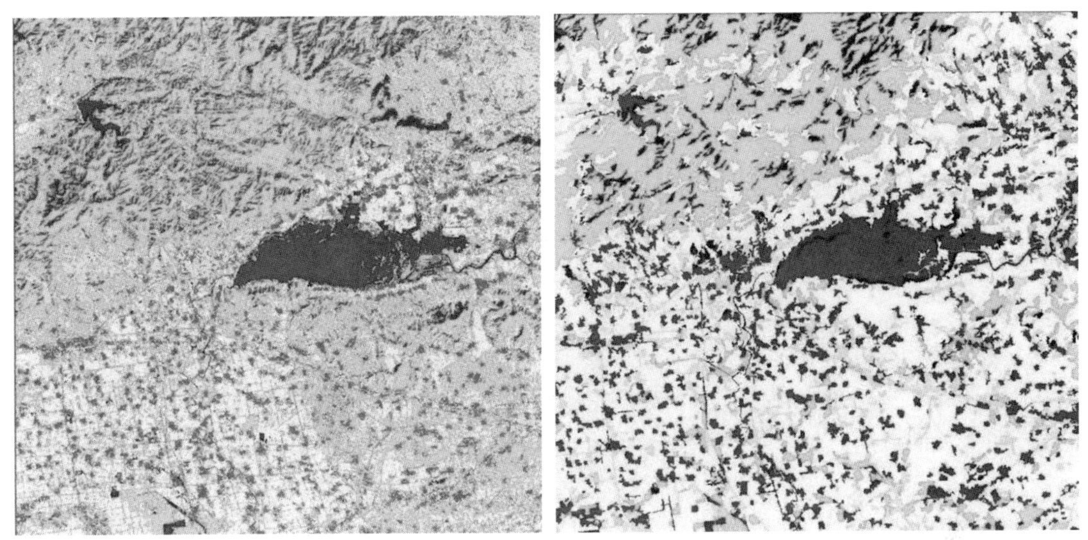

图 2.14　监督分类结果（左）与面向对象分类结果（右）

面向对象的分类方法对于分类者有相对较高的要求，分类者必须了解遥感信息提取的机理、地物对象特征及其之间的关系。

（三）分类后处理

在分类专题图中，在同一类中具有连通性的像素构成栅格区，也称图斑。连通性分析可以确定每个图斑的相对大小，并对图斑进行各种操作。连通性分析包括如下内容。

1．聚类统计

以分类专题图像为基础，搜索出每一个图斑（分类值相同，空间上具有 4 向连通性的像素集合），并为图斑内的每一个像素分配图斑号、统计计算图斑的面积（像素数目）、确定相邻最大图斑的编号及分类值等，从而生成一个记录图斑编号、面积大小（以像素数度量）和相邻最大图斑所属类的过渡图像，作为过滤分析和去除分析的输入信息，为进一步实施去除分析和过滤分析作准备。

2．过滤分析

过滤分析的功能是对聚类统计结果进行分析，按照给定的图斑阈值大小，将分类专题图中面积小于阈值的图斑删除，并给所有小图斑赋新的属性值“0”，恢复其他图斑中像素的原始分类值。

3．去除分析

删除图斑类组图像中面积小于给定阈值的图斑。与过滤分析不同，去除分析将删除的小图斑合并到相邻的最大图斑所属的类别当中，并将分类图斑的属性值自动恢复到原始分类编码。去除分析的输出结果是简化了的分类专题图像。

考虑程序的运行效率和使用上的方便性，遥感图像分类与后处理模块把聚类统计、过滤分析和去除分析三种功能集成在一个程序用户界面中。程序在运行过程中，通过过滤分析或去除分析来调用聚类统计的功能，聚类统计的结果直接被过滤分析和去除分析程序使用，不需再把聚类统计分析结果输出到一个图斑类组图像文件中。

4．邻域分析

针对分类专题影像，采用类似于卷积滤波的方法对图像分类值进行多种分析，每个像元的值都参与定义的邻域范围和分析函数所进行的分析，而邻域中心的像元值将被分析结果所取代，提供的 8 种分析函数依次是总和（邻域范围像元值总和）、分离度（邻域范围内不同数值像元数比例）、密度（邻域范围内相同数值像元数比例）、多数值（邻域范围内出现最多的像元值）、少数值（邻域范围内出现最少的像元值）、最大值、最小值、序列值。

5．叠加分析

根据两个输入分类专题图文件或者矢量图形文件数据的最小值或最大值，产生一个新的综合图像文件。

（四）误差分析

1．采样方法

采样设计应当采用概率采样，以确保样本的代表性和有效性，使利用样本估计总体参数建立在可靠的基础之上。常用的概率采样方法包括简单随机采样、分层采样等。

随机采样的最大优点在于其统计上和参数估计上的简易性。所有样本空间中的单元被选中的概率是相同的，在此基础上所计算出的有关总体的参数估计也是无偏的，但时间花费较多，如果所研究区域内类型的空间分布均匀，且面积差异不大，则简单随机采样应优先考虑。

当图像中某些类别占的数量很小时，随机采样往往会丢失这些类别，为了保证每个类别都能在采样中出现，可以选择分层采样，即分别对每一类别进行采样。

2．误差矩阵与精度估计量

样本是分类精度评价的基本单元，可靠的样本数据将为计算统计量和进行精度评价提供必要的基础资料。随机点产生后，可以进一步对照参考图来调整专题图中样本点，在有了良好采样方案和可靠的样本数据的基础上，便可讨论如何进行精度估计中统计量的选择和分析，以最终获取精度估计的参数。采用混淆矩阵、整体精度、Kappa 精度分析等来进行分类精度的评定。

（1）混淆矩阵

混淆矩阵对检核分类精度的样区内所有的像元进行，统计其分类图中的类别与实际类别之间的混淆程度。混淆矩阵的定义如下：

$$M=\begin{bmatrix} m_{11} & m_{12} & \cdots & m_{1n} \\ m_{21} & m_{22} & \cdots & m_{2n} \\ \cdots & & & \\ m_{n1} & m_{n2} & \cdots & m_{nn} \end{bmatrix} \quad (2\text{-}7)$$

式中，m_{ij} 表示试验区内属于 ω_i 类的像素被分到 ω_{ij} 类中去的像素总数，n 为类别数。

如果混淆矩阵对角线上的元数值愈大，则表示分类结果的可靠性愈高，如果混淆矩阵中非对角线上的元数值愈大，则表示分类的错误现象愈严重。在监督分类中，如果错误分类的现象很严重，应考虑训练区的选择是否恰当，每类的训练样本是否能够反映该类的类别特征，其次应考虑判别函数是否与各类样本在特征空间中的分布情况相符。

（2）整体精度

总体分类精度：

$$p_c = \sum_{k=1}^{n} p_{kk} / p \tag{2-8}$$

式中，p_{kk} 为对第 k 类，分类结果与地面实际相同的样本数；p 为样本总数。

它是具有概率意义的一个统计量，表述的是对每一个随机样本，所分类的结果与地面所对应区域的实际类型相一致的概率。

用户精度（对于第 i 类）：

$$p_{ui} = p_{ii} / p_{i+} \tag{2-9}$$

式中，p_{ii} 为对第 i 类，分类结果与地面实际相同的样本数；p_{i+} 为分类图上第 i 类的总样本数。

它从分类结果中任取一个随机样本，其所具有的类型与地面实际类型相同的条件概率。

制图精度（对于第 j 类）：

$$p_{Ai} = p_{jj} / p_{+j} \tag{2-10}$$

式中，p_{jj} 为对第 j 类分类结果与地面实际相同的样本数；p_{+j} 为分类图上第 j 类的总样本数。

它表示相对于地面获取的实际资料中的任意一个随机样本，分类图上同一地点的分类结果与其相一致的条件概率。

总体分类精度、用户精度、制图精度从不同的侧面描述了分类精度的统计估计，是简单易行并具有统计意义的统计量。

（3）Kappa 分析

利用总体精度、用户和制图精度的一个缺点是像元类别的小变动可能导致其百分比变换，运用这些指标的客观性依赖于采样样本以及方法。

Kappa 分析采用另一种离散的多元技术来克服以上的缺点，K_{hat} 是一种测定两幅图之间吻合度或精度的指标，其公式为：

$$K_{\text{hat}} = \frac{N\sum_{i=1}^{r} x_{ii} - \sum_{i=1}^{r}(x_{i+}x_{+i})}{N^2 - \sum_{i=1}^{r}(x_{i+}x_{+i})} \tag{2-11}$$

式中，r 是错误矩阵中总列数（即总的类别数）；x_{i+} 和 x_{+i} 分别是第 i 行、第 i 列总像元数量；x_{ii} 是错误矩阵中第 i 行、第 i 列上像元数量（即正确分类的数目）；N 是总的用于精度评价的像元数量。

第六节 质量控制

为了保证经过图像处理后的结果能满足应用需求，在图像处理过程的每一个环节都有严格的质量控制，主要包括数据选取、几何处理质量控制、辐射纠正精度、多时相遥感配准度、融合精度要求、地物分类质量控制等。质量控制中具体要求主要是根据应用需求而制定的。下面以十年生态项目中图像处理质量控制为例进行说明。

一、数据选取

（一）噪声控制

一般说来，对于遥感影像，要求单景影像平均云量、雪量小于 10%（常年积雪地区对雪量覆盖不作要求）；受人为干扰影响小、地表景观不易发生变化的区域，可适当放宽；受人为干扰影响大、地表景观易发生态变化的区域（城乡结合部、开发区域等）要求尽量没有云、雪覆盖。

（二）时相控制

在遥感数据的时相选择上，可按照全国南北纬度差异，地表景观季节差异、天气条件和地形状况进行选择，原则上，东北、内蒙古、西北和青藏高原地区采用的遥感图像时相要求在该年 6—9 月。华北、华中、华东等中部地带遥感图像时相要求在该年 5—10 月。华南地带植被覆盖全年变化不大，且受到云雨等影响遥感图像时相可放宽到冬季的 11 月至次年 1 月。受人为干扰影响小、地表景观不易发生变化的其他区域，时相可适当放宽。

（三）信息直观效果

选取的影像应便于目视解译，目标地物的大小、形状、阴影、色调、纹理、图形等解译标志信息突出、明显，能够尽可能地反映和表现目标地物的各种特征。

二、几何处理的质量控制

遥感影像几何纠正的控制精度要求：平原丘陵地区中误差小于 2 倍像素分辨率，困难地区小于 3 倍像素分辨率。

判断用于图像数据精纠正的控制点的选取是否符合要求，包括控制点的选取位置合理性、点位分布密度、点数等。

以景为单位的镶嵌处理，其接边误差小于 1 倍像素分辨率。

三、辐射校正精度

影像辐射校正精度达到85%以上。

四、图像融合的技术要求

对融合结果影像的检查要求影像配准目视无重影，无模糊现象，边界清晰、无明显错位，并对数据融合质量进行控制。

五、地物分类的质量控制

对遥感数据地物类型的分类、判读精度是决定整个调查成果质量最关键的技术环节，需要对分类结果进行严格检查，包括分类图斑的正确性、是否有遗漏、图斑边界勾绘是否正确等。

基本的要求包括：

（1）作业员熟悉有关技术质量要求的指标和操作技术方法。作业员正式作业前必须进行培训，并经总体组检查认可后进入正式作业。

（2）各作业员应对自己作业区内的生态系统类型情况有一个宏观了解。必要时应进行野外调查，利用影像和地形图在实地进行对照分析。针对作业区的不同地貌单元中的生态系统类型，建立计算机屏幕判读所需要的示范样区。同时也可以用土地利用详查资料建立类似的判读样区。

（3）操作人员在屏幕上调出影像栅格文件，直接用鼠标对各地类判读勾绘边界时应严格地以影像特征为依据进行。其判读内容、作业方法及分块判读结果的编辑和矢量图生成均按规定要求。质检组将针对其中的技术环节进行人机交互判读结果重点检查。

（4）检查图斑分类是否符合分类系统的规定。其中每一个目标地类是否由三个层面——地类界、地类属性赋码（三位组合编码）、重要线状地物及其属性代码（两位编码构成）。

（5）检查交互判读结果是否符合前述质量控制指标，包括图斑定位误差、定性精度、最小图斑的合理表示要求、狭长图斑表示要求、坡度表示的准确性、地形单元的定性、分块作业的接边误差等。

（6）检查交互判读的作业方法是否符合规定的程序。特别是对县与县之间的斑块接边问题，除了保证接边误差符合规定外，还应检查分图幅之间各要素间衔接的连续性。

（7）检查人机交互判读作业人员的自检和互检结果及其质量评定意见。因此，在总体组、质检组审查验收之前，作业员之间应该自检和相互检查质量指标。这三级检查验收及其质量评定意见均由各级检查签字并记入电子图历簿。

（8）质量检查样本按控制质量的指标类型分别随机抽取图幅总图斑数的5%进行检查。重点放在对图斑的定性、定位结果的检查，不符合精度要求的图幅应一律无条件返工。

最终调查结果的质量评定将采取中误差和最大误差的评定方法，由质检组作出各省片生态与环境的调查成果的精度评定。

第七节　专题图制作

针对各类图像处理和专题产品进行专题图制作，包括标准分幅裁切，图幅整饰，符号、注记属性，制图输出等。制作流程包括设计地图图面、准备制图数据、确定制图范围、放置整饰要素、地图打印输出等。

第三章　地表水环境遥感监测

第一节　水环境遥感监测基本原理

一、水面反射波谱构成

到达水面的入射光 L 包括太阳直射光和天空散射光（天空光），其中约 3.5%被水面直接反射返回大气，形成水面散射光 L_s。这种水面反射辐射带有少量水体表面的信息，它的强度与水面性质有关，如表面粗糙度（波浪）、水面浮游生物、水面冰层、泡沫带等；其余的光经折射、透射进入水中，大部分被水分子所吸收和散射或被水中悬浮物质、浮游生物等所散射、反射、衍射形成水中散射光，它的强度与水的混浊度相关，即与悬浮粒子的浓度和大小有关（随粒径相对于光辐射波长比例大小，可以产生瑞利和米氏散射），水体混浊度愈大，水下散射光愈强，两者呈正相关；部分衰减后的水中散射光到达水体底部形成底部反射光，它的强度与水深呈负相关，且随着水体混浊度的增大而减小。水中散射光的向上部分及浅水条件下的底部反射光共同组成水中光或称离水反射辐射。离水反射辐射 L_w、水面散射光 L_s、天空光散射 L_p 共同被空中探测器所接收（图 3.1），$L=L_s+L_w+L_p$，它们是波长、高度、入射角、观测角的函数。其中前两部分包含有水的信息，因而可以通过高空遥感手段探测，以获得水色、水温、水面形态等信息，并由此推测有关浮游生物、浑浊水、污水等的质量和数量以及水面风、浪等有关信息。

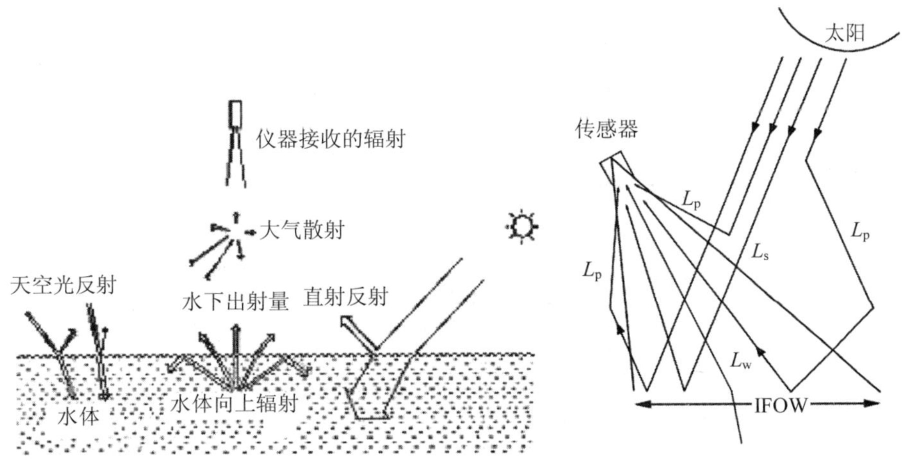

图 3.1　水面以上辐射信号构成

二、水体辐射传输

入射辐射经气-水界面，一部分被反射，另一部分则进入水体，这部分入射辐射在水体内与水体组分的粒子发生碰撞，部分被粒子吸收，部分到达水体底部再经水体底部介质反射或吸收，部分经粒子单次或多次散射再逸出水面。电磁波与水体相互作用的辐射传输过程如图 3.2 所示。

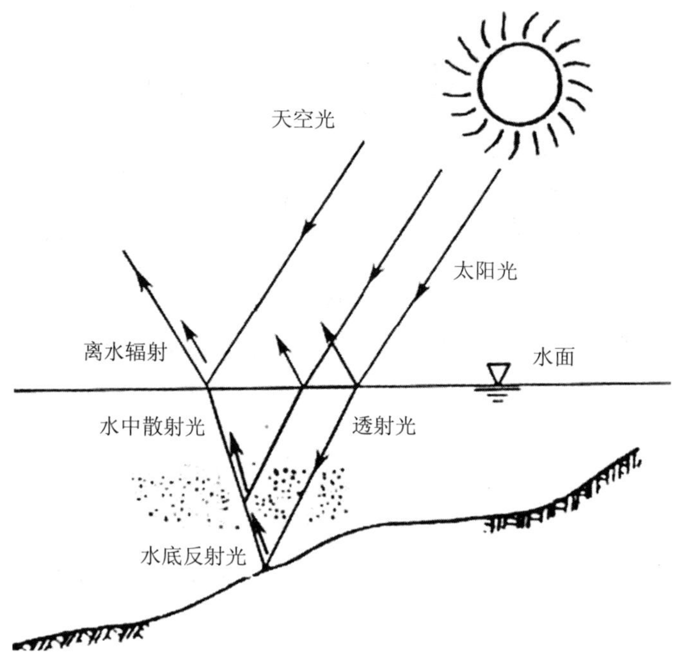

图 3.2 电磁波与水体的相互作用

电磁波与水体组分颗粒发生碰撞，被吸收或散射的过程如图 3.3 所示。

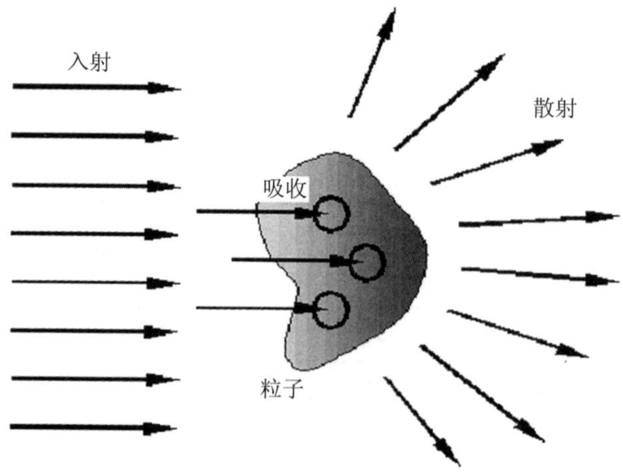

图 3.3 电磁波与粒子的相互作用

（一）水体的吸收

水体的吸收由水体组分共同作用形成，主要是由纯水、浮游植物、悬浮物和 CDOM 吸收所决定。天然水体对 0.4～1.1 μm 电磁波的吸收明显强于大多数地物。在可见光波长小于 0.6 μm 时，水的吸收少（相对而言）、反射率较低、大量透射。其中，水面反射率约为 5%左右，并随着太阳高度角的变化呈 3%～5%不等的变化；对于清水，在蓝-绿光波段反射率为 4%～5%。波长 0.6 μm 以下的红光部分反射率骤降到 2%～3%，在近红外、短波红外部分几乎吸收全部入射能量，因此水体在这两个波段的反射能量很小。

（二）水体的散射

散射与反射主要出现在一定深度的水体中，称为“体散射”。水体的光谱特性主要表现为体散射而非表面反射。水色主要决定于水体中浮游生物含量（叶绿素浓度）、悬浮固体（浑浊度大小）、营养盐含量以及其他污染物、底部形态、水深等因素。入水的透射光，对于水分子和溶解性物质微粒产生瑞利散射，其峰值位于蓝光波段；对于较大的悬浮物质颗粒产生米氏散射，其峰值位于黄橙波段；由于水中物质分子吸收光后再发射而引起的拉曼发射，其峰值位于橙红波段。

（三）光在水体中的衰减

水体的吸收和后向散射造成了水下光场的衰减光场。水面入射光谱中，仅有可见光（波长 0.4～0.76 μm）能够透射入水，其他波段的入射光大部分被水体表层吸收，如图 3.4 所示。蓝光（0.4～0.5 μm）波段对水的穿透性最好，对于清洁水可达几十米。

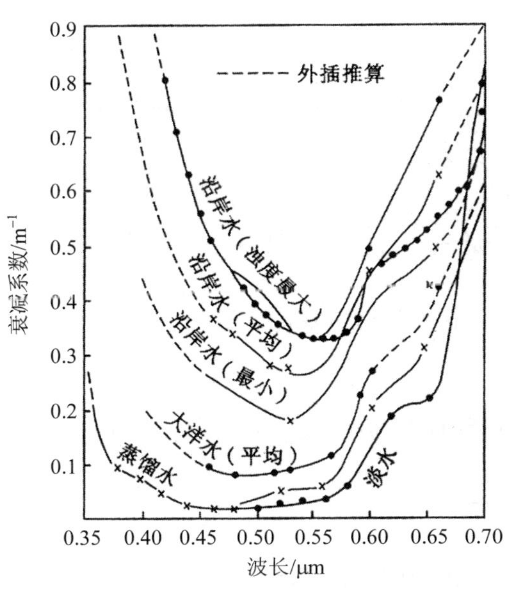

图 3.4　水的光谱衰减特性

三、水体遥感参数

水环境遥感的目的是从各种光谱特征信号中定量提取水体中各种物质的信息以及它们的浓度。深度 z 处的辐照度比 R（Irradiance Reflectance）被定义为：

$$R(\lambda,z)=\frac{E_u(\lambda,z)}{E_d(\lambda,z)} \tag{3-1}$$

式中，$E_u(\lambda,z)$ 指波长 λ 处，深度为 z 时的上行辐照度（单位面积的辐射通量）；$E_d(\lambda,z)$ 表示相同波长、深度时的下行辐照度，E_u、E_d 的单位为 W/（m^2 • μm）。

水体的光学特性都与波长相关，为了简化，本书中大部分地方都将波长省略，此外，本书中 E_u 指探头朝下的接收器所测得的向上辐照度，E_d 指探头直接朝上测量的向下辐照度。辐照度比 R 是一个量纲一的量。

上述的这些水平表面测量的辐照度必须和标辐照度区分开，标辐照度是球形接收器所接收到的各个方向的辐射。标辐照度常用 E_0 表示，和辐照度具有相同的量级，同样可以分为下行和上行两种（分别是 E_{0d} 和 E_{0u}）。

水表面上行辐照度指水表面的离水辐射量。然而，由于遥感探测器视场比较窄而不能接收到所有的离水辐照度，探测器的形状以及观测几何的限制就使得探测器只能接收一小部分的辐射能量。因此，如果光场的描述未能说明随着方向的变化辐射能量的变化，那它就显得不够完整。而完整的描述是通过测量的单位面积、单位立体角内的辐亮度来表示的。如果用 $L(\theta,\phi)$ 表示天顶角 θ 以及方位角 ϕ 时的辐亮度（Radiance）（单位投影面积、单位立体角上的辐射通量，单位为 W/（m^2 • μm • sr）），则各种辐照度可以在合适的角度下通过积分获取。如

$$E_d(\lambda,z)=\int_{\phi=0}^{2\pi}\int_{\theta=0}^{\pi/2}L(\lambda,z,\theta,\phi)\cos\theta\sin\theta\mathrm{d}\theta\mathrm{d}\phi \tag{3-2}$$

$$E_{0d}(\lambda,z)=\int_{\phi=0}^{2\pi}\int_{\theta=0}^{\pi/2}L(\lambda,z,\theta,\phi)\sin\theta\mathrm{d}\theta\mathrm{d}\phi \tag{3-3}$$

上行辐照度 E_u 和 E_{0u} 可利用类似方法，通过对天顶角在 $\pi/2$ 到 π 之间的所有的辐亮度的积分来获取。

（一）水色遥感中常用辐照度参数（唐军武，1998）

1．大气层外太阳辐照度

大气层外垂直入射的太阳辐照度，用 F_0 表示，平均日地距离处的 F_0，记为 $\bar{F}_0$。

2．水面入射辐照度（或水面向下辐照度）

以 E_s 或 E_d（0^+），0^+表示水面以上。如果没有特指，即为总辐照度。

3．刚好处于水表面以下的辐照度

以 E_d（0^-）表示刚好处于水表面以下的向下辐照度，E_u（0^-）表示刚好处于水表面以

下的向上辐照度；0^-表示为刚好处于水表面以下。

4．水体剖面向下/向上辐照度

以 E_d（z）表示水下 z 深度处的向下辐照度；符号 E_u（z）表示水下 z 深度处的向上辐照度；深度 z 的单位为 m。

5．天空漫射辐照度

天空漫射辐照度简称漫射辐照度，是天空漫散射光的辐照度，即总辐照度减掉太阳直射辐照度，用符号 E_{dif} 表示。

6．太阳直射辐照度

简称直射辐照度，是太阳直射辐射照度，即总辐照度减掉太阳漫射辐照度，用符号 E_{dir} 表示。

水体遥感反射率（R_{rs}）与水表面辐照度比 R 很相似，只不过它利用的是上行辐亮度而不是辐照度，定义为

$$R_{rs}(\theta,\phi,\lambda,0)=\frac{L_w(\theta,\phi,\lambda,0)}{E_d(\lambda,0^+)} \tag{3-4}$$

式中，R_{rs} 为遥感反射率，sr^{-1}；$L_w(\theta,\phi,\lambda,0)$ 是离水辐亮度。

离水辐亮度定义为：经水-气界面反射和透射后的向上辐射度，单位为 W/（m^2·μm·sr）。辐亮度是观测角度的函数，为了消除不同时间获得的离水辐射度中光照条件的影响，通常引入归一化离水辐射亮度 L_{wn} 。

$$L_{wn}=\frac{\overline{F}_0}{E_d(0^+)}L_w \tag{3-5}$$

其物理意义是：将太阳移至天顶位置，去除大气的影响。

（二）水色遥感中的辐亮度参数（唐军武，1998）

1．刚好处于水表面以下的辐亮度

用符号 L_u（0^-）表示刚好处于水表面以下的向上辐亮度；0^-表示刚好处于水表面以下。

2．水体剖面向下/向上辐亮度

用符号 L_u（z）表示水下 z 深度处的向上辐亮度；深度 z 的单位为 m。

因此，离水辐亮度可以理解为经水-气界面反射和透射后的 L_u（0^-），即

$$L_w(\theta,\phi)=L_u(0^-,\theta',\phi)\frac{1-\rho(\theta',\theta)}{n^2} \tag{3-6}$$

式中，$L_w(\theta,\phi)$ 为 (θ,ϕ) 方向上的离水辐亮度；$L_u(0^-,\theta',\phi)$ 为水表面以下 (θ',ϕ) 方向上的上行辐亮度；$\rho(\theta',\theta)$ 为 θ' 向 θ 方向上的水-气界面菲涅尔系数，与水面粗糙度、入射角

度有关，n 为折射系数，一般取 1.34，θ'、θ、ϕ 角度如图 3.5 所示，其中 $\theta'=\left[\sin(\sin\frac{\theta}{n})\right]^{-1}$。

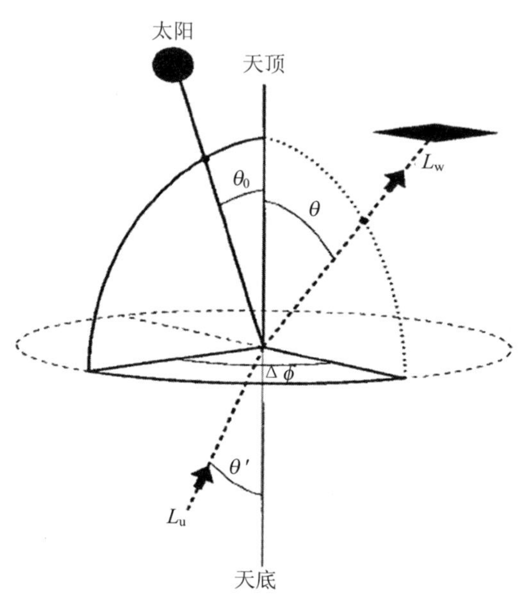

图 3.5 辐亮度和角度结构示意图

四、水体表观光学特性与固有光学特性

水体光学特性包括两个方面：表观光学特性（Apparent Optic Properties，AOPs）和固有光学特性（Inherent Optic Properties，IOPs）。

（一）表观光学特性

表观光学特性是指与水体成分有关而且随外界光场变化而变化的量，如辐亮度、辐照度、辐照度比、遥感反射率以及这些量的漫射衰减系数等。表观光学特性随光照条件变化而变化，因此，不同时间、地点观测的结果，必须进行归一化，才具有可比性。

水环境遥感可利用遥感传感器观测到的 AOPs 来反演水体各组分的浓度，反演模型利用的最重要的辐射参数主要有：离水辐亮度 L_W、归一化离水辐亮度 L_{WN}、遥感反射率 R_{rs}、刚好在水面以下的辐照度比、下行辐照度、漫射衰减系数、平均余弦等。前面 5 个参数在上节水体遥感参数中已有描述，下面重点对漫射衰减系数和平均余弦进行说明。

在典型的海洋条件下，入射光来源于太阳和天空，各种辐射率和辐照度都随深度近似指数地衰减（至少在离水面足够远的深度，不受边界效应的影响时）。因此 E_d（z；λ）可写为

$$E_{\mathrm{d}}(z,\lambda)=E_{\mathrm{d}}(0,\lambda)\exp[-\int_0^z K_{\mathrm{d}}(z',\lambda)\mathrm{d}z'] \tag{3-7}$$

$K_{\mathrm{d}}(z,\lambda)$ 是光谱下行辐射的漫散射系数。K_{d} 定义为

$$K_{\mathrm{d}}(z,\lambda)=-\frac{\mathrm{d}\ln E_{\mathrm{d}}(z,\lambda)}{\mathrm{d}z}=-\frac{1}{E_{\mathrm{d}}(z,\lambda)}\frac{\mathrm{d}E_{\mathrm{d}}(z,\lambda)}{\mathrm{d}z} \tag{3-8}$$

K_{d} 的单位为 m^{-1}。如果定义 $\bar{K}_{\mathrm{d}}(z,\lambda)$ 是 $K_{\mathrm{d}}(z,\lambda)$ 从深度 0 到 z 的平均，则

$$\bar{K}_{\mathrm{d}}(z,\lambda)=\frac{1}{z}\int_0^z K_{\mathrm{d}}(z',\lambda)\mathrm{d}z' \tag{3-9}$$

则式（3-7）可以写为

$$E_{\mathrm{d}}(z,\lambda)=E_{\mathrm{d}}(0,\lambda)\exp[-\bar{K}_{\mathrm{d}}(z,\lambda)z] \tag{3-10}$$

其他的漫衰减系数，如 K_{u}、$K_{0\mathrm{d}}$、$K_{0\mathrm{u}}$、K_{PAR} 和 $K(\theta,\varphi)$，定义都同上面的相似。例如，$K(\theta,\varphi)$ 是辐亮度的衰减系数

$$K(\theta,\varphi)=-\frac{1}{L(z,\theta,\varphi,\lambda)}\frac{\mathrm{d}L(z,\theta,\varphi,\lambda)}{\mathrm{d}z} \tag{3-11}$$

光束衰减系数和漫衰减系数的差别是很重要的。光束衰减系数 c（λ）是一束单色的窄光子束的辐射能量的损失。下行漫衰减系数 $K_{\mathrm{d}}(z,\lambda)$ 是外界的下行辐照度 E_{d}（z，λ）随深度的减少，E_{d}（z，λ）包含了所有方向朝下的光子。

各种漫衰减系数或称为“K 函数”概念上都是不同的。在均一的水体（垂向混合良好）中，K 函数很少依赖于深度，因此它可以作为水体的描述符号。

漫衰减系数可以刻画光的穿透作用，是水体透明程度的指标，此外，该参数可计算光线所到达的深度，因此，可用于求算水下光场、水下初级生产力，进行水下生态环境评价等。

水下光场的分布也常用平均余弦来表示。$\bar{\mu}_{\mathrm{d}}$ 表示下行平均余弦值；$\bar{\mu}_{\mathrm{u}}$ 表示上行平均余弦值。平均余弦值可通过辐射场估算，或者通过测量的 E_{d} 和 $E_{0\mathrm{d}}$ 计算。定义为

$$\bar{\mu}_{\mathrm{d}}(z,\lambda)=\frac{\int_{\Sigma d} L(z,\theta,\varphi,\lambda)\cos\theta\mathrm{d}\Omega}{\int_{\Sigma d} L(z,\theta,\varphi,\lambda)\mathrm{d}\Omega}=\frac{E_{\mathrm{d}}(z,\lambda)}{E_{0\mathrm{d}}(z,\lambda)} \tag{3-12}$$

式中，下角 d 指向下方向，$L(z,\theta,\phi,\lambda)$ 为 z 深度，(θ,ϕ) 方向、波长 λ 的辐亮度，$E_{0\mathrm{d}}(z,\lambda)$ 为下行标量辐照度。这个定义说明 $\bar{\mu}_{\mathrm{d}}(z,\lambda)$ 是所有贡献到给定深度和波长的下行辐射的光子的极角余弦的平均值。类似地，上行平均余弦定义为

$$\bar{\mu}_u(z,\lambda)=\frac{E_u(z,\lambda)}{E_{0u}(z,\lambda)} \tag{3-13}$$

平均余弦很简单但很有用，比如，如果辐射分布被校准到方向 (θ_0,ϕ_0) 上，且 $0\leqslant\theta_0\leqslant\pi/2$，那么 $\bar{\mu}_d=\cos\theta_0$。如果辐射分布是各向同性的，那么 $\bar{\mu}_d=\bar{\mu}_u=1/2$。自然水体在太阳光和天空光的照耀下典型的平均余弦为 $\bar{\mu}_d\approx 3/4$，$\bar{\mu}_u\approx 3/8$。全光场的平均余弦可定义为在全部方向上进行积分。

$$\bar{\mu}(z,\lambda)=\frac{\int_{\Sigma}L(z,\theta,\varphi,\lambda)\cos\theta\mathrm{d}\Omega}{\int_{\Sigma}L(z,\theta,\varphi,\lambda)\mathrm{d}\Omega}=\frac{E_d(z,\lambda)-E_u(z,\lambda)}{E_o(z,\lambda)} \tag{3-14}$$

式中，$E_o(z,\lambda)$ 为全光场的标量辐照度。这个量的改变范围从各向同性分布的 $\bar{\mu}=0$ 到校准到方向 (θ_0,ϕ_0) 上的 $\bar{\mu}=\cos\theta_0$，$-1\leqslant\bar{\mu}\leqslant 1$。在自然界中太阳照耀的水体，$\bar{\mu}$ 总是正值。需要注意的是 $\bar{\mu}$ 并不等于 $\bar{\mu}_d$ 和 $\bar{\mu}_u$ 的和。类似地，取水平面的上行辐照度与标量辐照度的比值可以估算 μ_u 的值（Mueller et al.，2003）。

余弦均值的倒数定义了单位垂直距离的平均路径辐射。下行辐射的余弦均值是由入射能量在大气中的传输状况决定的。但水体内部的散射作用会改变余弦均值。

主要表观光学特性参数见表 3.1。

表 3.1　主要表观光学特性参数

光学参量名称	英文名称	单位	符号
平均余弦	Average Cosine of Light Field	量纲一	$\bar{\mu}$
辐照度比	Irradiance Reflectance	量纲一	R
遥感反射率	Remote Sensing Reflectance	sr^{-1}	R_{rs}
漫衰减系数	Diffuse Attenuation Coefficience	m^{-1}	K
向上辐照度	Downwelling Irradiance	w/m^2	E_u
向下辐照度	Upwelling Irradiance	w/m^2	E_d
离水辐射	Water-Leaving Radiance	w/（sr • m^2）	L_W

（二）固有光学特性

固有光学特性（IOPs）是指只与水体成分有关而不随光照条件变化的量。固有光学特性是连接水色参数和水体表观光学特性的中间环节，水体各组分浓度的变化通过影响其 IOPs 而使水体呈现出不同的光谱特征。影响水体 IOPs 的物质主要有四种：纯水、悬浮物、叶绿素和 CDOM。IOPs 主要包括水体各组分的吸收系数 a、散射系数 b、体散射函数 β、体散射相函数 $\tilde{\beta}$、光束衰减系数 c、后向散射系数 b_b、单次散射反照比 ω_0、单位吸收系数 a^*、单位散射系数 b^*（Sathyendranath et al.，2000；Mueller et al.，2003）。

首先，考虑一个小体积的水柱 ΔV，厚度为 Δr，被一单色光的准直射光束照射，光谱辐射能量为ϕ_i（λ），一部分能量ϕ_a（λ）被水柱吸收，另一部分能量ϕ_s（Ψ，λ）以角度Ψ被散射出去，剩下一部分能量ϕ_t（λ）穿过水柱而未改变方向（图 3.6）。令ϕ_s（λ）是散射到所有方向的能量总和。此外，假定不存在非弹性散射，例如，假定没有光子在散射过程中发生波长的改变。那么，

$$\phi_i(\lambda)=\phi_a(\lambda)+\phi_s(\lambda)+\phi_t(\lambda) \tag{3-15}$$

谱吸收比 A（λ）$=\phi_a$（λ）$/\phi_i$（λ）（“谱”是一个波长的函数，为叙述简便，以下省略“谱”）。同样，散射比 B（λ）$=\phi_s$（λ）$/\phi_i$（λ），直射比 T（λ）$=\phi_t$（λ）$/\phi_i$（λ），很明显 A（λ）$+B$（λ）$+T$（λ）$=1$。

一个很容易同吸收比混淆的量是吸光率（Absorbance）D（λ），有时还称为光学密度，定义如下：

$$D(\lambda)=\lg\frac{\phi_i(\lambda)}{\phi_s(\lambda)+\phi_t(\lambda)}=-\lg[1-A(\lambda)] \tag{3-16}$$

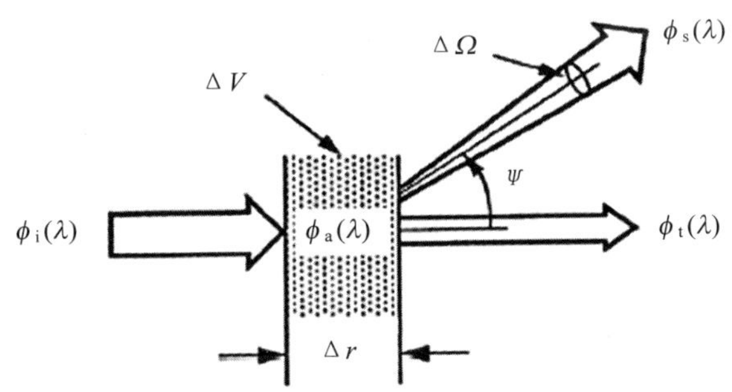

图 3.6　单色准直光束的传输

D（λ）实际上是用分光光度计测量到的一个量（Kirk，1983）。

经常被用于水文光学的固有光学量的是吸收和散射系数，它们是吸收比和介质中单位长度的散射比。吸收系数 a（λ）定义为：

$$a(\lambda)-\lim_{\Delta r\to 0}\frac{A(\lambda)}{\Delta r} \tag{3-17}$$

a（λ）的单位是 m^{-1}。

散射系数 b（λ）为：

$$b(\lambda)=\lim_{\Delta r\to 0}\frac{B(\lambda)}{\Delta r} \tag{3-18}$$

b（λ）的单位是 m^{-1}。

谱衰减系数 c（λ）定义为：

$$c(\lambda)=a(\lambda)+b(\lambda) \tag{3-19}$$

散射能量通常随角度而发生变化，用 B（Ψ，λ）表示入射能量中以角度Ψ、立体角 $\Delta\Omega$

散射的那部分。ψ 称为散射角，取值范围为[0，π]。单位长度单位立体角的角散射比（Angular Scatterance）定义为：

$$\beta(\psi,\lambda)=\lim_{\Delta r\to 0}\lim_{\Delta\Omega\to 0}\frac{B(\psi,\lambda)}{\Delta r\Delta\Omega}=\lim_{\Delta r\to 0}\lim_{\Delta\Omega\to 0}\frac{\Phi_s(\psi,\lambda)}{\Phi_i(\lambda)\Delta r\Delta\Omega} \tag{3-20}$$

散射到给定立体角 $\Delta\Omega$ 的光谱能量ϕ_s（Ψ，λ）就是散射到给定方向Ψ 上的光谱辐射强度 I_s 同立体角的乘积。

$$\phi_s(\Psi,\lambda)=I_s(\Psi,\lambda)\cdot\Delta\Omega \tag{3-21}$$

此外，如果入射能量落到一个区域 ΔA 内，那么，相应的入射辐照度 E_i（λ）$=\phi_i$（λ）/ΔA。记 $\Delta V=\Delta r\Delta A$，那么，

$$\beta(\psi,\lambda)=\lim_{\Delta V}\frac{I_S(\psi,\lambda)}{E_i(\lambda)\Delta V} \tag{3-22}$$

β（Ψ，λ）的这种形式称为体积散射函数，它是单位入射辐照度射入单位体积水的散射强度的物理学解释。物理学家还可以将其解释为单位体积截面散射的微分（Mueller et al.，2003）。

将β（Ψ，λ）在全方向上进行积分就得到了单位入射辐照度的单位体积水的全散射能量，或称为散射系数。

$$b(\lambda)=\int_{\Sigma}\beta(\psi,\lambda)\mathrm{d}\Omega=2\pi\int_{0}^{\pi}\beta(\psi,\lambda)\sin\psi\,\mathrm{d}\psi \tag{3-23}$$

最后这个方程的导出是因为通常都假设自然水体中在入射方向上是方位角对称的，这个积分经常被分解为前向散射[0，π/2]和后向散射[π/2，π]两部分。相应的前向散射系数和后向散射系数定义为

$$b_{\mathrm{f}}(\lambda)=2\pi\int_{\pi}^{\pi/2}\beta(\psi,\lambda)\sin\psi\,\mathrm{d}\psi \tag{3-24}$$

$$b_{\mathrm{b}}(\lambda)=2\pi\int_{\pi/2}^{\pi}\beta(\psi,\lambda)\sin\psi\,\mathrm{d}\psi \tag{3-25}$$

体积散射相函数定义为

$$\tilde{\beta}(\psi,\lambda)=\frac{\beta(\psi,\lambda)}{b(\lambda)} \tag{3-26}$$

体积散射函数β（Ψ，λ）是散射系数 b（λ）和相函数 $\tilde{\beta}(\psi,\lambda)$ 的乘积，b（λ）给出了散射的强度，$\tilde{\beta}(\psi,\lambda)$ 给出了散射光子的角分布，单位为 sr^{-1}。联立式（3-23）和（3-26），得到相函数的标准条件：

$$2\pi\int_{0}^{\pi}\tilde{\beta}(\psi,\lambda)\sin\psi\,\mathrm{d}\psi=1 \tag{3-27}$$

散射角Ψ 的余弦在全部散射方向上的平均就是这个相函数的形状。

吸收和散射系数决定了由于吸收和散射过程造成的单位传输路径、单位入射辐射能量的衰减，用每单位长度吸收和散射的大小来表达，其值可以如下理解：吸收为 0.5 m^{-1} 指进入水体的光子有 $e^{-0.5}$ 或 40%的概率在单位长度（m）内被吸收，单位吸收和散射系数则是单位体积浓度内的吸收和散射系数，单位为 m^2/mg。吸收和散射过程控制着光在水体中的传播方式：吸收过程减少了光场里的光子，而散射则改变了光子在水体中的传播方向。由于散射改变了入射光的方向，所以描述散射过程时必须同时以散射角来描述散射后的辐射分布。体散射函数描述了散射通量的角度分布。后向散射系数则刻画了向上方向（传感器探测方向）的散射能量。被定义为所有的后向的散射函数的积分。散射相函数 $\tilde{\beta}_w(\psi)$ 的物理意义可以解释为：一个光子散射与一个水分子相互作用，对改变这个光子路径方向偏离它原始路径一个角度ψ 的可能性大小。

另一个经常被应用的固有光学量是单次散射反照率 $\omega_0(\lambda)$，定义为

$$\omega_0(\lambda)=\frac{b(\lambda)}{c(\lambda)} \tag{3-28}$$

在光衰减主要来自于散射的水体中，$\omega_0(\lambda)$ 接近于 1。在光衰减主要来自于吸收的水体中，$\omega_0(\lambda)$ 接近于 0。单次散射反照率是一个光子被散射（而不被吸收）的概率，因此它又称为光子生存概率。

表 3.2 列出了水色遥感中的主要固有光学量。

表 3.2 主要固有光学参量

光学参量名称	英文名称	单位	符号
折射指数	Index of Refraction	量纲一	n
吸收系数	Absorption Coefficient	m^{-1}	α
单位吸收系数	Specific Absorption Coefficient	m^2/mg	a^*
体散射函数	Volume Scattering Function	m/sr	β
散射相函数	Scattering Phase Function	sr^{-1}	$\tilde{\beta}$
散射系数	Scattering Coefficient	m^{-1}	b
后向散射系数	Backward Scattering Coefficient	m^{-1}	b_b
衰减系数	Beam Attenuation Coefficient	m^{-1}	C
单次散射反照率	Single-Scattering Albedo	量纲一	ω_0

（三）表观光学特性参数与固有光学特性参数的关系

表观光学量和固有光学量可通过辐射传输方程联系起来，如图 3.7 所示。

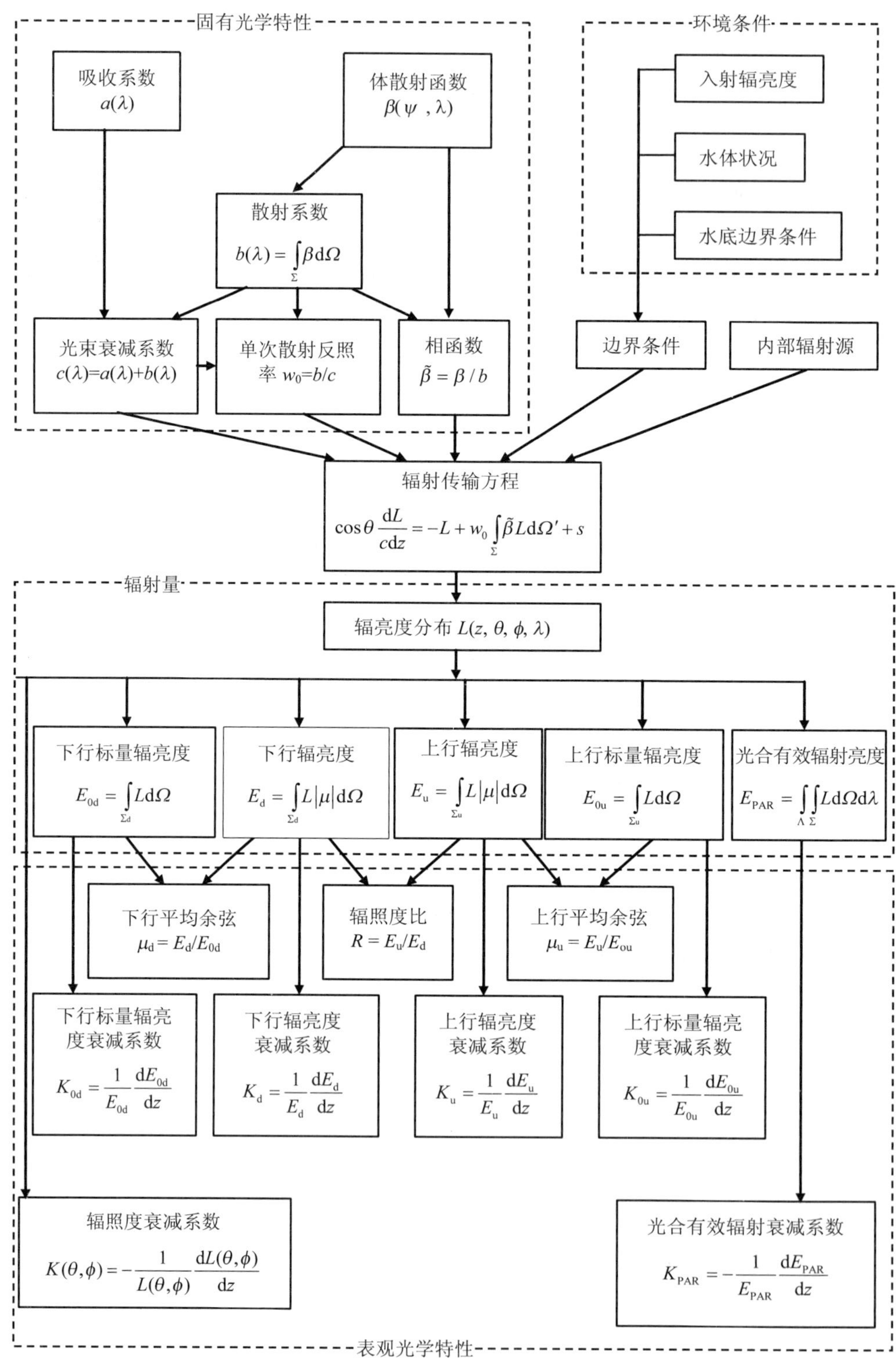

图 3.7　IOP 和 AOP 的关系（Mobley et al.，2003）

五、大气辐射传输

对于不同目的和性质的遥感应用，视大气影响的程度和重要性而不同，大气影响与当地、当时的大气光学性质，目标特性，大气气溶胶成分，颗粒大小，传感器获取的波段，太阳、目标、传感器之间的相对位置关系等都有关系。大气对水质遥感信息的影响十分严重。遥感传感器接收到的离水辐射信息占总辐射信息的比例一般不足 10%，其数值只有陆地辐射量的 1/10。即使是很小的大气校正误差也能引起很大的水质参数反演误差。因此在遥感信息被成功应用于地球信息的定量化研究之前，必须对遥感影像进行大气校正，这是定量化应用的前提。大气校正就是要研究并消除大气条件对遥感的影响，在传感器位置恢复地面目标的光谱特征。

来自大气外层的太阳光通过大气的瑞利散射和气溶胶散射，其中一部分返回到卫星水色扫描仪，一部分朝前直射或漫射到达水面；到达水面的直射光，其中一部分由于水表面反射穿过大气到达卫星水色扫描仪，另一部分经水面折射穿过水面，又受到水色因子如叶绿素、悬浮泥沙和 CDOM 等颗粒的散射，部分后向散射经过气—水界面折射离开水面，穿过大气到达卫星水色扫描仪，另一部分继续向下到达真光层深度或到达水底又部分反射，经折射回到扫描仪（见图 3.8）。

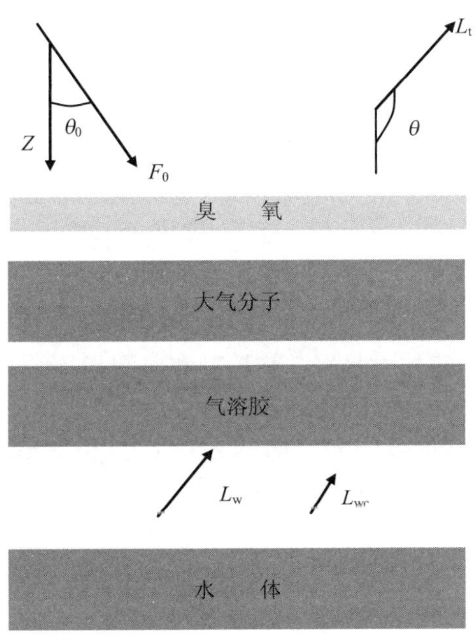

图 3.8　大气辐射传输过程

传感器接收到的辐射能量 $L(\lambda)$ 由五部分组成

$$L(\lambda)=L_p(\lambda)+T(\lambda)\cdot L_g(\lambda)+t(\lambda)L_w(\lambda)+t(\lambda)L_{wc}(\lambda)+t(\lambda)L_b(\lambda) \tag{3-29}$$

式中，$L_p(\lambda)$为大气程辐射，$L_g(\lambda)$是太阳耀斑辐射，$L_w(\lambda)$是我们希望得到的包含水体信息的离水辐射率，$L_{wc}(\lambda)$为水面白帽的反射，$L_b(\lambda)$是来自水底的反射辐射率，对 II 类水体和水深超过一定深度的 I 类水体，$L_b(\lambda)$ 值为 0，在通常的水色遥感中可以忽略不计。$T(\lambda)$、$t(\lambda)$ 分别为各个波段的大气直射、漫射透过率。太阳耀斑分布带有很强的方向性（极大风速情况除外），所以用大气直射透过率来近似，当辐射率的角分布近似为 δ 函数时，用直射透过率是合适的。直射透过率的理论计算值为：

$$T(\theta,\lambda_i)=\exp\left[-(\tau_r(\lambda_i)+\tau_{OZ}(\lambda_i)+\tau_a(\lambda_i))/\cos\theta\right] \tag{3-30}$$

式中，θ 为观测天顶角，$\tau_r(\lambda_i)$、$\tau_{OZ}(\lambda_i)$、$\tau_a(\lambda_i)$ 分别为瑞利光学厚度、臭氧光学厚度和气溶胶光学厚度。

由于水体离水辐亮度和白帽贡献可近似地看做是均匀角分布的，因而其透射可采用大气漫射透过率模拟。大气漫射透过率的经验公式可表达为：

$$t(\theta_i,\lambda_i)\approx\exp\left[-(\frac{\tau_r(\lambda_i)}{2}+\tau_{OZ}(\lambda_i))/\cos\theta_i\right] \tag{3-31}$$

式中，θ_i 为太阳天顶角或观测天顶角。

大气程辐射 $L_p(\lambda)$主要由大气分子散射和大气中的悬浮气溶胶散射造成，又可分为三部分

$$L_p(\lambda)=L_r(\lambda)+L_a(\lambda)+L_{ra}(\lambda) \tag{3-32}$$

式中，$L_r(\lambda)$ 为没有气溶胶情况下的大气分子的瑞利散射，$L_a(\lambda)$ 为没有大气分子情况下的气溶胶散射，$L_{ra}(\lambda)$ 为大气分子与气溶胶相互作用项。

水体遥感的大气校正即是要把式（3-29）中的 $L_p(\lambda)$、$L_g(\lambda)$、$L_{wc}(\lambda)$ 降至最低，突出 $L_w(\lambda)$ 信息，以利于利用遥感信息对水色参数进行反演（唐军武，1998）。

第二节　水环境遥感监测指标体系

我国地面水环境质量常规监测指标达 39 项，部分省市的环保部门已开始进行水体 109 项指标的监测，以目前的遥感技术水平，其精度和监测指标数量还远远无法与地面监测方法相比。根据现有研究文献和我们的实验结果，其中可光学和红外遥感监测的主要指标有水表温度、透明度等物理指标和叶绿素 a、藻类计数等生物学指标。本节分析了各遥感水环境监测指标，将其分为可直接分析和需要间接分析两类。

一、直接遥感监测的水环境指标

（一）叶绿素 a（Chl-a）

1. 数据源

环境一号卫星数据以及 Landsat/TM、SPOT、MODIS、OMI、HYPERION 等国内外多光谱、超光谱数据。

2. 监测方法

通常有物理模型和经验半经验模型两种。物理模型是从水体光学特性及叶绿素 a 浓度对其的影响出发，找出一种数学模式，然后利用实测数据进行验证。经验半经验模型都是

通过对航空航天遥感数据、与其同步的地面水质波谱数据、实验室水质分析数据进行适当的统计分析反演叶绿素 a 浓度。

3．指标可行性

（1）适用条件与精度

与 Landsat/TM 类似，HJ-1/CCD 数据适用于悬浮物含量影响较小时的水体叶绿素 a 浓度的监测。但由于受光谱分辨率、信噪比较低等的影响，叶绿素 a 浓度反演精度可能不够高。对于高光谱数据 HJ-1A HSI，在准确定标的情况下，叶绿素 a 浓度监测效果应当会好于宽波段的遥感数据。

（2）国内环保应用业务化可行性：具备业务化条件。

（二）悬浮物（SS）

1．数据源

环境一号卫星数据以及 Landsat/TM、SPOT、MODIS、OMI、HYPERION 等国内外多光谱、超光谱数据。

2．监测方法

目前有两种形式：一是物理模型，通过光辐射在水中传输特性产生的效应与悬浮物浓度间建立相关关系；二是经验半经验模型，通过遥感数据与地面同步或准同步测量数据建立相关关系式，或者通过对地面水质波谱数据、实验室水质分析数据进行适当的光谱分析反演悬浮物浓度。

3．指标可行性

（1）适用条件与精度

目前，悬浮物浓度的计算误差在 15%～20%之间。悬浮物浓度在 0～50 mg/L 的范围时，任何波段的反射率和悬浮物浓度都是显著相关的，但是随着水体中悬浮物浓度的增加，由悬浮物引起的反射辐射将会达到饱和，在不同的波段范围，悬浮物的饱和浓度是不一样的，在短波段区域，悬浮物的饱和浓度低。因此当水体中悬浮物浓度很高的时候，构造模型时应该选择长波范围的波段。利用波段设置相对较宽的传感器如 TM 或 HJ-1/CCD 监测悬浮物浓度一般会成功。

（2）国内环保应用业务化可行性：具备业务化条件。

（三）有色可溶性有机物（CDOM）

1．数据源

SeaWiFS、MODIS、MERIS、OSMI 数据以及 HYPERION 数据。

2．监测方法

首先利用辐射传输数值模型模拟不同条件下的遥感反射比，然后用基于半分析模型的生物光学算法，反演得到 440 nm 处的 CDOM 吸收系数 a_g（440）。

3．指标可行性

（1）辐射传输数值模拟软件 HYDROLIGHT 所需输入的参数分析

基于半分析模型的生物光学算法，根据环境一号的波段设置情况，分别在考虑蓝波段

（400～700 nm）和不考虑蓝波段两种情况下，反演得到 440 nm 的 CDOM 吸收系数 a_g(440)。结果如图 3.9 所示。

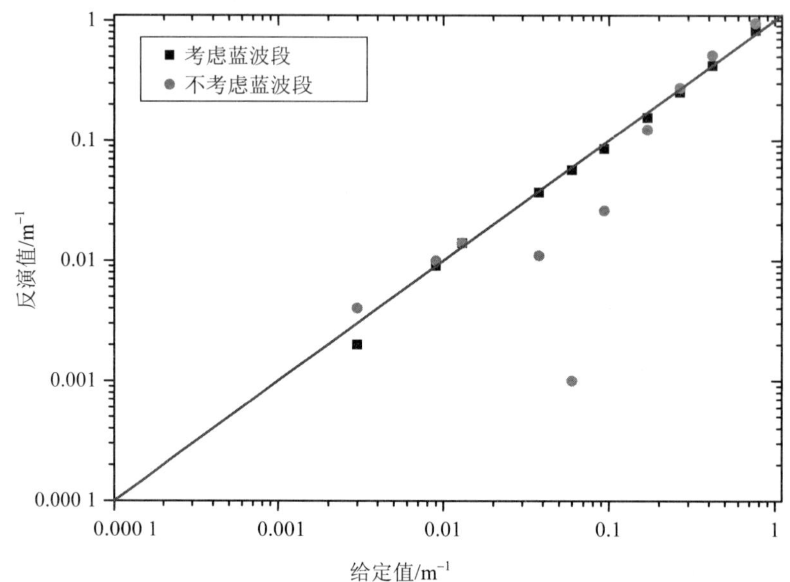

图 3.9 环境一号卫星 440 nm 的 CDOM 吸收系数 a_g（440）模拟

考虑蓝波段反演得到 440 nmCDOM 吸收系数 a_g（440）的相对误差在 35%以内，而不考虑蓝波段反演得到的 a_g（440）相对误差则可高达 100%，反演精度大大降低。由此可见，蓝波段在 CDOM 吸收系数反演中是非常重要的，从已发射和即将发射的卫星专用水色传感器波段设置可以看出，大多数都在 412 nm、443 nm 设置了光谱通道，但环境一号卫星载荷设置中没有紫外波段，目前还不能应用环境一号卫星数据反演黄色物质。

（2）国内环保应用业务化可行性：不具备业务化条件。

（四）水表温度

1．数据源

TM、MODIS 以及我国环境一号卫星的红外相机数据。

2．监测方法

利用现有遥感技术建立的水表温度反演模型有两种求解方法：一种是基于大气辐射传输模型的方法，该方法需要准确的实时大气温湿压垂直分布状况，不适用于业务化，另一种是采用统计回归方法，建立通道亮温和水温的线性关系，优点是输入参数少，对一定区域精度高，缺点是区域适应性差（党顺行等，2001）。

3．指标可行性分析

（1）适应条件与精度

分裂窗反演法在针对某些已知地表比辐射率的地表进行局地反演时，可达到较高的反演精度且有较高的反演效率，是目前应用非常广泛的陆地表面温度反演法。对应单热红外通道的传感器，利用辐射传输模型的直接反演也可以得到较好结果，难点在于准确获取大气廓线数据。综合来说，从环境一号卫星红外传感器及其技术参数来看，利用单通道热红外波段数据进行水温的探测是可行的。

（2）国内环保应用业务化可行性：基本具备业务化条件。

（五）透明度（SD）

1．数据源

SeaWiFS、MODIS、MERIS、OSMI、HYPERION 以及我国环境一号卫星的高光谱数据 HJ-1A HSI。

2．监测方法

方法一是利用水体透明度与光束在水中的衰减系数 α 和漫射衰减系数 K_d 之间密切关系构建半分析模型来实现 SD 的反演。例如，490 nm 处的 K_d（490）是水色卫星标准产品之一，并在 20 世纪 80 年代的海岸带彩色扫描仪（CZCS）和 90 年代的 SeaWiFS（海洋宽视场扫描仪）得以应用。然而，由于 K_d（490）和 SD 之间的关系在一定程度上取决于水体的光学类型，因此，往往存在区域性的差异。方法二是利用图像数据（如 TM 和 HJ/CCD）各波段反射率值与实测 SD 建立经验统计模型来反演水体透明度。

通过环境一号的第 1 波段（430～520 nm）、第 2 波段（520～600 nm）计算漫衰减系数 K_d（490）的，然后利用透明度数据和 K_d（490）的关系来估算水体透明度。计算公式为：

$$K_d(490) = K_w(490) + A \times [L_w(\lambda_1)/L_w(\lambda_2)]^B \tag{3-33}$$

式中，K_w 为纯水的漫衰减系数，L_w（λ_1）和 L_w（λ_2）为不同波段的离水辐射率。A 和 B 由卫星数据和同步观测数据线性回归获得，从而得到由遥感数据反演水体透明度的关系。

3．指标可行性分析

（1）适应条件与精度

在具备特定水域光学特性测量数据（如水体漫衰减系数、离水辐射等）的情况下，可以利用半分析方法来反演水体透明度。然而目前我国内陆水体光学特性的测量研究严重滞后，故半分析方法实现难度很大。因此，利用经验统计模型来反演水体透明度相对更为现实，但这类模型时空限制较大，反演误差较大。

（2）国内环保应用业务化可行性：具备一定的业务化条件。

二、可间接遥感监测的水环境指标

（一）营养状态指数（TSI）

营养状态指数法一般采用叶绿素 a 浓度、透明度等为基准对水体进行营养级别划分，而叶绿素 a 浓度、透明度的定量遥感反演目前已比较成熟。因此，利用 HJ-1/CCD 及高光谱数据 HJ-1A HSI 可以对营养状态指数（TSI）的进行间接遥感反演。例如，Carlson 营养状态指数法就是以透明度（SD）、叶绿素 a 浓度（Chl-a）和湖水总磷（TP）为指标，将湖泊营养状态中贫营养到富营养连续划分为 0～100 的连续数值，操作简单，且可比性较强。计算公式为：

$$TSI(SD)=10\times(6-\ln(SD)/\ln 2) \tag{3-34}$$

$$TSI(Chl\text{-}a)=10\times(6-(2.04-0.68\times\ln(Chl\text{-}a)/\ln 2) \tag{3-35}$$

$$TSI(TP)=10\times(6-\ln(48/TP)/\ln 2) \tag{3-36}$$

日本学者 Aizaki 修正了 Carlson 的以透明度为基准的 TSI 指数改为以叶绿素 a 为基准的营养状态指数，称为修正的营养状态指数（TSIM）。此外，Aizaki 还分析了叶绿素 a（Chl-a）与总氮（TN）、化学需氧量（COD）以及悬浮物（SS）浓度等的相关关系，相对重要性为 Chl-a＞SD＞TP＞TN＞COD＞SS，从而得到了 TN、COD、SS 等的 TSIM 指数公式为：

$$TSIM(Chl\text{-}a)=10\times(2.46+\ln(Chl\text{-}a)/\ln 2.5) \tag{3-37}$$

$$TSIM(SD)=10\times(2.46+(3.69-1.53\times\ln(SD))/\ln 2.5) \tag{3-38}$$

$$TSIM(TP)=10\times(2.46+(6.71+1.15\times\ln(TP))/\ln 2.5) \tag{3-39}$$

$$TSIM(TN)=10\times(2.46+(3.93+1.35\times\ln(TN))/\ln 2.5) \tag{3-40}$$

$$TSIM(COD)=10\times(2.46+(1.50+1.36\times\ln(COD))/\ln 2.5) \tag{3-41}$$

$$TSIM(SS)=10\times(2.46+(1.12+1.04\times\ln(SS))/\ln 2.5) \tag{3-42}$$

我国学者李柞泳等（1993）通过对我国一些湖泊水库营养状态的考察和比较，得出适用于我国若干湖泊的营养状态评价的 TSI 公式：

$$TSIC(Chl\text{-}a)=10\times(2.46+1.09\times\ln(Chl\text{-}a)) \tag{3-43}$$

$$TSIC(TP)=10\times(9.40+1.62\times\ln(TP)) \tag{3-44}$$

$$TSIC(TN)=10\times(5.24+1.86\times\ln(TN)) \tag{3-45}$$

$$TSIC(COD)=10\times(0.62+2.56\times\ln(COD)) \tag{3-46}$$

$$TSIC(BOD)=10\times(2.39+2.25\times\ln(BOD)) \tag{3-47}$$

此方法由于可对湖泊营养状态进行连续的数值化的分级，可为湖泊富营养化机理的定量研究提供有益的参考。

（二）化学需氧量（COD）

由于水体化学需氧量（COD）为生物化学指标，无直接的光谱响应机理，不可以通过遥感直接反演获得。目前，对于一些富营养化水体，已经开展了 Chl-a 浓度与 COD 浓度之间的相关性研究。如金相灿等（1995）对中国 26 个湖泊（水库）的 Chl-a 与其他参数之间的相关关系的调查，发现湖泊（水库）Chl-a 与 COD 的相关系数高达 0.83，因此也可利用 Chl-a 浓度来推导 COD 浓度。尹球等（2004）为了探索湖泊水质遥感的可能性，对太湖进行了冬夏两季水面反射光谱测量与水质采样分析同步试验和分析，结果表明：COD 与 Chl-a 浓度具有很好的相关性；夏季太湖北部水面反射率主要反映 Chl-a 浓度的影响，可以用线性模型来表示，以 700 nm 以上波段体现 Chl-a 散射作用最为明显。对于环境一号卫星数据，可以通过反演叶绿素 a 浓度，来间接反演 COD 浓度。

（三）五日生化需氧量（BOD_5）

五日生化需氧量（BOD_5）为生物化学指标，不可以直接通过遥感反演获得。可以通过建立叶绿素 a 等指标与 BOD_5 浓度的相关关系，来研究一些富营养化水体的 BOD_5 遥感间接反演。如金相灿等（1995）发现湖泊（水库）Chl-a 与 BOD_5 的相关系数高达 0.80，因此可利用 Chl-a 浓度来推导 BOD_5 浓度。Wang 等（2004）利用 TM 数据和多元线性回归方法对我国深圳市的 42 个水库的 BOD_5、COD、TOC 等水质参数进行了相关分析，发现 TM1-3 波段的反射值与水库中的有机污染物 BOD_5 有较好的相关性，并据此制作了 BOD_5 浓度分布图。由于 TM 和 HJ-1/CCD 波段设置相同，性能类似，故也可利用 HJ-1/CCD 数据反演水体 BOD_5 浓度。另外，万余庆等（2003）利用野外光谱仪对西安市护城河及兴庆公园内污水进行现场高光谱测量，发现水体 BOD_5 含量常与某些波段的反射率比值有较好的相关性，与单波段反射率的相关性较差。这说明也有可能利用 HJ-1A HSI 数据来反演水体 BOD_5 浓度。

（四）总有机碳（TOC）

水体总有机碳（TOC）浓度为生物化学指标，尚不清楚其浓度变化与光谱有何定量关系。但可以通过试验，建立特定水体中 TOC 与其他可遥感反演指标关系来间接反演，进而间接反演 TOC。Wang 等（2004）利用 TM 数据和多元线性回归方法对我国深圳市的 42 个水库的 BOD，COD，TOC 等水质参数进行了相关分析，发现 TM1-3 波段的反射值与水库中的有机污染物 TOC 有较好的相关性，并据此建立反演模型并制作了 TOC 浓度分布图。由于 TM 和 HJ-1/CCD 波段设置相同，性能类似，故也可利用 HJ-1/CCD 数据反演水体 TOC 浓度。

（五）总氮（TN）

水体总氮（TN）浓度为生物化学指标，不可以直接通过遥感反演获得。可通过建立 TN 与其他可遥感反演指标关系来间接反演。金相灿等（1995）对中国 26 个湖泊（水库）的 Chl-a 与其他参数之间的相关关系的调查，发现湖泊（水库）Chl-a 与 TN 的相关系数高达 0.82，因此也可利用 Chl-a 浓度来推导 TN 浓度。雷坤等（2004）利用 CBERS-1/CCD 数据和准同步地面监测数据，结合水体组分的光谱特征，建立了太湖表层水体叶绿素 a（Chl-a）和总氮（TN）浓度的遥感信息模型。结果发现 Chl-a 和 TN 同 CBERS-1 的波段 3、波段 4 组合的关系最为密切，波段 2 对 TN 浓度也有一定影响。并据此分别建立了 Chl-a 和 TN 浓度的反演模型，Chl-a 和 TN 的平均反演误差分别为 16.4%和 12.2%，说明模型精度较高。由于 CBERS-1/CCD 和 HJ-1/CCD 传感器参数设置类似，故也可利用 HJ-1/CCD 数据反演水体 TN 浓度。

（六）总磷（TP）

水体总磷（TP）浓度变为生物化学指标，不可以直接通过遥感反演获得。可通过建立 TP 与其他可遥感反演指标关系来间接反演。金相灿等（1995）对中国 26 个湖泊（水库）的 Chl-a 与其他参数之间的相关关系的调查，发现湖泊（水库）Chl-a 与 TP 的相关系数高达 0.84，因此也可利用 Chl-a 浓度来推导 TP 浓度。张巍和王学军（2002）通过对太湖水质实测数据的分析发现：Chl-a 与 COD_{Mn}、TN、TP 和氨氮之间均有明显的正相关关系；在聚类分析中，叶绿素 a 与 COD_{Mn} 相关系数最大，首先聚为一类；TN、TP 与悬浮物相关系数仅次之，也聚为一类，表明磷、氮营养盐与悬浮物有显著的相关关系。这同时说明可以利用悬浮物（SS）的定量遥感反演结果来推导 TP 浓度。

（七）溶解氧（DO）

由于目前尚不清楚水体 DO 浓度变化的光谱响应机理，因此现阶段只能利用环境一号卫星通过相关回归方法来反演水体中 DO 浓度。大量研究（金相灿等，1995，张巍等，2002）表明 Chl-a、SS 与 DO 之间的相关关系都较差。然而，王学军等（2002）利用 TM 数据和有限的实地监测数据对太湖溶解氧（DO）分析所建立的高反演精度回归模型则表明可以利用经验方法来反演水体 DO 浓度。由于 TM 和 HJ-1/CCD 波段设置相同，性能类似，故也可利用 HJ-1/CCD 数据反演水体 DO 浓度。

三、水环境遥感监测指标体系及指标说明

通过以上分析，可以看到可遥感直接或间接监测的水环境指标主要包括叶绿素 a（Chl-a）、悬浮物（SS）、黄色物质（CDOM）、溶解性有机碳（DOC）、总有机碳（TOC）、化学需氧量（COD）、五日生化需氧量（BOD_5）、总磷（TP）、总氮（TN）、溶解氧（DO）、水表温度、营养状态指数（TSI）等。水环境遥感监测指标体系及指标说明详见表 3.3。

表 3.3　水环境遥感监测指标体系及指标说明

指标名称	指标定义	光谱特征	数据源	采集/反演方法	说明
叶绿素 a（Chl-a）	一种最主要的叶绿素	440 nm 和 670 nm 附近有吸收峰；550～570 nm 范围、685～715 nm 范围出现反射峰	TM、SPOT、HJ-1 数据、MODIS、MERIS 数据、高光谱数据、地面波谱数据等	分析/半分析模型，经验/半经验模型/热乙醇萃取分光光度法	是反映浮游生物分布、水体初级生产力和富营养化的最基本的指标
悬浮物（SS）	水中的各类矿物微粒，含铝、铁、锰、硅水合氧化物等无机物质以及腐殖质、蛋白质等有机大分子物质	当悬浮物浓度在 35～250 mg/L，反射率在 400～700 nm 之间增加；当悬浮物浓度大于 250 mg/L 时，反射率在 400～700 nm 之间趋向饱和，但在 750～950 nm 之间强烈增加，峰值为 800 nm	TM、SPOT、HJ-1、MODIS、MERIS、高光谱、地面波谱数据等	分析/半分析模型，经验/半经验模型/滤膜过滤重量法	反射峰的位置随着 SS 浓度的增大向长波方向移动
有色溶解性有机物（CDOM）	由黄腐酸、腐殖酸组成的溶解性有机物，又称黄色物质	吸收系数在 350～500 nm 之间递减	高光谱数据、MODIS、MERIS 数据、地面波谱数据等	分析/半分析模型，经验/半经验模型/分光光度法	溶解性有机碳（DOC）有时被视为 CDOM 的替代物来进行研究
溶解性有机碳（DOC）	DOC 是水体总有机碳（TOC）的一部分，即那些直径小于 0.45 μm 的有机物质	在 2.8×10^{-6}～4.5×10^{-6} 浓度范围时响应的光谱范围为 579.1～581.9 nm；DOC 浓度在 4.6×10^{-6}～9.2×10^{-6} 范围时响应的光谱范围为 671.9～695.8 nm	高光谱数据、HJ-1、MODIS、MERIS 数据、地面波谱数据等	经验/半经验模型	随着 DOC 浓度的增加，响应的光谱范围向长波方向移动

指标名称	指标定义	光谱特征	数据源	采集/反演方法	说明
水表温度	水体 0.5 m 深度范围的温度	10 400～12 500 nm	NOAA/AVHRR 、TM、HJ-1 等数据，微波遥感数据	红外遥感劈窗算法；微波遥感探测/温度计法	遥感中常用水体的亮度温度（辐射温度）来表示水体温度
透明度（SD）	是指水的澄清程度，洁净的水是透明的；当存在悬浮物和胶体时，透明度便降低	400～600 nm	TM、HJ-1 等多光谱遥感数据和高光谱遥感数据	分析/半分析模型，经验/半经验模型/塞克盘法	对水中信息进行透射遥感的最有效波段在蓝色至黄色之间
化学需氧量（COD）	指用化学氧化剂氧化水中有机污染物时所需的氧量，以每升水消耗氧的毫克数表示	尚不清楚	TM、HJ-1 等多光谱遥感数据和高光谱遥感数据	经验/半经验模型/重铬酸盐法	COD 值越高，表示水中有机污染物污染越重
五日生化需氧量（BOD_5）	水中有机物经微生物分解时所需的氧量。通常采用在 20℃的条件下培养 5 天，作为测定生化需氧量的标准时间，简称 5 日生化需氧量	尚不清楚	TM、HJ-1 等多光谱遥感数据和高光谱遥感数据	经验/半经验模型/稀释与接种法	BOD 越高，表示水中需氧有机物质越多
总有机碳（TOC）	指水中所有有机污染物质中的碳含量	尚不清楚	TM、HJ-1 等多光谱遥感数据和高光谱遥感数据	经验/半经验模型	由国内外正在提倡用 TOC 和 TOD 作为衡量水质有机物污染的指标
总磷（TP）	水体含磷的总量。工业废水和生活污水中常含大量的磷	尚不清楚	TM、HJ-1 等多光谱遥感数据和高光谱遥感数据	经验/半经验模型/钼酸铵分光光度法	是造成水体富营养化的一项重要因子
总氮（TN）	水体含氮的总量。生活污水、农田排水和工业废水中常含大量的氮	尚不清楚	TM、HJ-1 等多光谱遥感数据和高光谱遥感数据	经验/半经验模型/碱性过硫酸钾消解紫外分光光度法	是造成水体富营养化的一项重要因子
溶解氧（DO）	水中溶解氧的量。有时溶解氧是判断水体是否污染和污染程度的重要指标	尚不清楚	TM、HJ-1 等多光谱遥感数据和高光谱遥感数据	经验/半经验模型/碘量法、电化学探头法	水中缺乏 DO 时，厌氧细菌繁殖，水体发臭
营养状态指数（TSI）	是反映水体营养状态的一个综合指标	—	TM、HJ-1 等多光谱遥感数据和高光谱遥感数据	经验/半经验模型	叶绿素、透明度、总磷为三个基本指标

第三节 水环境遥感星地同步监测

水环境遥感星地同步监测目的是同时获取地面测量和卫星遥感数据，是水质反演分析方法建立和验证的基础。获取的数据主要包括：水体水质参数、表观光学量和固有光学量。

要获取这些数据，首先要在设计采样点。为了更好地反映全水域的水体光学特性的区域性分布规律，采样点要尽量覆盖各典型水域，分布点尽可能均匀。

水面试验主要包括四个部分：水体采样、水面光谱测量、一些水质参数（如透明度、水温和水深等）的现场测量，以及风速、风向、GPS 点位等辅助信息的测量，如图 3.10 所示。

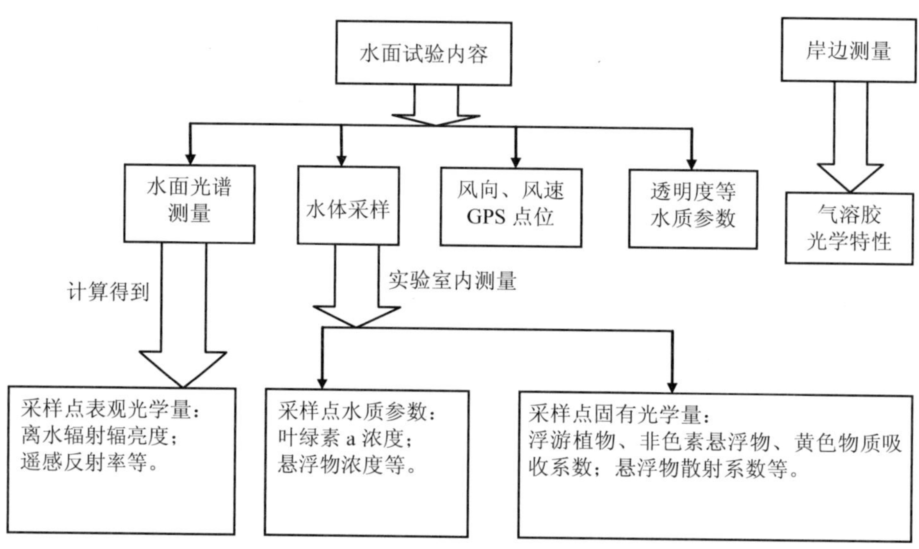

图 3.10 水面试验内容

根据事先设计好的采样点的经纬度，利用手持 GPS 乘船依次到达每个采样点，一边采集水样并放入保温箱中避光保存，一边测量水面光谱和一些辅助参数。

水面光谱测量使用 ASD 野外光谱辐射仪 FieldSpec® Pro FR 和 FieldSpec® Pro VNIR，前者的波长响应范围为 350～2 500 nm，其中可见光—近红外波段（350～1 000 nm）的光谱分辨率为 3 nm；后者的波长响应范围为 325～1 075 nm，其光谱分辨率为 3 nm。水面光谱测量采用"水面以上法"（唐军武，2004；Mueller et al.，2003 a），待船停稳后，在甲板开阔处（距水面 30 cm 左右）分别测试若干次标准灰板、水体和天空光的光谱数据，然后取平均，进而计算得到每个测点的遥感反射率（R_{rs}）曲线。

现场利用赛克盘测量水体的透明度，测量的精度是 5 cm；利用接触式温度计测量水温；利用笔直的标有刻度的竹竿测量水深，测量的精度大约是 10 cm；利用手持风速风向仪测量风速风向，风速的测量精度是 0.1 m/s，风向的测量误差在 25° 以内。

水体采样均使用标准采样器，采集水面至水面以下 50 cm 的水柱的水样，为避免水样变质，采集的水样放在 0～6℃的保温箱内避光保存，并尽快送实验室进行水质参数和固有光学量的测定分析。在精度要求不高情况下，可使用利用 YSI-6600V2 等便携式水质参数测量仪实时测量水体中的叶绿素 a 浓度、藻密度、溶解氧、浊度、水温、pH，测量深度 50 cm；也可根据不同研究和监测目的测量不同水深水质。

在实验室内，利用滤膜过滤水样、烘干、电子天平称重的方法测量得到悬浮物浓度；利用岛津 UV2401PC 型分光光度计，在用稀 HCl 酸化前后测定 665 nm、750 nm 处的吸光度计算得到叶绿素 a 浓度；采用定量滤膜技术测定总悬浮物的吸收系数；利用次氯酸钠氧化掉水中的色素，进而采用定量滤膜技术测定非色素悬浮物的吸收系数；总悬浮物吸收系数减去非色素悬浮物吸收系数得到色素（主要是叶绿素 a）吸收系数；透过孔径 0.22 μm 的 Millopore 膜过滤的水样用 4 cm 的比色皿在 UV-2401PC 型分光光度计下测定吸光度，然后采用 Millq 水做参比，从而得到有色可溶性有机物（CDOM）的吸收系数。总悬浮物光束衰减系数是利用分光光度计直接测量原始水样相当于超纯水的光学密度得到的（Pegau S. et al.，2003b）。

一、水体光谱采集方法

水体光谱采集是水环境遥感研究和应用工作中的基础性工作，目的是获得目标水体的反射光谱，主要通过直接测量得到。直接测量的方法有表面法（也称为水表面之上法，Above-Water Measurement）和剖面法（Profiling Method）。水面之上测量法采用与陆地光谱测量相似的仪器，在经过严格定标的前提下，通过合理的观测几何安排和测量积分时间设置，进行水面以上光谱观测，该方法操作简单，但容易受到水表面和大气环境（如直射太阳光反射、天空漫射反射、云、周围环境等）影响；剖面法由水下光场测量外推得到水表信号，可以更好地刻画出水体光场垂直变化，由于其在测量中受环境因素影响较小且获得的是水体内部信息，可在后期处理中对诸如水体层化效应等问题进行详细的分析处理，是水体表观光学参数获取常用的方法，缺点是采用的仪器昂贵且仪器操作、布放复杂。

二、水面以上测量法

水面以上测量通常采用野外光谱辐射计在水面直接测量（常用的野外光谱辐射计见表 3.4），目的是获得水面反射率，并换算出离水辐射、遥感反射率、水面以下辐照度比等参数。

（一）观测参数

L_w，离水辐亮度，ASD 野外光谱辐射计对着水面的测量值。

L_{sky}，避开太阳直射和阴影，对着天空测量时测得的天空漫散射光值。

E_d（0^+），水表面上总的入射辐照度，对着标准板测量。

L_{pdif}，天空漫射辐照度测量值，用一个带长竿的黑板挡住直射太阳光，使黑板的阴影正好挡住标准板，用探头对着标准板测量。

（二）观测几何要求

因为离水辐亮度 L_w 在天顶角 0～40° 范围内变化不大，所以为避开太阳直射反射和船舶阴影对光场的破坏，水面波谱的观测常采用如下观测几何（角度以光线矢量的走向为依据）：光谱仪观测平面与太阳入射平面的夹角 $90° \leqslant \phi_v \leqslant 135°$（背向太阳方向），仪器与水面法线方向的夹角 30°≤θ_v≤45°，以避免绝大部分的太阳直射反射，同时减少船舶阴影的影响（见图 3.11）。

表 3.4 野外光谱辐射计概览

野外光谱辐射仪型号	日期	光谱范围/nm	光谱分辨率/nm	波段数/个
Spectro SE590™	1984	370～1 110	11	252
Asd PS Ⅱ™	1989	350～1 050	3	512
SpectraScan FR--650™	1992	380～780	8	128
ASD FieldSpec UV/VNIR™	1994	350～1 050	3	512 或 1 024
GER 1500™	1994	300～1 100	3	512
Inter spectronics PIMA Ⅱ™	1989	1 300～2 500	7～10	600 或 300
ASD Fieldspec NIR™	1994	1 000～2 500	10	750
GER IRISμmk IV™	1986	300～3 000	2，4	<1 000
GER SIRIS™	1988	300～3 000	2，4	<1 000
ASD Fieldspec--FR™	1994	350～2 500	3，10	512 或 1 024，750
ASD Fieldspec HandHeld™	1994	325～1 075	3.5	512
GER 2100™	1994	400～2 500	10，24，8	140
GER 2600™	1994	400～2 500	3，24，8	512+128 或 64
GER 3700™	1994	400～2 500	3，4.8，6.25，8	512+192
LI-1 800PS™	1990	300～1 100	4，6	138，134
S 2000™	1999	200～1 100	0.3～10	366
ISI921VF（国产）	2002	380～1 050	4，8	128，256

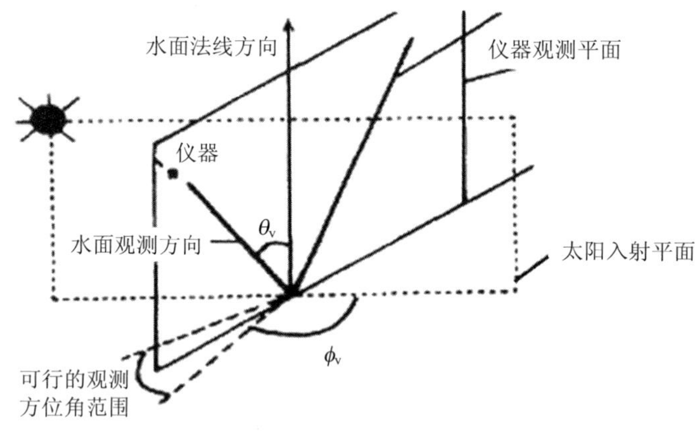

图 3.11 水体光谱观测几何（唐军武等，2004）

由于天空光在水面的反射不可避免，因此，在仪器面向水体进行测量后，必须将仪器在观测平面内向上旋转一个角度，使得天空光辐亮度 L_{sky} 的观测方向天顶角等于水面测量时的观测角θ一致（见图 3.12）。

目前，典型的观测几何设置为

（1）ϕ_v=90°，θ_v=40°

这种安排的优点是：①天空光分布均匀，天空光的测量受船舶摇摆的影响较小；②在此角度的表面反射率受水面粗糙度的影响较小；③仪器在船上的安装架设和几何安排比较容易。

这种安排的缺点是：①相对于ϕ_v=135°，θ_v=40°几何设置而言，与剖面观测结果的固有差异较大，即水体二向性影响较大；②太阳直射反射比较严重，需要快速获取大量的数据进行太阳耀斑剔除工作，有效数据量可能在5%左右。

（2）$\phi_v=135^0$，$\theta_v=40^0$

这种安排的优点是：①可更好地避免太阳直射反射；②与剖面观测的固有差异较小。

目前国际水色SIMBIOS计划中推荐采用第二种观测几何（唐军武，1998）。

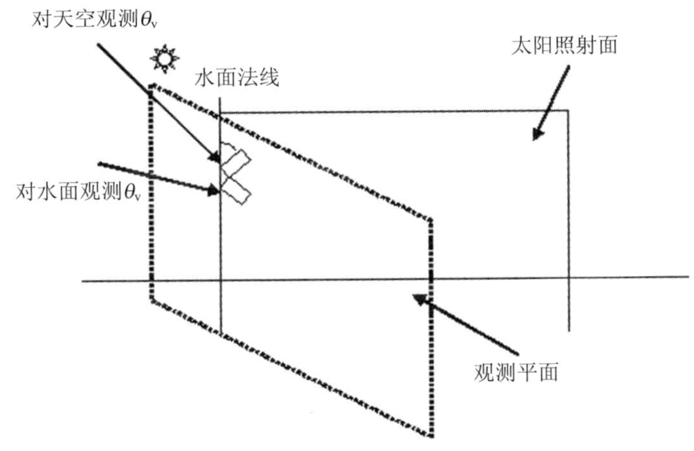

图3.12 仪器对着水面以及对着天空测量时的观测几何

（三）水面光谱测量对光谱仪的要求

水面光谱测量的仪器采用便携式瞬态光谱仪和标准板。

（1）仪器的动态范围应大于等于5个量级；且在400～900 nm光谱动态范围内保持10以上的信噪比。标准板最好为反射率小于30%的灰板；

（2）仪器必须经过严格的绝对辐射定标，以便获得水色遥感的基本参数——离水辐亮度和水面入射辐照度；如果仪器有增益变化功能，不同增益之间的线性度要高；另外必须对波长进行标定；

（3）测量水体目标时，不能让仪器进行自动增益调整或内部平均，不然会随机的太阳直射反射平均到结果数据中；

（4）应能快速连续测量多条曲线，并可设置采样间隔，以便测量时间能够跨越波浪周期。在后期的数据处理中舍弃数值较高的那些曲线，利用较低的几条（甚至一条曲线）进行计算；

（5）仪器积分时间固定。由于即使在1 s内水面的太阳直射反射和白帽也会有很大变化，因此采样时间最好在100～200 ms以内完成，更短的时间会导致仪器信噪比太差；

（6）光谱仪应该有措施保证二级光谱不会对近红外波段的结果产生干扰，以及具备其他消除杂散光措施（唐军武等，2004）。

（四）水面光谱测量步骤

水面光谱测量，遵循以下步骤：①仪器提前预热；②暗电流测量；③标准板测量；④遮挡直射阳光的标准板测量；⑤水体目标测量；⑥天空光测量；⑦标准板测量；⑧遮挡直射阳光的标准板测量。

这些目标的测量曲线每个不得少于 10 条，且测量时间至少跨越一个波浪周期，以修正因测量平台摇摆而导致的误差。

（五）参数的求算

1. 离水辐亮度的导出

在避开太阳直射反射、忽略或避开水面泡沫的情况下，光谱仪测量的水体光谱数据为

$$L_{sw} = L_w + r L_{sky} \tag{3-48}$$

式中，L_w 为离水辐亮度；L_{sky} 为天空漫散射光，不带有任何水体信息，必须去掉；r = 2.1%～5%，$r = r(\vec{W}, \theta_v, \phi_v, \theta_0, \phi_0)$ 为气-水界面对天空光的反射率，取决于太阳位置（θ_0，ϕ_0）、观测几何（θ_v，ϕ_v）、风速风向（$\vec{W}$）和海面粗糙度等因素。

海表反射率 r 的取值目前仍有很大争议，根据唐军武等（2004）的经验，在上述观测几何条件下，平静水面可取 r =0.022；在 5 m/s 左右风速的情况下，r 可取 0.025；10 m/s 左右风速的情况下，取 0.026～0.028。

由此可得离水辐亮度为

$$L_W = L_{sw} - r L_{sky} \tag{3-49}$$

2. 归一化离水辐亮度的导出

为使得不同时间、地点与大气条件下测量得到的水体光谱具有可比性，需要对测量结果进行归一化。所谓归一化是指把太阳移到测量点的正上方，减少大气影响。

归一化离水辐亮度定义为

$$L_{WN} = \frac{F_0}{E_d(0^+)} L_W \tag{3-50}$$

式中，F_0 为平均大气层外太阳辐照度；E_d（0^+）是水表面上总的入射辐照度。水表面入射总辐照度 E_d（0^+）或 E_s 可由测量标准板（Plaque）的反射 L_p 计算。

$$L_p = \rho_p \times E_d(0^+)/\pi \tag{3-51}$$

式中，ρ_p 为标准板的反射率，通常采用 10%≤ρ_p≤30%的标准板，Carder 等采用 10%的标准板，以便使得仪器在观测水体和标准板时工作在同一状态。因此，

$$E_d(0^+) \equiv E_s = L_p \times \pi/\rho_p \tag{3-52}$$

3. 遥感反射率的导出

目前遥感反射率 R_{rs} 越来越多地用于水色遥感反演模型，该参数的获得具有重要的应用价值。遥感反射率定义为

$$R_{rs} = L_W/E_d(0^+) \tag{3-53}$$

对于未经严格标定的光谱仪，可以直接按下列公式进行测量（计算）遥感反射比

$$R_{rs}=[S_{sw}-r\,S_{sky}]\,\rho_p/\pi\,S_p \tag{3-54}$$

式中，S_{sw}，S_{sky}，S_p 分别为光谱仪面向水体、天空和标准板时的测量信号码值。一个粗略估计测量结果是否可信的方法是：除了在高浓度泥沙水体，R_{rs} 在各个波段的值一般小于 0.051（唐军武等，2004）。

4．刚好处于水面以下的辐照度比的导出

对于刚好处于水面以下的辐照度比 $R(0^-)=E_u(0^-)/E_d(0^-)$，可通过以下计算获得：

$$E_u(0^-)=QL_u(0^-) \tag{3-55}$$

$$L_u(0^-)=(n^2/t)\,L_W \tag{3-56}$$

$$E_d(0^-)=(1-\rho_{aw})\,E_d(0^+) \tag{3-57}$$

式中，Q 为光场分布参数，受不同的水体、太阳角度、观测角度影响而不同，Q 可由太阳高度角进行计算（Gons，1999）；ρ_{aw} 为气水表面的辐照度反射率，介于 0.04～0.06 之间（Hoogenboom et al.，1998）；t 是气-水界面的 Fresnel 透射系数，通常取 t=0.98；n 是水的折射指数，通常取 n=1.34。$R(0^-)$ 计算的最大误差来源于 Q 的变化，不同的水体、太阳角度、观测角度，Q 可在 1.7～7 之间变化。

图 3.13 至图 3.20 是水面以上测量法实测的太湖数据。

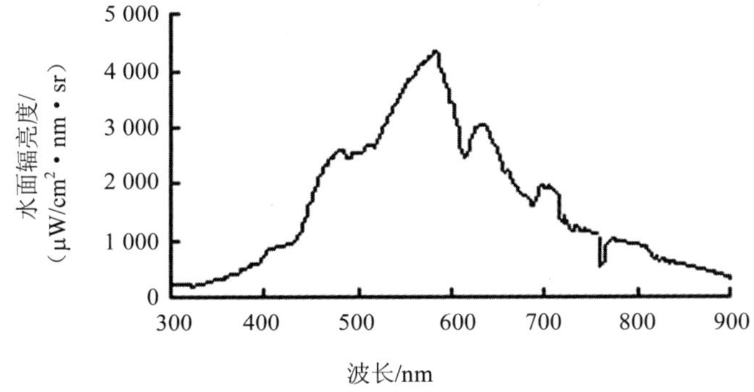

图 3.13　实测水面辐亮度（2004 年 10 月）

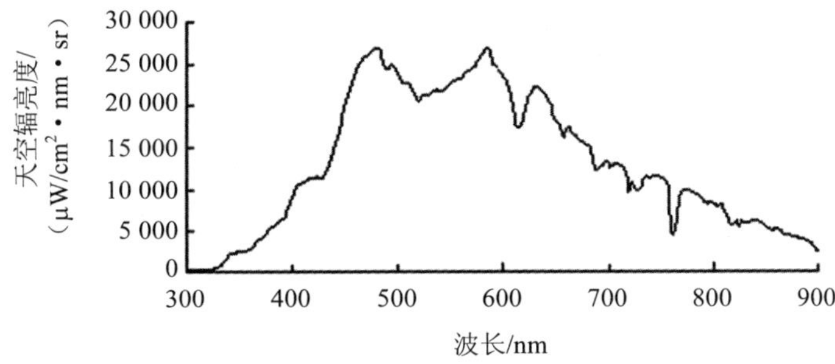

图 3.14　实测天空辐亮度（2004 年 10 月）

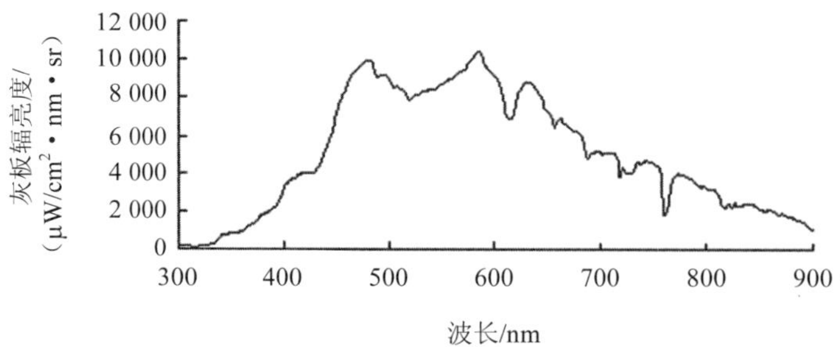

图 3.15 实测灰板辐亮度（2004 年 10 月）

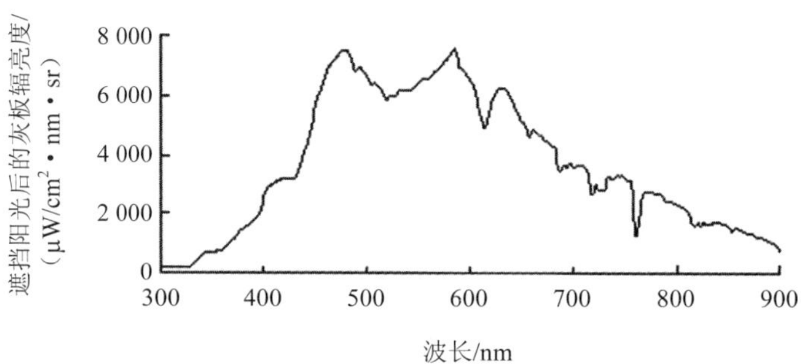

图 3.16 实测遮挡阳光后的灰板辐亮度（2004 年 10 月）

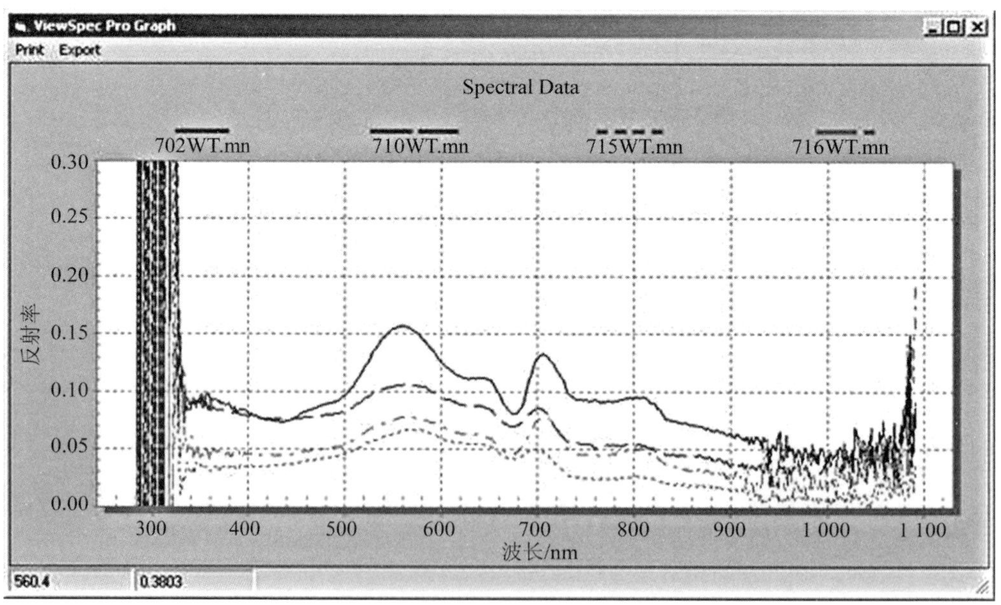

图 3.17 直接测量的水体反射率（2004 年 10 月）

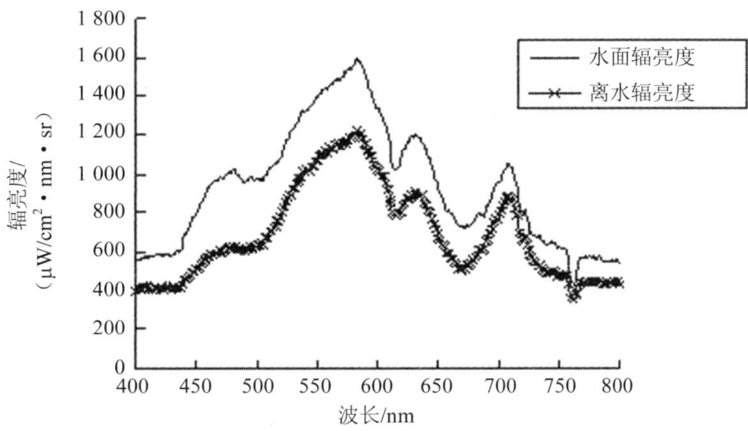

图 3.18　水面辐亮度与离水辐亮度（2004 年 5 月）

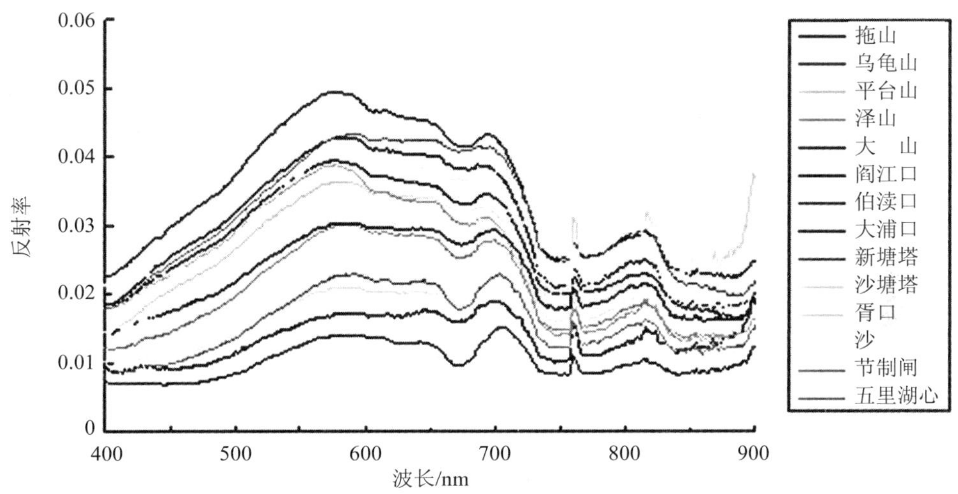

图 3.19　水体遥感反射率（2004 年 6 月）

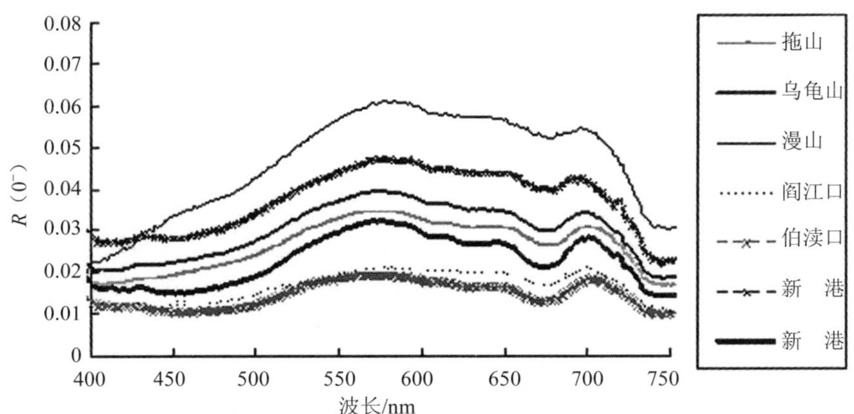

图 3.20　刚好位于水下的辐照度比 R（0^-）（2004 年 7 月）

三、剖面测量法

将有关仪器直接放置于水下，沿垂直水面的剖面方向，在不同水体深度测量辐亮度、辐照度等参数，以估算水体漫衰减系数、离水辐射等信息的方法称为剖面测量法。目前用于剖面测量的仪器主要有德国的 RAMSES 水下光谱仪，加拿大 Satlantic 公司的水下高光谱剖面仪 HPROII、水下多光谱仪。下面以德国 RAMSES 水下光谱仪为例，介绍水面以下表观光学特性仪器的测量原理和方法。

（一）RAMSES 水下光谱仪的原理与组成

仪器由两个探头组成，分别为 RAMSES-ARC（图 3.21）（8199）和 RAMSES-ACC（8189）（图 3.22）。8199 探头在测量时方向向下，用来测量水表面和水表面以下不同深度的上行辐亮度值，8189 探头在测量时方向向上，用来测量水表面和水表面以下不同深度的下行辐照度。该仪器的有效测量波段范围为 319～950 nm，包括了从紫外到近红外波段，波段分辨率为 3.3 nm。

仪器的技术参数如下：

波长范围：320～950 nm；

检测器类型：256 通道的硅光电二极管阵列；

光谱采样：3.3 nm/pixel；

光谱准确度：0.3 nm；

通道数量：190 个；

饱和度（在 500 nm 波长位置）：1 W/（m^2 • nm • sr）；

NER 噪声强度（在 500 nm 波长位置）：0.25 μW/（m^2 • nm • sr）；

积分时间：4 ms～8 s；

遥测数据接口：RS-232 或串行总线；

最大工作深度：300 m；

工作温度：−10℃～+50℃。

图 3.21 RAMSES-ARC（8199）

图 3.22 RAMSES-ACC（8189）

（二）RAMSES 水下光谱仪的野外操作

（1）为了避免船舶阴影的影响，仪器安装后，可用一长杆伸出水面；

（2）数据采集的方式可设置为连续测量和单次测量。连续测量为在一定的时间段内，设置数据采样的时间间隔，测得多条数据，最后取其平均值作为实测值。单次测量为在某一样点测量一条数据作为该深度的光谱数据。为避免噪声干扰，多选择连续测量方式；

（3）测量完成后，需用超纯水清洗探头，并用吸水纸擦干探头与光缆连接处的水渍，拔下并整理好光缆，盖好镜头盖。

注意：运用剖面法于现场进行光谱采集时，要求天气晴朗、风速小，且仪器不要紧靠船体，尽量与船体保持一定的距离，以减少船体阴影对光谱测量的影响，观测在向阳一侧进行。

（三）表观光学特性参数的求算

水表面和水表面以下不同深度的上行辐亮度、下行辐照度可由仪器直接观测得到，而其他参数如漫衰减系数、遥感反射率等则需通过公式计算得出。

1. 漫衰减系数 K_d

太阳光线进入湖水后，受到湖水中悬浮颗粒、可溶性有机质和浮游生物的影响而衰减，太阳光的下行辐照度（E_d）和上行辐亮度（L_u）随着深度呈指数衰减。由于不同湖水组成物质不一样，其对不同波长的太阳光的吸收和散射也不一样，因此不同波长的辐照度在不同水层随深度衰减各不相同，并且光学衰减系数还与入射光场的太阳高度角、天气状况和湖面状况有关。但大部分学者采用一种简化的模式，认为 K_d 在观测深度内不随波长而变化，可以近似视为常数，计算公式为：

$$K_d(z)=\frac{1}{z}\ln\frac{E(z)}{E_0} \tag{3-58}$$

式中，K_d 为测量深度的光学衰减系数，m^{-1}，z 为从湖面到测量深处的深度，$E(z)$ 为深度 z 处的辐照度，E_0 为起始面的辐照度。

在均匀混合水体中可以通过差分运算得到 K_d 值，表达式为：

$$K_d(z)=-[\ln E_d(z_2)-\ln E_d(z_1)]/(z_2-z_1) \tag{3-59}$$

通过计算 K_d 值可以得到水表面以下辐照度 E_d（0^-）。同理可得上行辐亮度的衰减系数和水表面以下辐亮度 L_u（0^-）。

2. 归一化离水辐亮度 L_{wn}、水表面以下辐照度比 R（0^-）

参照水面以上测量方法相关内容进行计算。

3. 水表面以下遥感反射率 R_{rs}（λ，z）

遥感反射率是水色遥感中重要的光学特性，与水体中的组分和含量有着密切的关系，是进行卫星反演的主要表观光学参数。尤其是在二类水体中，对研究和反演水色 3 要素（浮游植物色素、总悬浮物、可溶性有机物）的浓度起着很重要的作用。定义为 z 深度上行辐亮度 L_u 与下行辐照度 E_d 的比值，表达式为：

$$R_{rs}(\lambda,z)=L_u(\lambda,z)/E_d(\lambda,z) \tag{3-60}$$

注：对仪器测量得到的相关光谱曲线的实际处理中，首先要进行筛选，可在 EXCEL 中打开数据文件，做出曲线图后把突变的和明显不和符要求的原始数据删除，如向上截止、光谱曲线出现直线（光谱仪性能问题）等；其次，还需把同一目标的多条光谱数据进行算术平均，以减小误差。一般得到的光谱曲线比较平滑，不需做进一步处理，若不满意可以适当地采取平滑处理。

第四节 水华遥感监测

一、指标定义

水华是一种广泛存在淡水生态系统中的由藻类大量繁殖引起的严重的水环境问题。水华目前缺乏严格的定义，一般认为“水华”是指浮游藻类的生物量显著高于一般水体的平均值，并在水体表面大量聚集，形成肉眼可见的藻类聚集体（孔繁翔，2005）。蓝藻是藻类分类系统中最低等、最原始的植物类群，广泛分布于各种水域及潮湿环境，尤其喜欢生于含氮量高、有机质较丰富的碱性水体中，在夏秋季节适宜的环境下蓝藻大量繁殖，形成“水华”。例如太湖蓝藻水华优势种为微囊藻，主要由铜绿微囊藻、惠氏微囊藻和水华微囊藻等构成（孔繁翔，2011）。通常几百至几千个蓝藻细胞聚集成丝状或非丝状的群体，具有伪空泡，能浮于水面，在充足的氮和磷营养盐以及光照、气象、水文有利的条件下，极易迅速、大量繁殖生长，暴发形成水华。蓝藻单位面积生物量大，在湖面表层形成中度乃至重度集聚的稠厚藻层，叶绿素 a（Chl-a）含量极高，通常形成水华的水体的 Chl-a 含量在 10 mg/m^3 以上。

（一）蓝藻水华与正常水体光谱差异分析

如图 3.23 所示，水华分布的水体和正常水体的光谱有两个明显不同，不同富集程度的水华也有不同。在 400～560 nm 的蓝绿光范围内，水华的光谱反射率比正常水体低，或者说吸收率较高，而且变化较快，在 550 nm 处，水华有明显反射峰，正常水体则没有，水华 550 nm 的反射峰是由于叶绿素 a 和胡萝卜素的弱吸收和细胞的散射作用共同的影响；在 620 nm 处存在蓝藻水华特有的藻青蛋白的吸收引起的反射谷，在 650 nm 处存在反射峰，此峰夹在两个反射谷之间，正常水体无此特征；700 nm 以后，水华均有明显的“陡坡效应”，与陆地表面的植被相似，且富集程度越大，峰值越大，陡坡效应越明显，而正常水体在近红外波段反射率下降，无此效应。

（二）蓝藻水华与水生植物光谱差异分析

水生植物通常称之为水草，根据它在水中的生长状态大致分为漂叶植物和沉水植物。水草对内陆水体的物理和化学环境有显著的改善作用，水草密集的地方水质状况一般会比较好。而发生水华的水域一般都处于严重的富营养化状态。而两者在遥感光谱上有一定相似性，特别是漂叶植物与水华光谱特征接近，往往只有通过高光谱图像才能区分二者。图 3.24 表示了水草、水华与正常水体的光谱差异。在 550 nm 处，水华、漂浮植物和沉水植物均有反射峰，水华最明显，正常水体没有；水华在 620 nm 处存在蓝藻特有的藻青蛋白的吸收引起的反射谷，在 650 nm 处存在反射峰，此反射峰夹在两个反射谷之间，而其余三种均无此特征；700 nm 以后，水华和漂浮植物均有明显的“陡坡效应”，与陆地表面的植被相似，且漂浮植物的效应更明显，而沉水植物与正常水体均在近红外波动反射率下降，无此光谱特征。

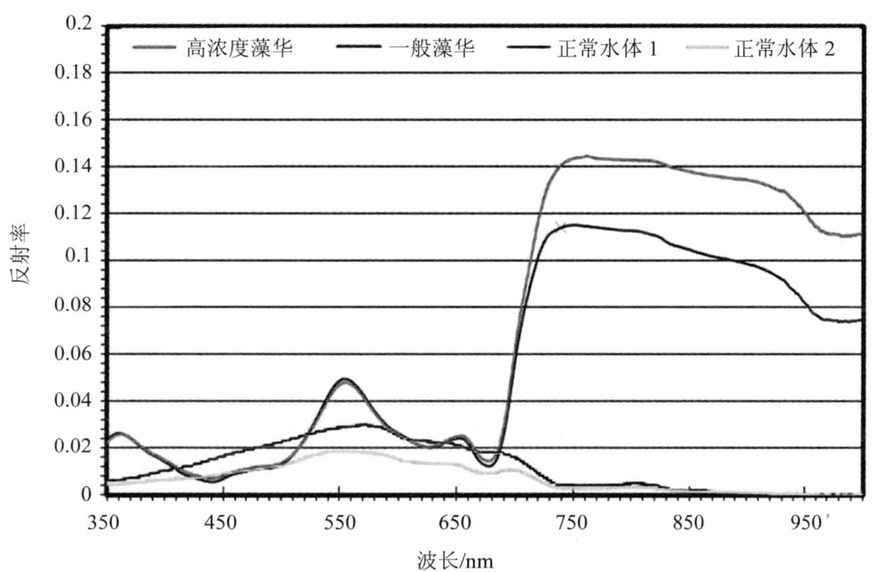

图 3.23　蓝藻水华和正常水体的遥感反射率光谱曲线

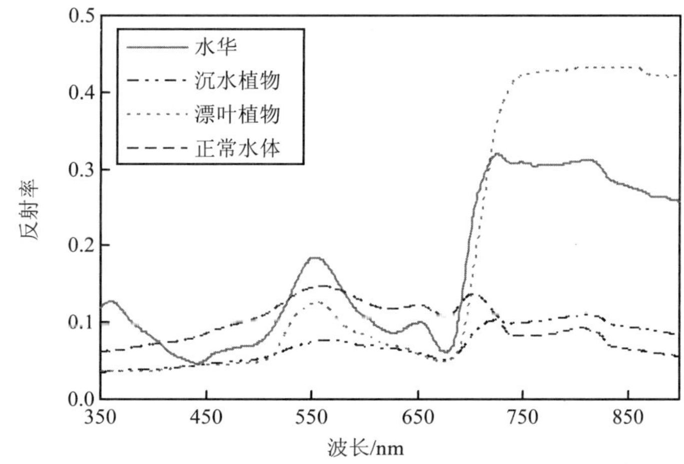

图 3.24　蓝藻水华、水生植物与正常水体遥感反射率光谱曲线比较（李俊生等，2009）

二、反演方法

（一）目视识别方法

根据水华光谱特征分析，叶绿素在蓝波段的 440 nm 以及红波段的 678 nm 附近有显著的吸收，当藻类密度较高时水体光谱反射曲线在这两个波段附近出现吸收峰值，而水体对近红外波段吸收比较强，水华则有明显的反射峰。所以利用遥感图像目视识别，可以根据卫星图像通道设置，选择蓝波段、红波段和近红外波段。

例如，对于 MODIS 数据可以采用通道 6（R）2（G）1（B）合成多光谱影像，确定蓝藻水华在遥感图像上的颜色显现，再利用GIS工具进行蓝藻水华多边形矢量处理与分析。水华区域为淡绿色，其他水域为蓝黑色，假彩色合成法随着蓝藻浓度的升高，影像由蓝色或黑色向绿色过渡，即蓝藻浓度越高，对应区域的影像颜色越绿（见图 3.25）。假彩色合成法具有直观的优点，但是其直方图拉伸后的色调效果可能因操作时的差异而导致影像在处理后存在色彩差异，给对比研究工作带来不利影响。

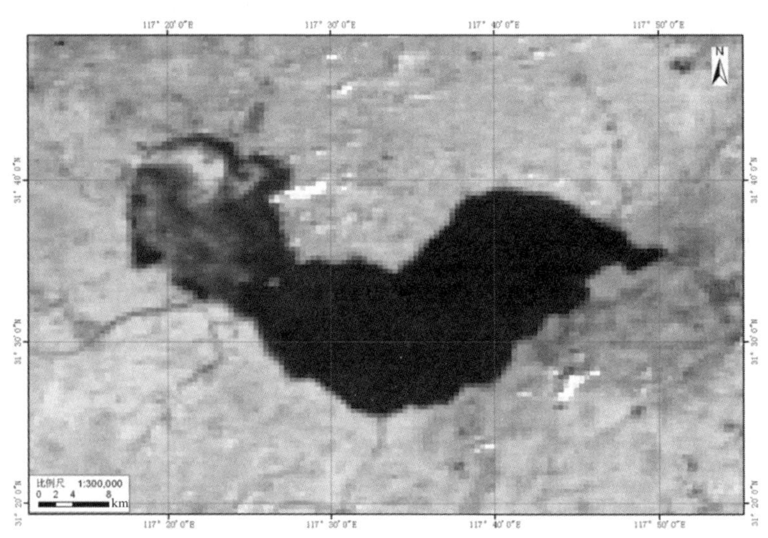

图 3.25 利用 MODIS 目视识别 2010 年 9 月 19 日滇池水华分布

（二）植被指数方法

从蓝藻水华的光谱特征分析可知，蓝藻水华在近红外波段具有的类似于植被光谱曲线特征的陡坡效应，这是蓝藻水华与水体明显的差异，因而可以利用“植被指数”这种简单而有效的形式来实现对蓝藻水华分布信息的表达，监测蓝藻水华的暴发状况。还可以通过不同富集度水华陡坡效应的差异，来间接表达水华强弱等级。诸如 Landsat5 TM、HJ-1CCD 等宽波段多光谱遥感数据，没有在蓝藻特有的藻青蛋白的特征反射波段（620 nm 处）设置高光谱分辨率的波段，因此无法准确区分蓝藻水华和水草。解决的途径就是根据先验知识提取水草的分布区域，然后在非水草的区域识别蓝藻水华。

1. 归一化植被指数（NDVI）方法

NDVI（Normalized Difference Vegetation Index）是目前应用最广泛的植被指数方法，因为蓝藻水华在近红外波段具有与植被光谱特征相似的陡坡效应，所以可以根据 NDVI 有效地识别蓝藻水华的空间分布。NDVI 的定义为红光和近红外波段两个波段的归一化比值，即：

$$\mathrm{NDVI}=(\rho_{\mathrm{nir}}-\rho_{\mathrm{red}})/(\rho_{\mathrm{nir}}+\rho_{\mathrm{red}}) \tag{3-61}$$

式中，ρ_{nir} 和 ρ_{red} 分别代表近红外波段和红光波段的反射率。

通过对 NDVI 的计算，可得到水体内地物的 NDVI 指数。NDVI 为正值时表明水面有蓝藻覆盖，而且蓝藻密度越大 NDVI 值越大，因此可以以零为阈值提取蓝藻范围。

（1）NDVI 受浑浊水体背景干扰较大，高悬浮物浓度水体在近红外发射率也较高，用 NDVI 容易被误判为蓝藻水华。

（2）NDVI 受大气影响大。随着大气环境的变化（尤其是气溶胶类型、气溶胶光学厚度变化），卫星观测几何的改变，以及发生水面太阳耀斑等，水体和水华的 NDVI 值有较大改变，水体与水华 NDVI 差值也有较大变动。

（3）蓝藻水华高度富集区 NDVI 值极易饱和，蓝藻水华强度分级受影响。

（4）当水面蓝藻不是很密集时，类似于植被光谱曲线特征的陡坡效应就不会很明显，此时利用 NDVI 值就不能很好地识别蓝藻水华。对比实际监测结果发现 NDVI 法监测得到的蓝藻分布范围比实际范围略小，尤其是对于蓝藻强度不高的区域。

NDVI 方法可以用于 HJ-1CCD、MODIS 250 m 数据。可以采用人工确定阈值方法来降低大气环境变化带来的影响。

2．增强植被指数（EVI）

为解决 NDVI 识别水华易受悬浮泥沙和大气环境的干扰，可以采用增强型植被指数 EVI 来识别水华分布。其定义如下：

$$EVI=G(\rho_{nir}-\rho_{red})/(\rho_{nir}+C_1\rho_{red}-C_2\rho_{blue}+L) \tag{3-62}$$

式中，ρ_{blue}、ρ_{red}、ρ_{nir} 分别为蓝、红、红外光波段反射率；G 为增益因子，取值为 2.5；C_1、C_2 分别为大气修正红光、蓝光校正参数，取值为 6、7.5；L 为背景调节参数，取值为 1（Huete and Justice，1999）。

以零为阈值提取蓝藻的分布范围，EVI 大于零表明水面有蓝藻覆盖，同样其值随着蓝藻密度的增大而增大。虽然 EVI 也是用于植被识别，但与 NDVI 相比，由于 EVI 引入了调节参数 L 使其对背景水体噪声不敏感，一定程度上减少悬浮泥沙的干扰，对低蓝藻密度区域具有较好的识别能力；同时，由于引入了大气修正参数 C_1 和 C_2，一定程度上降低了 EVI 对大气的敏感度，使其相对于气溶胶保持稳定。虽然 EVI 指数在 NDVI 指数上有所发展和改善，但也有研究表明 EVI 对变化的背景和观测的条件较敏感。

3．线性大气抗阻指数（LGARI）

对于高浑浊水体，由于叶绿素的反射峰和近红外水体的强烈吸收使得绿波段水体反射率明显高于近红外波段；而由于蓝藻的陡坡效应，近红外反射率值明显高于绿波段，因此，引入绿波段 NDVI，即 GNDVI=（$\rho_{nir}-\rho_{green}$）/（$\rho_{nir}+\rho_{green}$），通过绿波段替代红波段，可以有效地剔除误判为蓝藻水华的高悬浮物水体。同时，也有研究表明（Gitelson et al.，1996），绿波段的 NDVI 比原始红波段的 NDVI 对叶绿素浓度的变化更加敏感，同时为了降低该指数对大气效应的影响，融入了大气阻抗植被指数 ARVI（Kaufman et al.，1992）的思想，即利用蓝光和红光对大气影响的差异，对绿波段进行大气修正，得到 GARI（Atmospheric Resistant Green Index）公式如下：

$$\text{GARI}=\frac{\rho'_{\text{nir}}-[\rho'_{\text{green}}-\lambda(\rho'_{\text{blue}}-\rho'_{\text{red}})]}{\rho'_{\text{nir}}+[\rho'_{\text{green}}-\lambda(\rho'_{\text{blue}}-\rho'_{\text{red}})]} \tag{3-63}$$

GARI 指数对大气效应和悬浮泥沙的敏感性比 NDVI 小，而且 GARI 对叶绿素浓度的敏感性也高于 NDVI，但对于高叶绿素浓度区域，该指数也存在随着其值的增加延缓而呈现饱和状态，使其对高密度蓝藻监测的灵敏度下降。针对植被指数的非线性性饱和问题，Jiang 等（2006）提出遥感植被指数光谱几何解释与线性的方法，利用改进植被指数线性的线性调节因子，推导出了线性化 NDVI 指数（LNDVI）。

$$\text{LNDVI}=G\frac{N-R}{N+R\tan(\pi/4+\beta)} \tag{3-64}$$

在此基础上，引入一种新型的蓝藻水华监测模型 LGARI（Linear Atmospheric Resistant Green Index）（吴迪，2011），其定义如下：

$$\text{LGARI}=1.2\frac{\rho'_{\text{nir}}-[\rho'_{\text{green}}-\lambda(\rho'_{\text{blue}}-\rho'_{\text{red}})]}{\rho'_{\text{nir}}+5[\rho'_{\text{green}}-\lambda(\rho'_{\text{blue}}-\rho'_{\text{red}})]} \tag{3-65}$$

其中 ρ' 为经大气瑞利和臭氧吸收校正后的表观反射率，λ 为大气控制校正因子。

（三）浮游藻类指数 FAI 方法

如前光谱分析，正常水体在红光-近红外-短波红外波段是强吸收，而蓝藻水华在近红外的反射率要远大于红光和短波红外波段，基于此原理胡传民（Hu，2009）提出了浮游藻类指数 FAI（Floating Algae Index），以识别藻类和正常水体。FAI 定义如下所示：

$$\text{FAI}=R_{\text{rc,NIR}}-R'_{\text{rc,NIR}}$$

$$R'_{\text{rc,NIR}}=R_{\text{rc,RED}}+(R_{\text{rc,SWIR}}-R_{\text{rc,RED}})\times(\lambda_{\text{NIR}}-\lambda_{\text{RED}})/(\lambda_{\text{SWIR}}-\lambda_{\text{RED}})$$

$$R_{\text{rc}}=\pi L_t^*/(F_0\cos\theta_0)-R_{\text{r}} \tag{3-66}$$

式中，L_{t}^* 为经过臭氧和其他气体吸收校正后传感器辐亮度信号，F_0 是大气层外太阳辐照度，θ_0 是太阳天顶角，R_{r} 是根据 6S 计算的瑞利反射率。R_{rc} 为瑞利校正后的遥感反射率值；对应 MODIS 波段设置：λ_{RED} =645 nm、λ_{NIR} =859 nm、λ_{SWIR} =1 240 nm，波段是 1、2、5；对应 LandSat5 卫星 TM 波段设置：λ_{RED} =660 nm、λ_{NIR} =825 nm、λ_{SWIR} =1 650 nm，波段是 3、4、5。

基于 FAI 指数的水华遥感识别方法受大气气溶胶影响较小，可以用于非晴朗天气和太阳耀斑区域的水华识别，能满足环境监测业务化的大部分需求。FAI 受大气气溶胶影响较小，其水华识别方法的仅需考虑算法成熟且不依赖于气溶胶获取的大气瑞利散射校正，可以很好地应用于业务化监测。然而 FAI 指数建立必须要有一个红波段、一个近红外波段和一个短波红外波段数据，可适用于国外的 LANDSAT5-TM 和 MODIS 数据，却不适用于我国的环境一号 A/B 星 CCD 相机、中巴资源卫星系列的 CCD 相机，后两者均无短波红外通道设置。

三、技术流程

（一）水华日常监测

1. 基于 MODIS 250 m 数据的太湖、巢湖水华日报监测

太湖、巢湖水体面积较大，可以用 250 m 分辨率的 MODIS 数据（波段 1 和波段 2）进行水华识别和分布面积统计监测。MODIS 数据每天都有，可以利用 MODIS 250 m 数据开展太湖、巢湖水华日报监测。

NDVI 是目前应用最广泛的植被指数方法，由于蓝藻水华在近红外波段具有的类似于植被光谱曲线特征的陡坡效应，这使得蓝藻水华的光谱特征与水体有着明显的差异（如图 3.26 所示），可以根据 NDVI 有效地识别蓝藻水华的空间分布。NDVI 的定义为红光和近红外波段两个波段的归一化比值，即式（3-61）。

通过对 NDVI 的计算，可得到水体内地物的 NDVI 指数。NDVI 为正值时表明水面有蓝藻覆盖，而且蓝藻密度越大 NDVI 值越大。可以结合目视识别来判别提取蓝藻分布范围阈值。

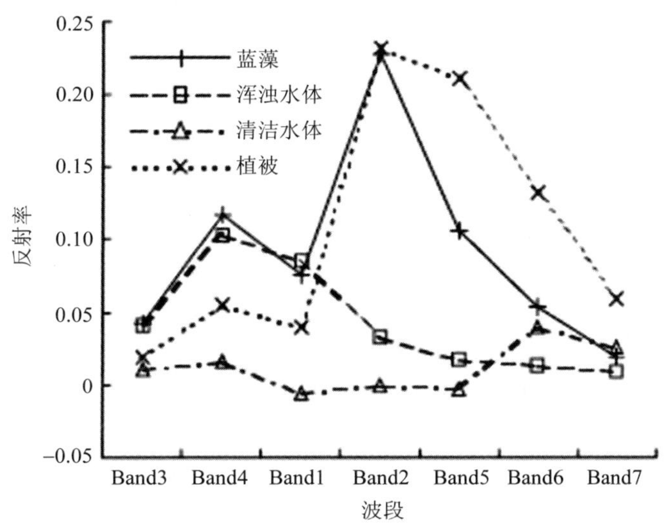

图 3.26　各类典型地物 MODIS 前 7 个波段的光谱特征

利用 MODIS 250 m 图像进行蓝藻水华的监测，具体流程如下：

（1）输入 MODIS 250 m 几何精校正星上（TOA）反射率图像，计算图像的归一化植被指数。

（2）将水体分布图和水草分布图叠加得到非水草区域的水体分布图，并利用掩膜得到非水草区域的水体归一化植被指数值分布图。

（3）基于归一化植被指数阈值，将上一步得到的非水草区域水体的归一化植被指数大于阈值的像元判断为水华，小于阈值的则判断为普通水体，得到水华和普通水体的二值图，进而得到水华和其他区域的二值图。

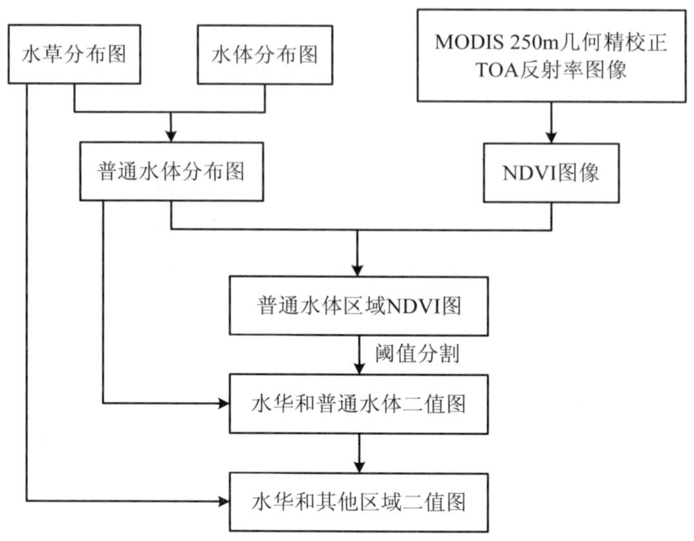

图 3.27 基于 MODIS 250 m 几何精校正 TOA 反射率图像监测水华分布流程

2. 基于 HJ-1CCD 数据的滇池、三峡库区水华周报监测

滇池、三峡库区水体面积相对较小，可以用 30 m 分辨率的 HJ-1CCD 数据（选择波段 3 和波段 4）进行水华识别和分布面积统计监测。由于 HJ-1CCD 平均 2～4 天可以覆盖同一地区，所以利用 HJ-1CCD 数据开展滇池、三峡库区水华周报监测。

图 3.28 为 HJ-1CCD 四个波段各类典型地物的光谱特征，可以看出蓝藻水华在 CCD 波段 2（绿波段）具有比 CCD 波段 1、波段 3 略高的反射率，构成了可见光波长范围的绿峰值，这也是蓝藻水华肉眼感官为绿色的光学响应特征。蓝藻水华在 CCD 波段 4（近红外波段）明显高于水体，具有明显的类似绿色植被的陡坡效应，且蓝藻水华浓度越高，这种效应越大，这也是进行水华遥感识别的主要依据。然而宽波段 CCD 无法反映水华和水草的光谱差别，具体业务中需要通过先验知识加以区分。

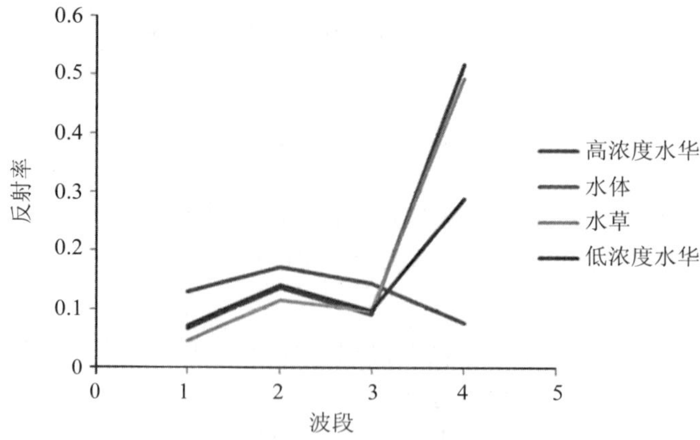

图 3.28 各类典型地物 HJ-1CCD 四个波段的光谱特征

利用 HJ-1CCD 图像进行蓝藻水华的监测，具体流程如下：

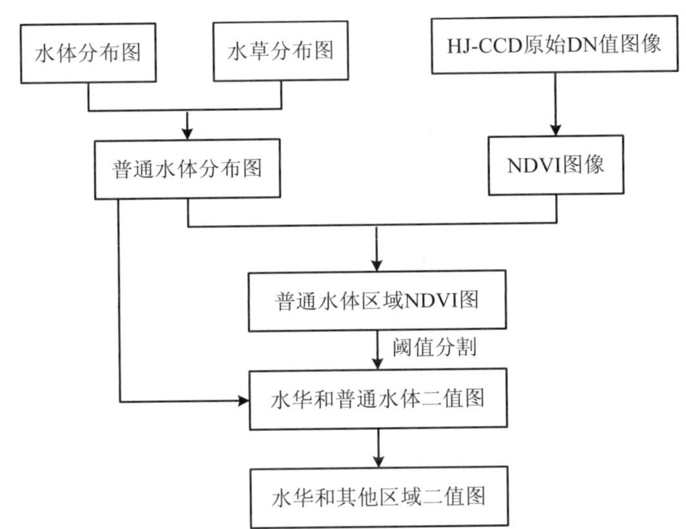

图 3.29　基于 HJ-CCD 原始 DN 值图像监测水华分布流程

（1）输入 HJ-CCD 原始 DN 值图像，系统默认利用 4 波段（近红外）和 3 波段（红）计算图像的归一化植被指数。

（2）将水体分布图和水草分布图叠加得到非水草区域的水体分布图，并利用掩膜得到非水草区域的水体归一化植被指数值分布图。

（3）基于归一化植被指数阈值，将上一步得到的非水草区域水体的归一化植被指数大于阈值的像元判断为水华，小于阈值的则判断为普通水体，得到水华和普通水体的二值图，进而得到水华和其他图像二值图。

（二）水华遥感监测年度统计

利用遥感手段开展高频率蓝藻水华监测，在此基础上可以在年尺度或月尺度统计和分析相关规律，获得蓝藻水华高发区、持续时间以及水华移动趋势等有益信息，为蓝藻水华预测预警提供统计规律。为了开展年度统计分析，特定义以下几个参数：

水华发生频率（%）：蓝藻水华分布天数/全年天数；该频率反映了该地区蓝藻聚集成灾的风险，反映该地区水华易发程度大小。

水华起始日期：全年该地区第一次发生水华的日期。该参数能反映湖区水华最早出现和最晚出现的区域分布，进一步可以判断水华的分布转移规律。

水华持续时间（天）：水华持续时间（天） = 全年该地区最后一次发生水华的日期 — 全年中该地区第一次发生水华的日期+1。该参数能反映该地区水华存在的时间长短，也能侧面反映该地区水华易发程度大小。

利用水华日报和周报的结果进行蓝藻水华年报的统计与分析，具体流程图如图 3.30 所示，流程如下：

（1）输入全年所有有效的日水华遥感监测结果（二值图，有水华分布的像元值为 1，其余为 0），进行空间叠加，叠加后的结果除以一年中的总年数（闰年为 366 天，其余为 365 天），得到全年发生频率结果图；

（2）把输入的日水华遥感监测结果转化为水华发生日期结果（二值图，有水华的像元值为水华当年发生的日期天数，其余为 0）；

（3）所有全年的水华发生日期结果进行空间叠加取最小操作，获得全年水华最早发生日期结果（空间叠加结果，有水华像元的像元值为该区域全年中最早一次发生水华的日期天数）；

（4）所有全年的水华发生日期结果进行空间叠加取最大操作，获得全年水华最晚发生日期结果（空间叠加结果，有水华像元的像元值为该区域全年中最后一次发生水华的日期天数）；

（5）全年水华最晚发生日期天数与全年水华最早发生日期天数差，再加上 1，即为全年该区域水华持续时间；

（6）按标准，把全年水华发生频率结果、水华起始时间结果和水华持续时间结果分级，制作专题图和报告，并统计相关结果。

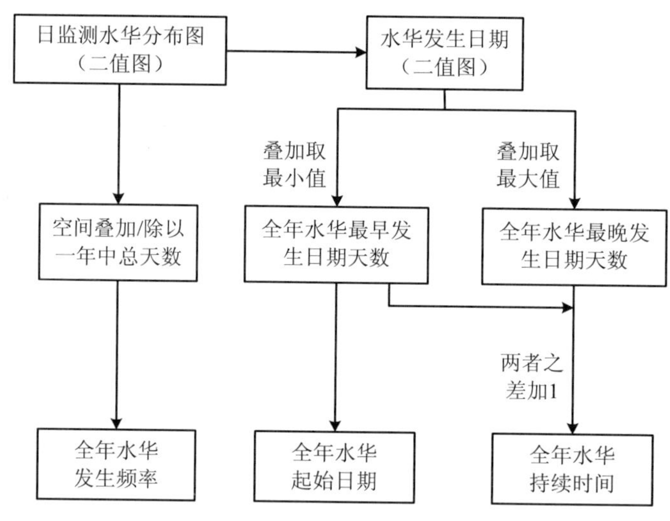

图 3.30 水华年报统计技术流程

四、制图输出

（一）基于 MODIS 的太湖水华监测日报

2011 年 7 月 20 日，利用 MODIS 影像对太湖水华情况进行了监测。经数据处理和水华信息提取与统计分析发现：7 月 20 日 12 时 30 分的 EOS/MODIS 卫星遥感影像显示（见图 3.31），太湖部分地区被云层覆盖，西部沿岸区、梅梁湖和湖心区发现蓝藻聚集现象，面积约为 113 km^2，占太湖面积的 4.83%。

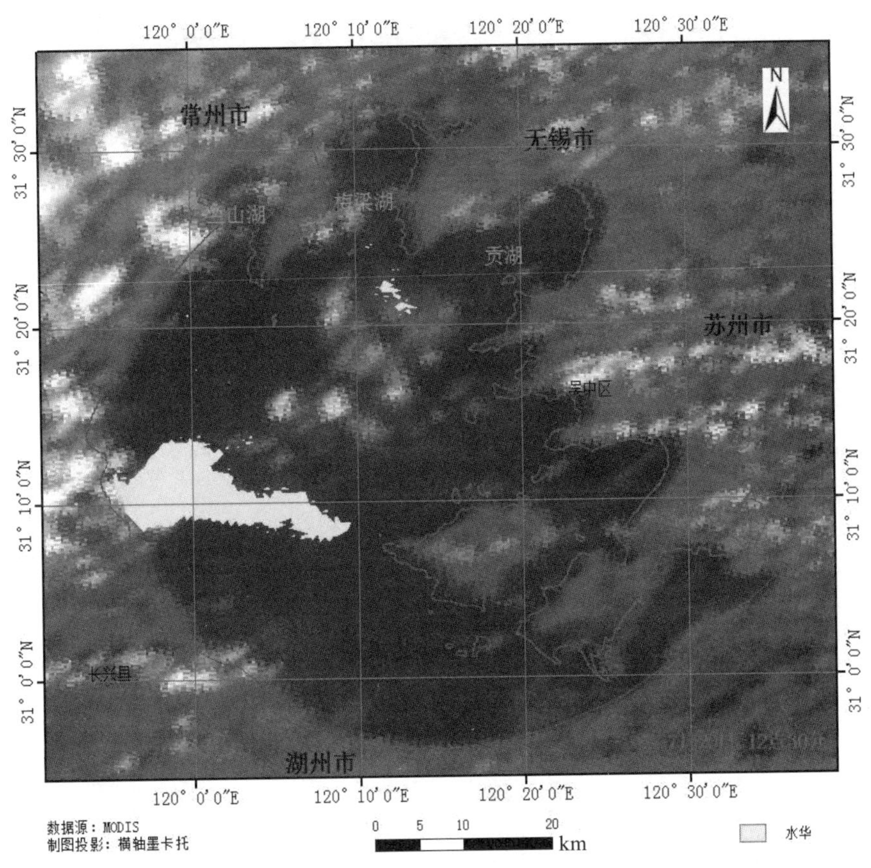

图 3.31　2011 年 7 月 20 日 12 时 30 分太湖水华分布图

（二）基于 HJ-1CCD 的滇池水华监测周报

2011 年 8 月 15—21 日，利用环境 CCD 影像对滇池水华分布情况进行了遥感监测。经数据处理和水华信息提取与计分析发现：

滇池 8 月 16 日 11 时 56 分环境 CCD 数据滇池为云所覆盖，未监测到水华（图 3.32）。

8 月 17 日 11 时 31 分环境 CCD 数据滇池大部分水域为云所覆盖，在滇池西北部区域监测到水华，水华面积为 1.26 km^2（图 3.33）。

8 月 18 日 11 时 56 分环境 CCD 数据滇池部分水域为云所覆盖，在滇池西北部和中部区域监测到水华，水华面积为 16.93 km^2（图 3.34）。

8 月 19 日 11 时 33 分环境 CCD 数据滇池为部分区域为所覆盖，在滇池北部区域监测到水华，水华面积为 15.78 km^2（图 3.35）。

8 月 20 日 11 时 57 分环境 CCD 数据滇池大部分水域为云所覆盖，在滇池西北部区域监测到水华，水华面积为 0.62 km^2（图 3.36）。

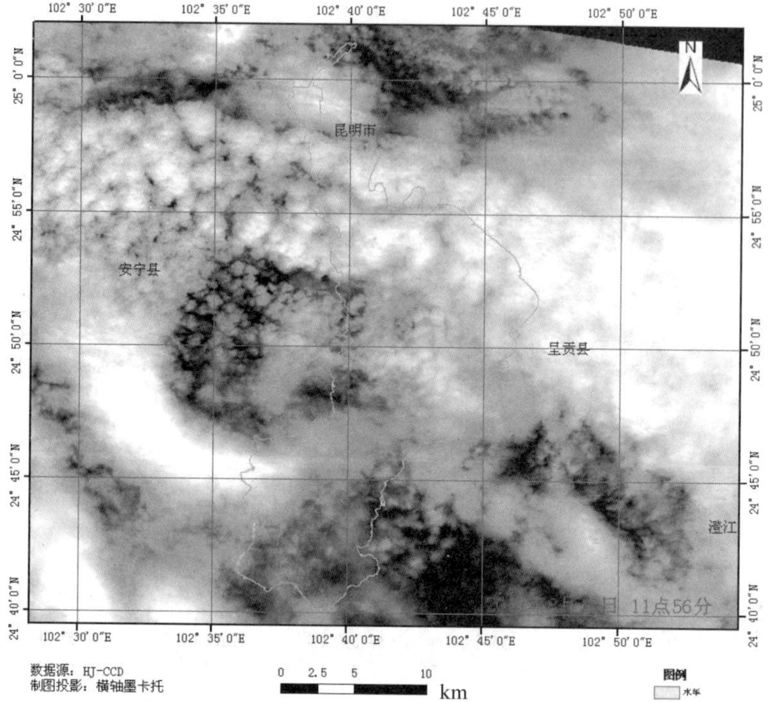

图 3.32 2011 年 8 月 16 日滇池遥感影像图

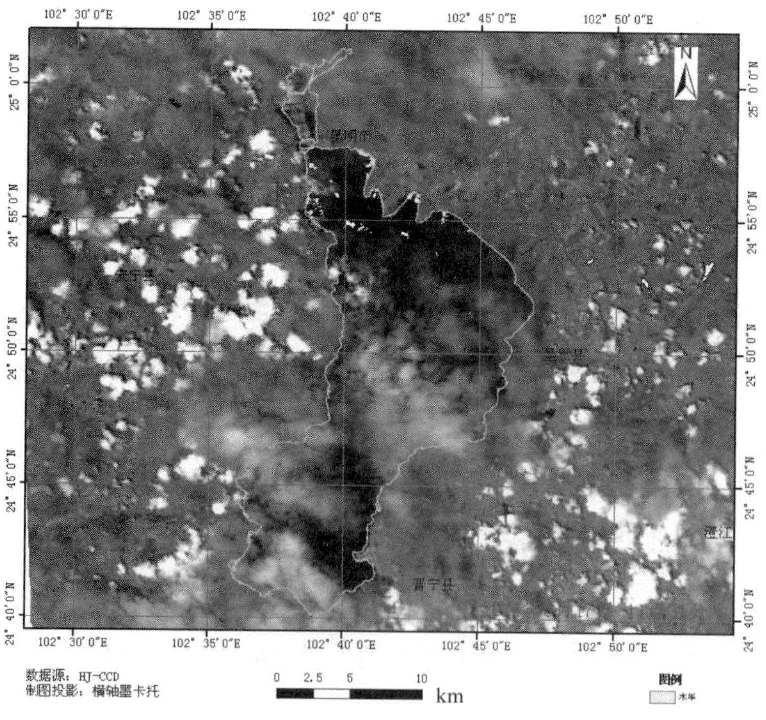

图 3.33 2011 年 8 月 17 日滇池水华分布图

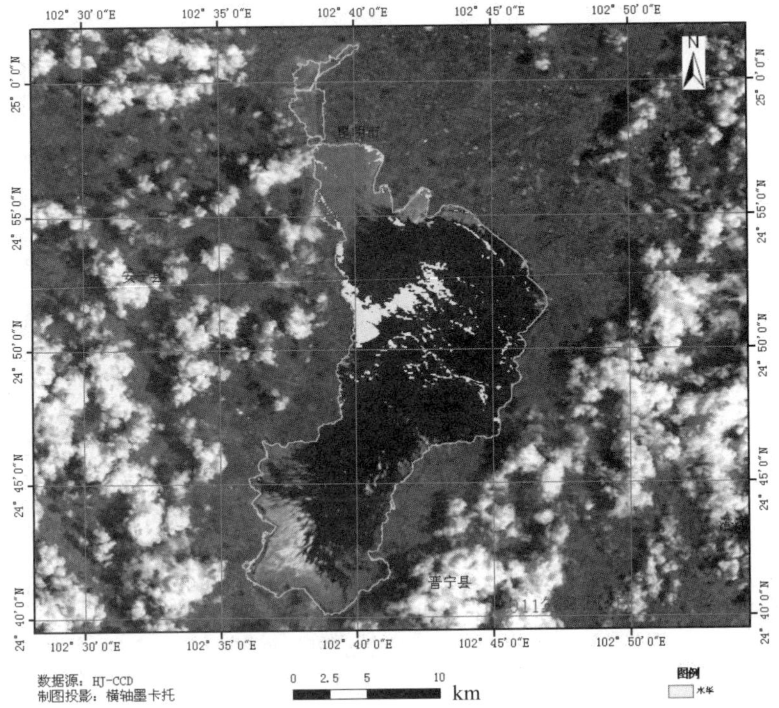

图 3.34　2011 年 8 月 18 日滇池水华分布图

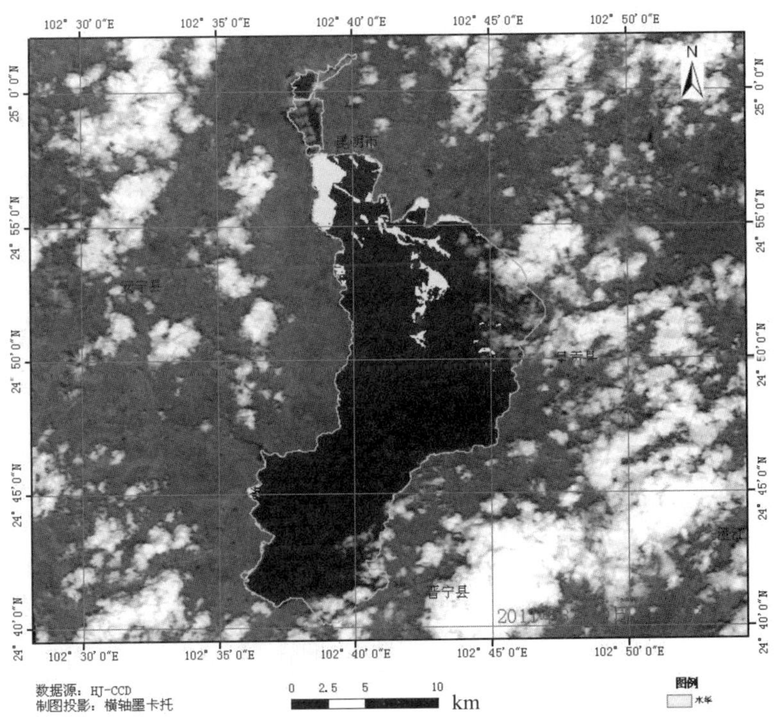

图 3.35　2011 年 8 月 19 日滇池水华分布图

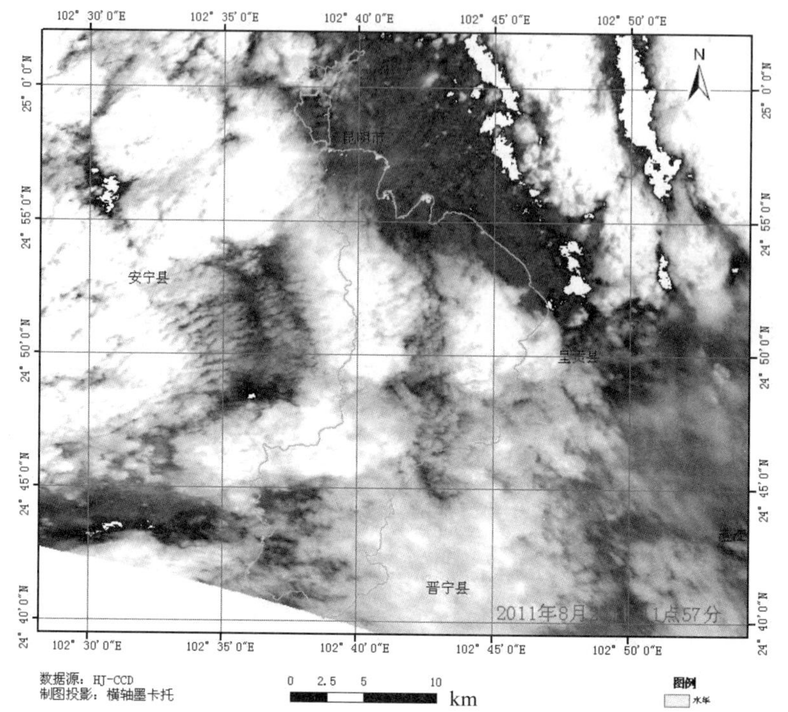

图 3.36　2011 年 8 月 20 日滇池水华分布

（三）2010 年度巢湖水华监测年报

2010 年共监测到水华发生 66 次，其中未监测到 150 km² 以上面积的蓝藻水华，监测到 100 km² 以上面积的蓝藻水华 5 次，水华最大面积为 140 km²。另外中小面积水华发生频次依旧较高，有 31 次水华分布面积在 10 km² 以内，占 46.97%。从暴发月份来说，7 月至 10 月为巢湖水华高强度爆发时期（见图 3.37）。

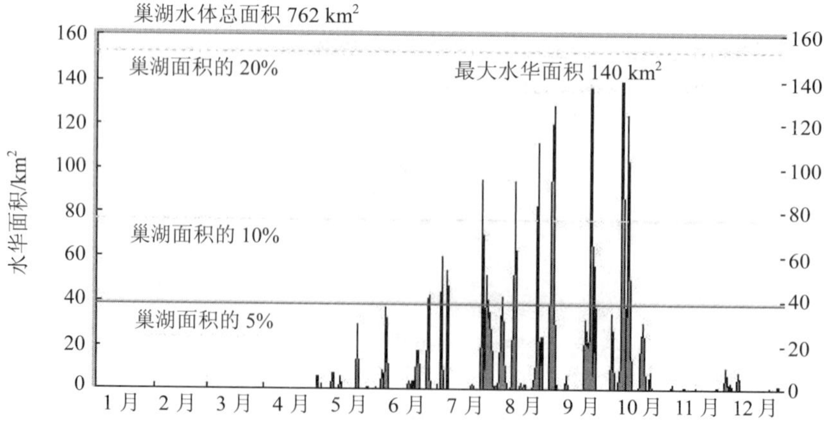

图 3.37　2010 年巢湖水华黑白折线面积图

2010 年巢湖水华的高发区域在巢湖西北部水域（见图 3.37），水华发展趋势为：先在西部沿岸聚集，随时间推移向东部和中部扩散，巢湖西南、中部和东南沿岸部分是最后新增的水华区域，巢湖东部和中部部分区域很少出现水华聚集（见图 3.38）。2010 年巢湖水华从 4 月持续到 12 月（见图 3.39），水华持续天数最长的区域是巢湖西北和中部部分区域，最短持续天数的区域是中部和东部部分区域（见图 3.40）。

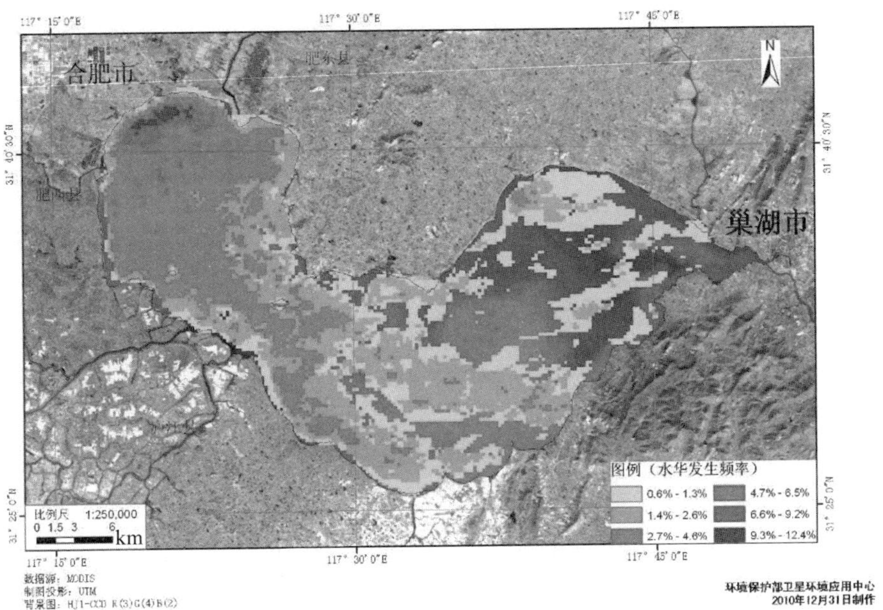

图 3.38　2010 年 4 月至 12 月巢湖水华发生频率分布图

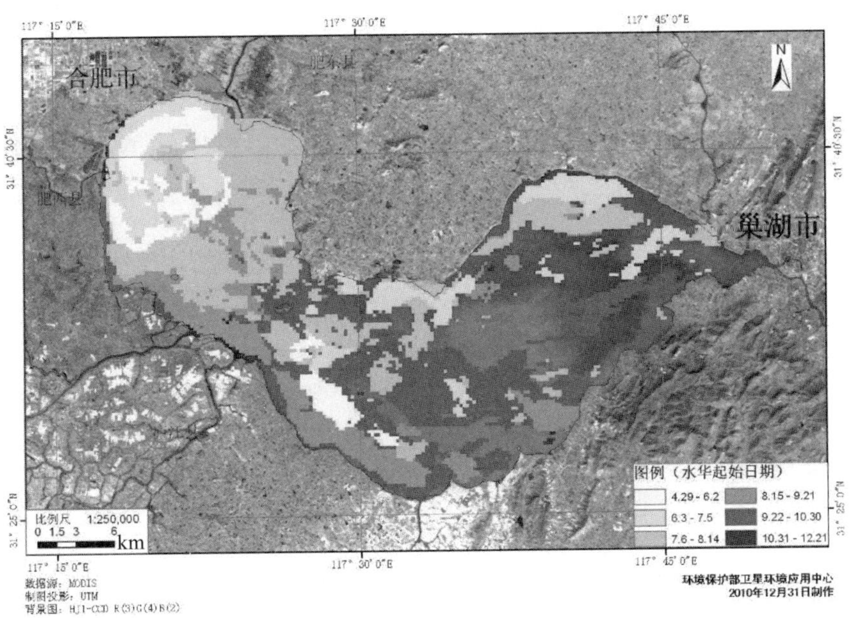

图 3.39　2010 年巢湖水华起始日期分布图

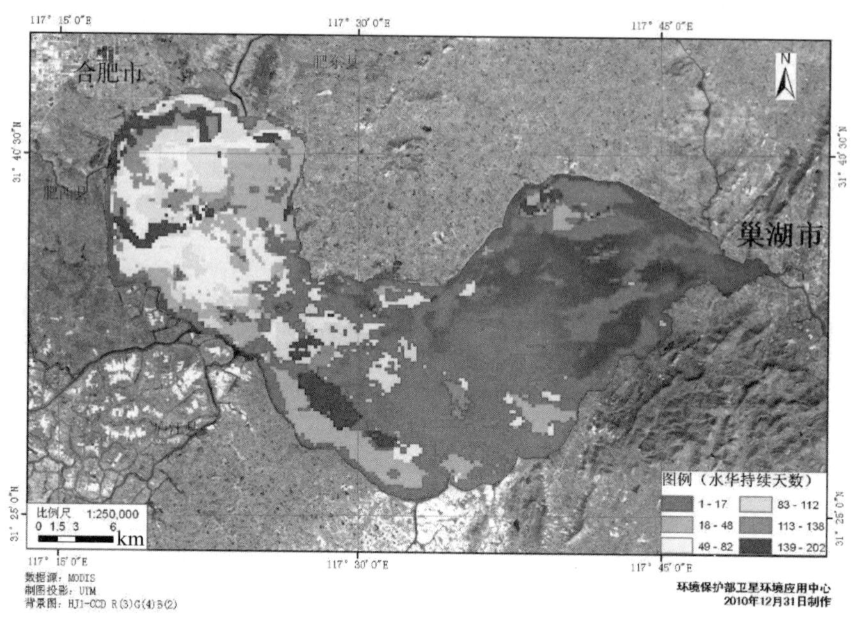

图 3.40 2010 年巢湖水华持续天数分布图

第五节 叶绿素 a 遥感监测

一、指标定义

叶绿素 a 是植物光合作用中的重要光合色素。它将阳光转变成能量，存在于植物细胞内的叶绿体中，反射绿光并吸收红光和蓝光，使植物呈现绿色。叶绿素 a 是浮游植物或藻类植物中最丰富的色素，也是藻类浓度、种类等的重要指示因素，因此监测藻类中的叶绿素 a 是水环境遥感中主要的监测项目之一，是反映水体富营养化程度的一个重要的参数指标。

二、反演方法

叶绿素具有很明显的光谱特征，通过各波段光谱值与叶绿素 a 浓度的相关性分析可看出（图 3.41），叶绿素 a 浓度与水体遥感反射率有着很好的相关性，460～940 nm 波长范围相关系数均超过 0.9，540 nm 和 701 nm 相关系数接近 1，表明此位置叶绿素 a 浓度与水体遥感反射率极度正相关。因此使用遥感方法反演水体中的叶绿素 a 浓度具有很好的可行性。使用统计方法进行单参数反演，能够实现很高的精度，很多学者根据特征位置建立过大量的相关性模型，常用单个波段、波段比值、波段差值等遥感指标建立叶绿素定量遥感模型。

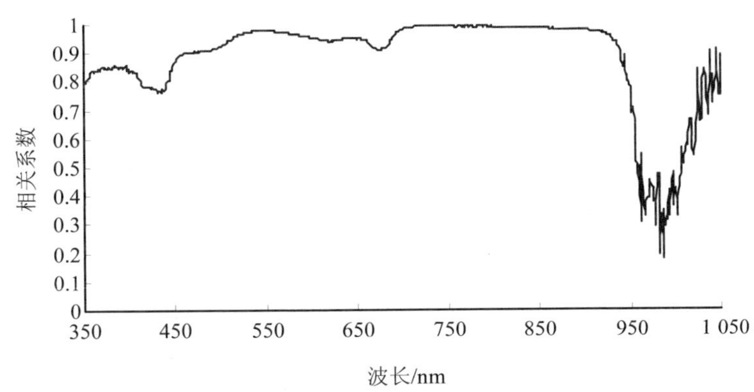

图 3.41　叶绿素 a 浓度与光谱反射率相关系数图

目前，在有关水体中叶绿素 a 浓度遥感反演模型方面，国内外诸多学者针对不同的遥感数据源和不同的研究区域进行了大量的研究，发展了各种各样的模型，但针对内陆湖泊水体而言，波段比值模型和三波段模型是遥感监测水体叶绿素 a 浓度的两种较为简单有效的模型，在内陆湖泊水体中得到了较为广泛的应用。

1. 波段比值模型

波段比值模型是一种较为简单的半经验模型，它是通过分析水体反射光谱特征，进而利用叶绿素 a 的吸收特征和反射特征构建波段比值模型进行水体叶绿素 a 浓度的遥感反演。

2. 三波段模型

三波段模型是近年来出现的一种较为有效地反演内陆水体叶绿素 a 浓度的方法，该方法是通过理论分析待建模水体的固有光学量，根据生物光学模型原理将 Gordon 模型简化，通过寻找三个最优波段，最大限度地保留叶绿素 a 的信息及削弱黄质和无机悬浮物对叶绿素 a 信息提取的影响，从而构建叶绿素 a 浓度反演的三波段模型，其基本形式为 $\mathrm{Chla} \propto [R^{-1}(\lambda_1) - R^{-1}(\lambda_2)]R(\lambda_3)$，式中 $R(\lambda_i)$ 为 i 波段的遥感反射率。

三、技术流程

反演水体叶绿素 a 浓度的技术路线图如图 3.42 所示。

（一）地面遥感实验

地面遥感实验主要是实地测量水体的表观光学数据、固有光学数据以及水质参数。构建叶绿素 a 反演模型所需要用到的数据为水体的反射光谱数据和叶绿素 a 浓度数据。水体的反射光谱数据采用 ASD 地物光谱仪现场测得，测量光谱数据的同时采集水样，带回实验室进行分析，进而测得水体叶绿素 a 浓度数据。

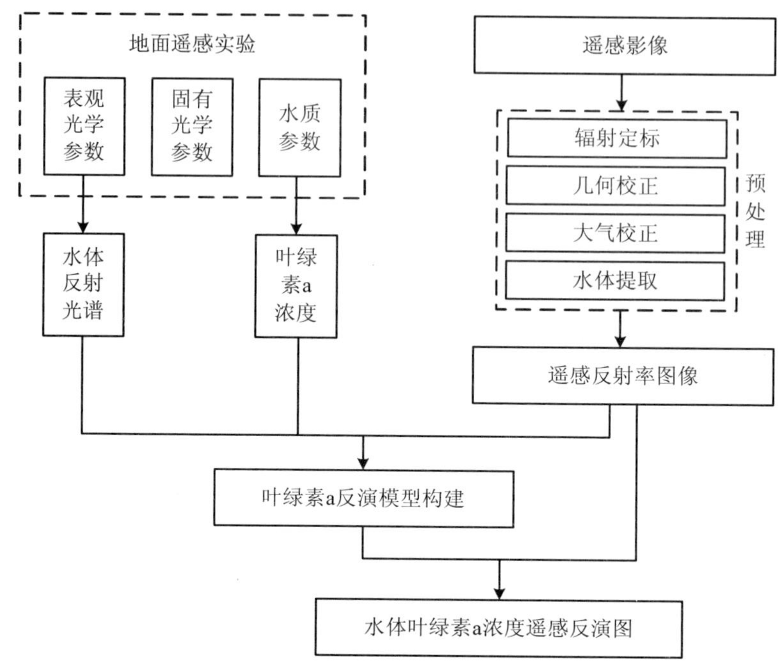

图 3.42 水体叶绿素 a 浓度遥感反演的技术路线图

（二）遥感影像预处理

构建叶绿素 a 反演模型所需要的遥感影像既可以是多光谱影像也可以是高光谱影像，无论采用何种影像，由于大气的影响，都需要对原始的遥感影像进行一系列的预处理，从而得到遥感反射率影像。遥感影像的预处理主要包括：

1. 辐射定标

辐射定标是将影像的 DN 值转变成辐亮度，一般遥感影像的头文件中都会给出辐射定标的公式以及各参数的具体取值，根据辐射定标公式和各个参数在 ENVI 中对图像进行波段运算，完成遥感影像的辐射定标。

2. 几何校正

遥感影像的几何校正一般在 ENVI 软件中通过图像对图像的方式完成，基准图像一般选择研究区域的地形图或经校正的其他遥感影像，通过在图像上均匀选取 20 个左右的同名地物点完成对遥感影像的几何校正。

3. 大气校正

遥感影像的大气校正一般通过 6S 模型完成，根据所要处理的遥感影像和特定的研究区域，输入 6S 模型中所需的卫星参数、大气参数、气溶胶参数等（如果缺少实测数据，则输入相应的标准大气剖面数据），得到遥感影像各个波段的大气校正系数，根据这些系数，在 ENVI 中对各个波段进行相应的波段运算，从而完成遥感影像的大气校正。

4. 水体提取

利用常用的水体提取模型或特定研究区域的水体矢量边界，在 ENVI 中对大气校正后的遥感影像进行掩膜，从而将研究区域从遥感影像中提取出来。

（三）叶绿素 a 反演模型的构建

叶绿素 a 浓度遥感反演模型主要是根据叶绿素 a 在红光波段的吸收峰和近红外波段的反射峰建立的，其具体的构建过程如下。

1. 数据的准备

模型的构建需要每个采样点的水面遥感反射率数据和相应的叶绿素 a 浓度数据。叶绿素 a 浓度数据可以经室内实验直接获得，如果有与地面实验同步或准同步的遥感影像，则根据各采样点的经纬度从经预处理后的遥感影像中提取出各个波段的遥感反射率数据，如果没有准同步的遥感影像，则利用实测的水体反射数据。

光谱数据结合所要使用的遥感影像的波段设置及各波段的波谱响应函数模拟得到各个波段的遥感反射率数据。对所有数据进行观察，如有异常数据则将其剔除，然后将所有的数据分为两组，一组（约 2/3 的数据）用于模型的构建，另一组（约 1/3 的数据）用于对构建的模型进行精度验证。

2. 模型的构建

水体反射光谱曲线中，叶绿素 a 的吸收峰一般出现在 675 nm 附近，而其反射峰一般出现在 700 nm 附近，但在不同的水体中，吸收峰和反射峰的位置并不是固定的，而是存在一定的区别。因此，需要根据所要使用的遥感影像的波段设置进行具体的分析。对于多光谱数据而言，由于其波宽较大，一般以近红外波段和红波段的比值作为自变量，而对于高光谱数据而言，则需要通过相关分析，选择出 700 nm 附近波段与 675 nm 附近波段比值与叶绿素 a 浓度相关性最大的组合作为自变量。以上述方法选出的波段比值为自变量，相应样点的叶绿素 a 浓度为因变量，在 EXCEL 或其他统计软件中对这些数据进行回归分析，选择多种方法（一阶模型、二阶模型、指数模型、对数模型、幂模型等）建立叶绿素 a 浓度和波段比值之间的回归方程。

3. 模型验证

用未参与模型构建的数据对上述所建立的各种模型进行验证，通过比较不同模型的决定系数和均方根误差，选出精度较高且稳定性较好的模型作为研究区域内叶绿素 a 浓度遥感监测的最优波段比值模型。

（四）叶绿素 a 浓度遥感反演图

在 ENVI 中用第三步中所建立的叶绿素 a 浓度反演模型对预处理后的遥感影像进行计算，得到研究区域内叶绿素 a 浓度空间分布图，在此基础上，再在 ArcGIS 软件中完成专题图的制作。

四、制图输出

叶绿素 a 浓度反演结果如图 3.43 所示。

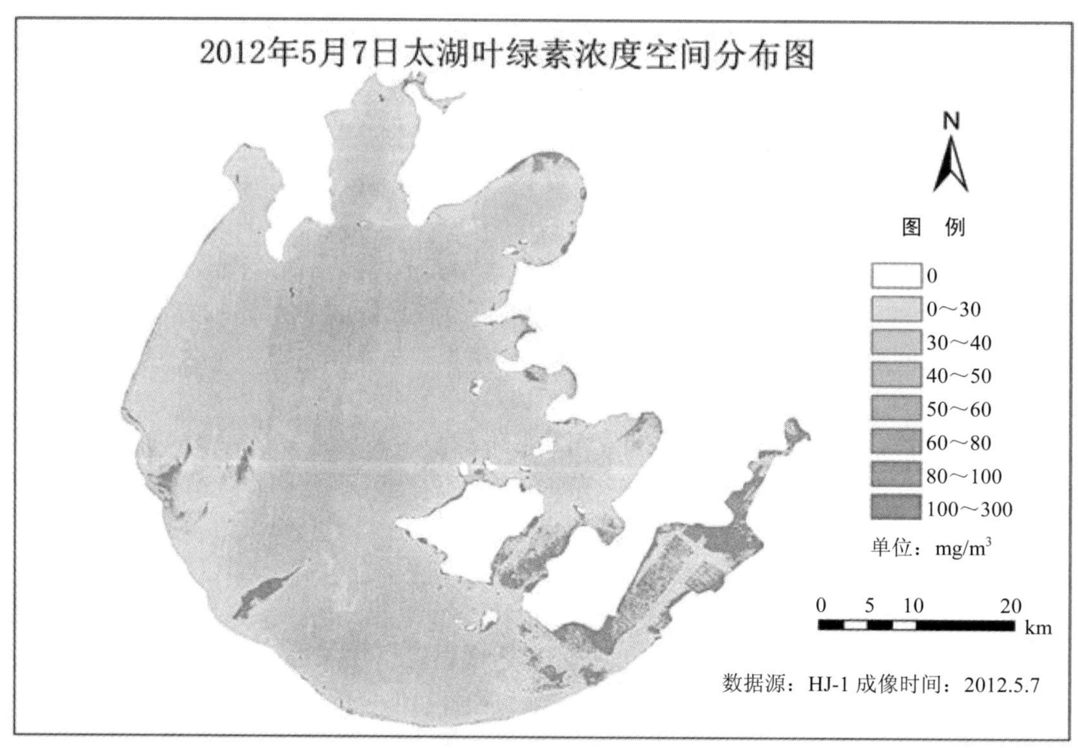

图 3.43 水体叶绿素 a 浓度遥感反演空间分布图

第六节 悬浮物遥感监测

一、指标定义

悬浮物（Total Suspended Matter）是水体中含有的所有悬浮颗粒物质的总称，包括浮游生物、动植物遗体、浮游植物非色素细胞物质和悬浮泥沙等。它的存在减少了进入水体的光能量，影响了水生植被的生长，它还可以通过输送磷酸盐、铵盐、重金属与一些致命的细菌来影响水质。此外，悬浮物的时空分布状况和运动规律的研究直接关系到正确估算水土流失、航道港口的冲淤变化、近岸水产养殖开发等重要问题。因此，监测水体中悬浮物的浓度至关重要，而悬浮物对水体固有光学特性及水表面反射的影响使得利用遥感监测悬浮物浓度成为可能。

二、反演方法

目前，利用遥感技术反演悬浮物浓度主要有经验、半分析和机理分析这三种方法。由于内陆水体光学特性的复杂性，限制了分析模型在内陆水体悬浮物浓度反演中的应用，因此本规范详细介绍经验模型和半分析模型在反演内陆水体悬浮物浓度的具体方法和技术流程。

（一）经验模型

利用经验模型反演悬浮物浓度主要是建立悬浮物浓度与遥感影像中某个波段或某些波段组合之间的经验关系，进而利用该经验关系式进行相应区域悬浮物浓度的遥感反演。

（二）半分析模型

由于二类水体成分的复杂性与光学特性时空多变性等因素，水质遥感反演模型以及模型中的光学参数多是针对某一特定湖区来建立和计算的，各学者得到的结论和模型不尽相同，受到了时间和空间特殊性的限制，这给内陆水质遥感带来了巨大的挑战。

针对上述现状，在反演悬浮物浓度前，考虑到二类水体光学特征的差异性，利用表观光学特征，先对水体进行分类，再针对不同类型的水体构建适合它的悬浮物反演模型。这一技术路线有利于打破传统上由于二类水体光学特性的复杂性而必须针对单一湖泊构建水体组分浓度反演模型的限制，在一定程度上提高模型的普适性。

三、技术流程

利用模型反演水体悬浮物浓度技术路线图如图 3.44 所示。

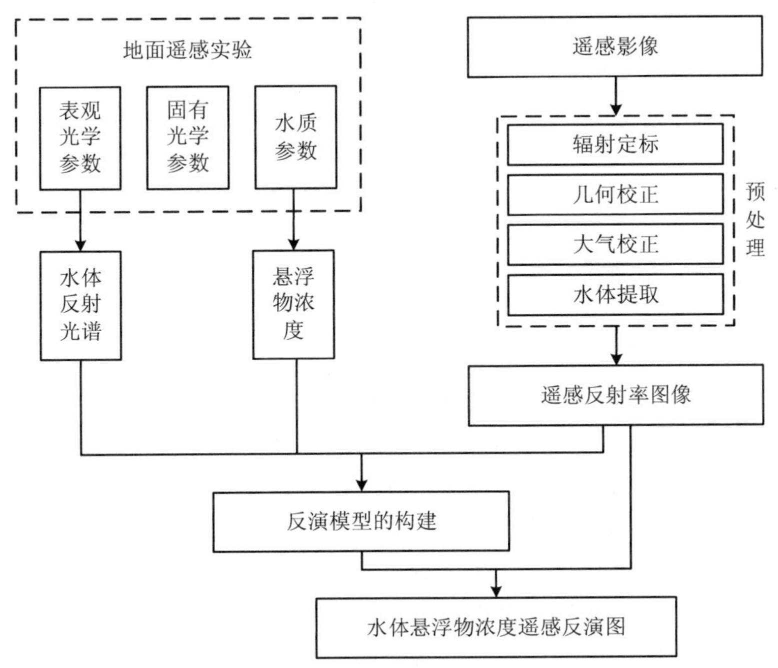

图 3.44 利用经验模型反演水体悬浮物浓度技术路线图

（一）地面遥感实验

地面遥感实验主要是实地测量水体的表观光学数据、固有光学数据以及水质参数。构建悬浮物浓度反演经验模型所需要用到的数据为水体的反射光谱数据和悬浮物浓度数据。

水体的反射光谱数据采用 ASD 地物光谱仪现场测得，测量光谱数据的同时采集水样，带回实验室进行分析，进而测得水体悬浮物浓度数据。

（二）遥感影像预处理

构建经验模型所需要的遥感影像既可以是多光谱影像也可以是高光谱影像，无论采用何种影像，由于大气的影响，都需要对原始的遥感影像进行一系列的预处理，从而得到遥感反射率影像。遥感影像的预处理主要包括如下步骤。

1. 辐射定标

辐射定标是将影像的 DN 值转变成辐亮度，一般遥感影像的头文件中都会给出辐射定标的公式以及各参数的具体取值，根据辐射定标公式和各个参数在 ENVI 中对图像进行波段运算，完成遥感影像的辐射定标。

2. 几何校正

遥感影像的几何校正一般在 ENVI 软件中通过图像对图像的方式完成，基准图像一般选择研究区域的地形图或经校正的其他遥感影像，通过在图像上均匀选取 20 个左右的同名地物点完成对遥感影像的几何校正。

3. 大气校正

遥感影像的大气校正一般通过 6S 模型完成，根据所要处理的遥感影像和特定的研究区域，输入 6S 模型中所需的卫星参数、大气参数、气溶胶参数等（如果缺少实测数据，则输入相应的标准大气剖面数据），得到遥感影像各个波段的大气校正系数，根据这些系数，在 ENVI 中对各个波段进行相应的波段运算，从而完成遥感影像的大气校正。

4. 水体提取

利用常用的水体提取模型或特定研究区域的水体矢量边界，在 ENVI 中对大气校正后的遥感影像进行掩膜，从而将研究区域从遥感影像中提取出来。

（三）反演模型的构建

悬浮物浓度遥感反演经验模型的具体构建如下。

1. 数据的准备

反演模型的构建需要每个采样点的水面遥感反射率数据和相应的悬浮物浓度数据。悬浮物浓度数据可以经室内实验直接获得，如果有与地面实验同步或准同步的遥感影像，则根据各采样点的经纬度从经预处理后的遥感影像中提取出各个波段的遥感反射率数据，如果没有准同步的遥感影像，则利用实测的水体反射光谱数据结合所要使用的遥感影像的波段设置及各波段的波谱响应函数模拟得到各个波段的遥感反射率数据。对所有数据进行观察，如有异常数据则将其剔除，然后将所有的数据分为两组，一组（约 2/3 的数据）用于模型的构建，另一组（约 1/3 的数据）用于对构建的模型进行精度验证。

2. 模型的构建

单波段经验模型的构建首先需要分析遥感数据不同波段的遥感反射率与相应的悬浮物浓度之间的相关性，找出相关性最大的波段的遥感反射率作为自变量，相应的悬浮物浓度作为因变量，进而选择多种方法（一阶模型、二阶模型、指数模型、对数模型、幂模型等）建立回归方程；多波段组合经验模型的构建，首先需要构造不同的波段组合形式，然后计算组合波段的遥感反射率，在此基础上分析其与相应的悬浮物浓度之间的相关性，进而找出相关性最大的波段组合建立悬浮物浓度反演模型。

3．模型验证

用未参与模型构建的数据对上述所建立的各种模型进行验证，通过比较不同模型的决定系数和均方根误差，选出精度较高且稳定性较好的模型作为研究区域内悬浮物浓度遥感监测的最优经验模型。

（四）悬浮物浓度遥感反演图

用所建立的悬浮物浓度反演模型对预处理后的遥感影像进行计算，得到研究区域内悬浮物浓度空间分布图，在此基础上，在 ArcGIS 软件中完成专题图的制作。

四、制图输出

悬浮物浓度反演结果如图 3.45 所示。

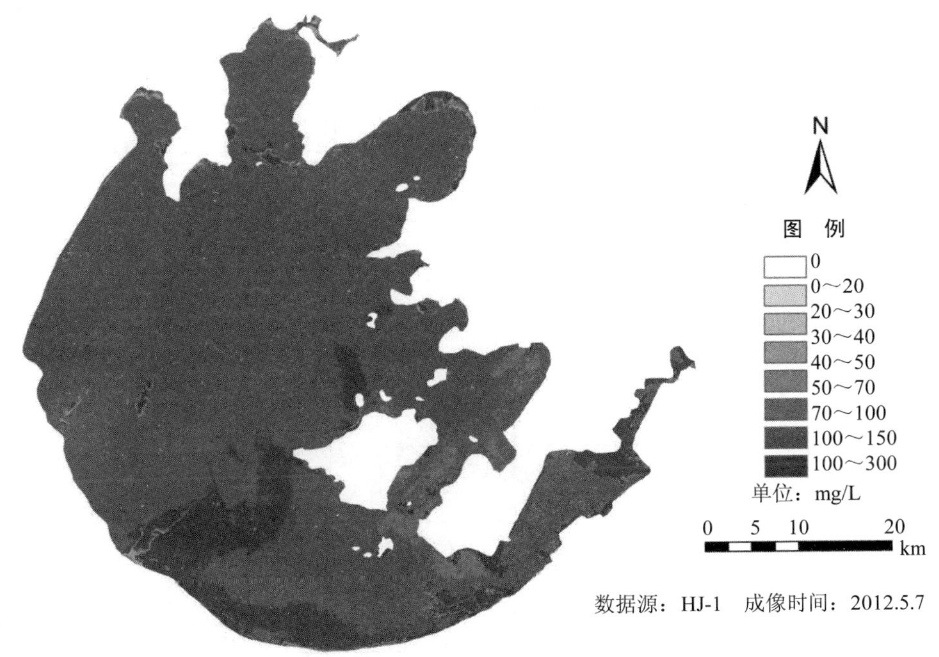

图 3.45　悬浮物浓度遥感反演空间分布图

第七节　透明度遥感监测

一、指标定义

透明度是指湖水能使光线透过的程度。透明度能直观反映湖水清澈和浑浊程度，是描述湖泊光学的一个重要的参数，同时也是评估湖泊富营养化的一个重要指标。影响湖水透明度的因素主要有太阳高度、悬浮物质和浮游生物。太阳高度角越大，射入湖水中的光量越多，透明度越大；反之越小。湖水中的悬浮物质和浮游生物越多，对光的散射和吸收越强，透明度就越小。另外，入湖径流、风和季节变化对透明度也有一定影响。常规监测方法为通过赛氏盘观测。

二、反演方法

利用现有遥感技术建立的水表温度反演模型有两种求解方法：一种是基于大气辐射传输模型的方法，该方法需要准确的实时大气温湿压垂直分布状况，不适用于业务化，另一种是采用统计回归方法，建立通道亮温和水温的线性关系，优点是输入参数少，对一定区域精度高，缺点是区域适应性差（党顺行等，2001）。

三、技术流程

利用经验模型反演透明度技术路线图如图 3.46 所示。

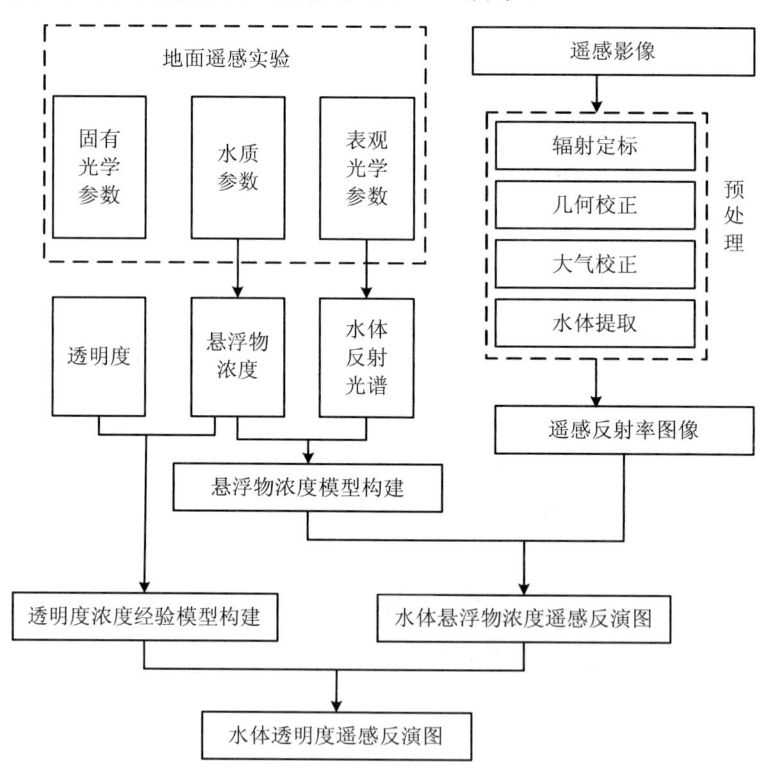

图 3.46 利用模型反演透明度技术路线图

（一）地面遥感实验

地面遥感实验主要是实地测量水体的表观光学数据、固有光学数据以及水质参数。构建透明度反演经验模型所需要用到的数据为水体的反射光谱数据、悬浮物浓度数据和透明度数据。水体的反射光谱数据采用 ASD 地物光谱仪现场测得，透明度通过赛氏盘观测而得，测量光谱数据的同时采集水样，带回实验室进行分析，进而测得水体悬浮物浓度数据。

（二）遥感影像预处理

构建经验模型所需要的遥感影像既可以是多光谱影像也可以是高光谱影像，无论采用何种影像，由于大气的影响，都需要对原始的遥感影像进行一系列的预处理，从而得到遥感反射率影像。遥感影像的预处理主要包括如下步骤。

1．辐射定标

辐射定标是将影像的 DN 值转变成辐亮度，一般遥感影像的头文件中都会给出辐射定标的公式以及各参数的具体取值，根据辐射定标公式和各个参数在 ENVI 中对图像进行波段运算，完成遥感影像的辐射定标。

2．几何校正

遥感影像的几何校正一般在 ENVI 软件中通过图像对图像的方式完成，基准图像一般选择研究区域的地形图或经校正的其他遥感影像，通过在图像上均匀选取 20 个左右的同名地物点完成对遥感影像的几何校正。

3．大气校正

遥感影像的大气校正一般通过 6S 模型完成，根据所要处理的遥感影像和特定的研究区域，输入 6S 模型中所需的卫星参数、大气参数、气溶胶参数等（如果缺少实测数据，则输入相应的标准大气剖面数据），得到遥感影像各个波段的大气校正系数，根据这些系数，在 ENVI 中对各个波段进行相应的波段运算，从而完成遥感影像的大气校正。

4．水体提取

利用常用的水体提取模型或特定研究区域的水体矢量边界，在 ENVI 中对大气校正后的遥感影像进行掩膜，从而将研究区域从遥感影像中提取出来。

（三）反演模型的构建

透明度遥感反演经验模型的具体构建如下。

1．数据的准备

经验模型的构建需要每个采样点的水面遥感反射率数据和相应的悬浮物浓度数据以及透明度数据。透明度数据通过现场运用赛氏盘观测得到，悬浮物浓度数据可以经室内实验直接获得，如果有与地面实验同步或准同步的遥感影像，则根据各采样点的经纬度从经预处理后的遥感影像中提取出各个波段的遥感反射率数据，如果没有准同步的遥感影像，则利用实测的水体反射光谱数据结合所要使用的遥感影像的波段设置及各波段的波谱响应函数模拟得到各个波段的遥感反射率数据。对所有数据进行观察，如有异常数据则将其剔除，然后将所有的数据分为两组，一组（约 2/3 的数据）用于模型的构建，另一组（约 1/3 的数据）用于对构建的模型进行精度验证。

2．模型的构建

首先由悬浮物浓度反演模型由遥感影像反演出悬浮物浓度空间分布图。接着用实测悬浮物浓度作为自变量，相应的透明度作为因变量，进而选择多种方法（一阶模型、二阶模型、指数模型、对数模型、幂模型等）建立回归方程。

3. 模型验证

用未参与模型构建的数据对上述所建立的各种模型进行验证，通过比较不同模型的决定系数和均方根误差，选出精度较高且稳定性较好的模型作为研究区域内透明度遥感监测的最优经验模型。

（四）透明度遥感反演

先由遥感影像结合相应的悬浮物浓度反演模型反演出悬浮物浓度空间分布图。然后根据不同湖区选用不同透明度反演模型，反演出该区域的透明度空间分布图，在 ArcGIS 软件中完成透明度专题图的制作。

四、制图输出

透明度反演结果如图 3.47 所示。

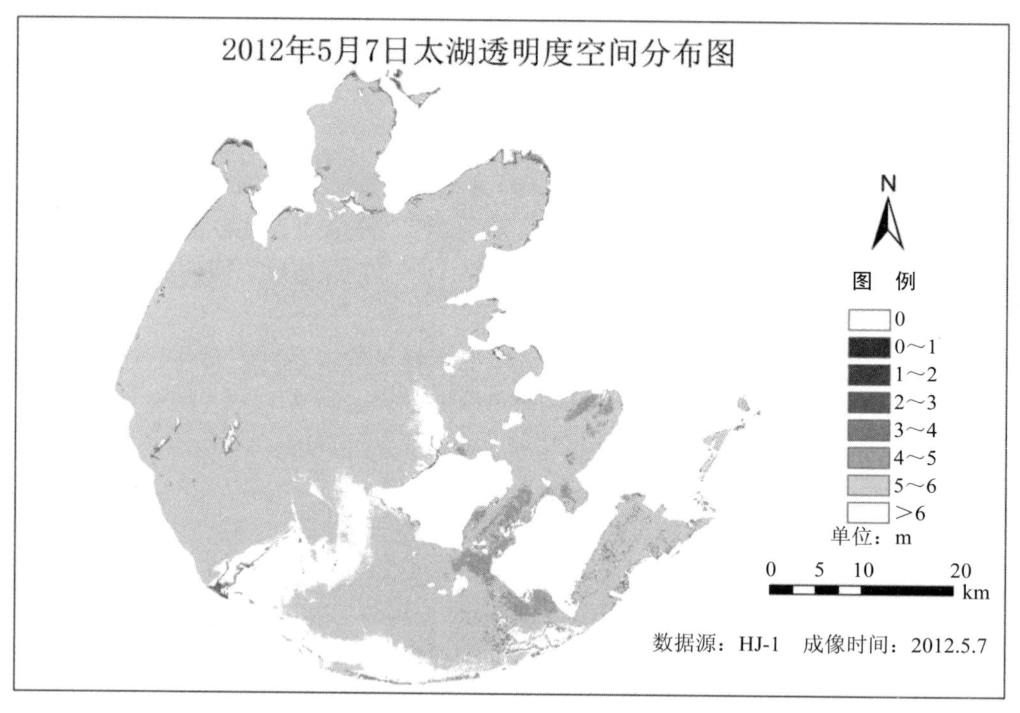

图 3.47 透明度遥感反演空间分布图

第八节 水表温度遥感监测

一、指标定义

热红外遥感定量化应用最主要就是用于地表温度反演。地表温度反演分为陆地表面温度反演和水体表面温度反演。地表温度在地表与大气相互作用过程中起着重要的作用，它在气象、地质、水文、生态等众多领域被广泛需求。在能量与水循环、气候模型、全球海洋循环、气候变化等科学问题中，地表温度也是一种重要的定量参数（Valor and Casellse，1996）。水体表面温度主要指海洋表面温度和内陆水体（如湖泊、河流、水库等）表面温度，其中海洋表面的温度变化对天气参数及全球气候变迁起着决定性的作用，因此海面温度的遥感测量有重要的应用价值和科学意义，一直是遥感界的重要研究课题。

二、反演方法

用于温度反演的比较成熟的算法有分裂窗算法（Split Windows Algorithm）、热惯量方法（Thermal Inertial Method）和温度比辐射率分离算法（Separate Temperature and Emissivity Method）等，其最基本的理论依据是维恩位移定律和普朗克定律。从辐射数据反演地面温度主要须解决两个问题：一是大气校正（主要是水汽的影响）；二是地表比辐射率订正。分裂窗技术已成功应用于海温反演。对于比发射率均匀的海面，分裂窗可以成功地减小大气的影响。黄润恒等（1990）利用 NOAA 遥感数据使用分裂窗算法成功地做出了东海表层水温，在东海渔场速报中发挥了作用。周宁、尹球（2004）提出了一种新的分裂窗算法，用分裂窗辐射量线性组合代替亮温线性组合。新的分裂窗反演算法受大气影响很小，使陆地温度反演精度优于 3K，水体反演精度优于 0.15K。单窗算法中比较著名的是 Qin 提出的单窗算法（Qin et al.，2001）和 Jiménez Muñoz、Sobrino 的普适性单窗算法，前者算法除了需要水汽含量外，还需要近地表气温来获取大气平均作用温度，参数数目要多于后者。本书主要介绍后者单窗算法，简称 JM&S 算法，其对于 TM 热红外通道反演温度误差在 1.5K 以内。

地表温度反演的基础是辐射传输方程。如果考虑环境辐射，假设大气下行辐射通量是 $L_{\mathrm{atm}\downarrow}$，则在地面观测到目标的辐射亮度是目标自身的热辐射加上目标反射的大气下行辐射，经过大气辐射传输，在传感器高度上观测到的目标的辐射亮度为

$$\begin{aligned}L_{\mathrm{toa}}(\lambda) &= \tau(\lambda)L_{\mathrm{grd}}(\lambda)+L_{\mathrm{atm}\uparrow}(\lambda)\\ &=\tau(\lambda)\left(\varepsilon(\lambda)B(\lambda,T)+\frac{1-\varepsilon(\lambda)}{\pi}L_{\mathrm{atm}\downarrow}(\lambda)\right)+L_{\mathrm{atm}\uparrow}(\lambda)\end{aligned} \tag{3-67}$$

根据大气的辐射传输方程，如果我们能得到大气的温湿度垂直廓线，利用一定的大气辐射传输模型可计算通道大气辐射和大气透过率，代入公式，就可以从遥感传感器所测得的辐射亮度值计算得到地表辐射亮度，在已知地表发射率前提下就可以求出地表温度（朱利，2008）。

对于内陆水体表面温度或者海面温度反演中，可假设水体比辐射率为 1，大气廓线数据可以通过星载大气垂直探测器、地面探空或气象数据得到。则上面方程就可以变成：

$$L_{\mathrm{toa}}(\lambda)=\tau(\lambda)B(\lambda,T_{\mathrm{w}})+L_{\mathrm{atm}\uparrow}(\lambda) \tag{3-68}$$

在业务化运行中，得到卫星过境的实时大气廓线很困难，需要采用一些温度反演算法来进行，这些算法也需要地表垂直水气含量等气象参数。针对环境卫星的单通道温度反演算法需通过大量廓线数据拟合获得系数，建立模型。下面重点介绍普适性单窗算法。

Jiménez Muñoz 和 Sobrino 的普适性单通道算法：

$$\gamma(T_b)=\left\{\frac{1.438\,77\cdot10^4\cdot L_b}{T_b^{\ 2}}\left[\frac{\lambda_b^{\ 4}}{1.191\,04\cdot10^8}\cdot L_b+\frac{1}{\lambda_b}\right]\right\}^{-1} \tag{3-69}$$

$$\delta(T_b)=-\gamma(T_b)\cdot L_b+T_b \tag{3-70}$$

式中，L_b 和 T_b 分别为传感器入瞳处通道辐亮度和亮温，单位分别为 W/（m^2 • sr • μm）和 K，λ_b 为通道有效波长（对于本研究单通道有效波长为 11.45μm），ε 通道地表比辐射率，ψ_1 ψ_2 ψ_3 是大气参数，其定义如下：

$$\begin{aligned}&\psi_1(\lambda,w)=\frac{1}{\tau(\lambda,w)}\\&\psi_2(\lambda,w)=-L_{\lambda\downarrow}(\lambda,w)-\frac{L_{\lambda\uparrow}(\lambda,w)}{\tau(\lambda,w)}\\&\psi_3(\lambda,w)=L_{\lambda\downarrow}(\lambda,w)\end{aligned} \tag{3-71}$$

式中 $\tau(\lambda,w)$，$L_{\lambda\uparrow}(\lambda,w)$ 和 $L_{\lambda\downarrow}(\lambda,w)$ 分别为对于大气廓线的水汽含量、下行辐射和上行辐射。对于 ψ_1、ψ_2、ψ_3，一般是利用大量数值模拟建立它们与总水汽含量 w 相关的经验模型。这需进行大量数据模拟来建立该经验模型，从而确定适合环境一号卫星红外相机的普适性单窗算法，并以此算法来反演水表温度。

三、技术流程

借助辐射传输模型进行大气校正，来反演水表温度，其流程图如图 3.48 所示。

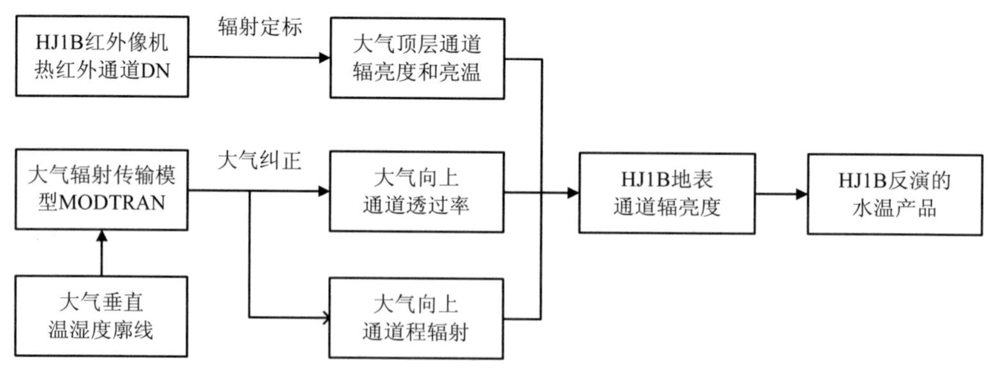

图 3.48 水温单波段监测流程图

首先利用热红外辐射定标系数进行辐射定标，把 HJ1B 红外相机热红外通道 DN 值转化为大气顶层通道辐亮度和亮温；输入卫星过境时刻水体附件同步或准同步大气垂直温湿度廓线，利用大气辐射传输模型 MODTRAN 进行大气校正，求算大气向上通道透过率和大气向上通道程辐射；利用针对水体的热红外辐射传输公式，求算出水体的 HJ1B 地表通道辐亮度；最后利用 HJ1B 热红外通道光谱响应，假设水体比辐射率为 1，从地表辐亮度反演得到水体表面温度。

四、制图输出

水体表面温度反演结果如图 3.49 所示。

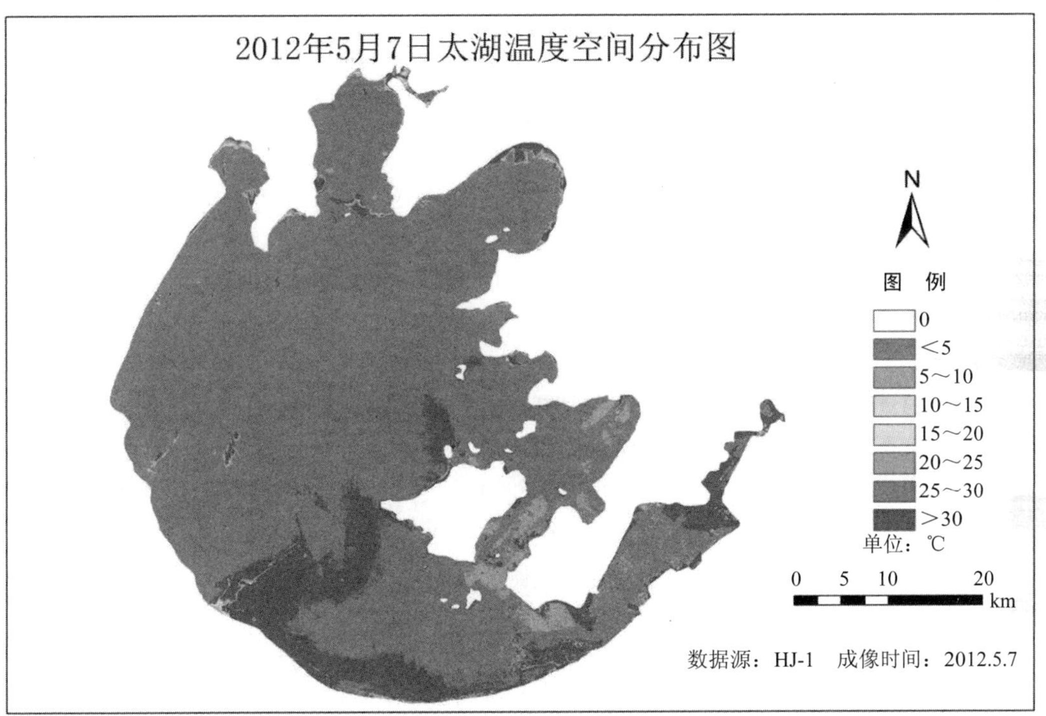

图 3.49　水体表面温度遥感反演空间分布图

第四章　空气环境遥感监测

第一节　空气环境遥感监测基本原理

一、太阳辐射及大气辐射

太阳辐射是指太阳发出的电磁波辐射，习惯上称为太阳光。太阳辐射在从近紫外到中红外波段区间能量最集中，相对来说最稳定，且太阳光强度变化最小。太阳辐射接近于温度为 6 150K 的黑体辐射，主要集中在波长较短的部分，即从紫外、可见光到近红外区段。太阳最大辐射能的对应波长 0.47 μm。就遥感而言，被动遥感主要利用可见光、红外波段等稳定辐射，而主动遥感则利用微波，使太阳活动对遥感的影响减至最小。大气吸收地面长波辐射的同时，又以辐射的方式向外放射能量。大气这种向外放射能量的方式，称为大气辐射。由于大气本身的温度低，发射的辐射能的波长较长，故也称为大气长波辐射。地面放出的长波辐射除极少一部分透过大气返回宇宙空间外，绝大部分都被对流层大气中的水汽和二氧化碳吸收，使大气增温。所以，地面是对流层大气的主要热源。

（一）太阳常数

昼夜是由于地球自转而产生的，而季节是由于地球的自转轴与地球围绕太阳公转的轨道的转轴呈 23° 27′的夹角而产生的。地球每天绕着通过南极和北极的“地轴”自西向东自转一周。每转一周为一昼夜，所以地球每小时自转 15°。地球除自转外还循偏心率很小的椭圆轨道每年绕太阳运行一周。地球自转轴与公转轨道面的法线始终成 23.5°。地球公转时自转轴的方向不变，总是指向地球的北极。因此地球处于运行轨道的不同位置时，太阳光投射到地球上的方向也就不同，于是形成了地球上的四季变化。每天中午时分，太阳的高度总是最高。在热带低纬度地区（即在赤道南北纬度 23° 27′之间的地区），一年中太阳有两次垂直入射，在较高纬度地区，太阳总是靠近赤道方向。在北极和南极地区（在南北半球大于 90°～23° 27′），冬季太阳低于地平线的时间长，而夏季则高于地平线的时间长。

由于地球以椭圆形轨道绕太阳运行，因此太阳与地球之间的距离不是一个常数，而且一年里每天的日地距离也不一样。众所周知，某一点的辐射强度与距辐射源的距离的平方成反比，这意味着地球大气上方的太阳辐射强度会随日地间距离不同而异。然而，由于日地间距离太大（平均距离为 1.5×10^8 km），所以地球大气层外的太阳辐射强度几乎是一个常数。因此人们就采用所谓“太阳常数”来描述地球大气层上方的太阳辐射强度。它是指平均日地距离时，在地球大气层上界垂直于太阳辐射的单位表面积上所接收的太阳辐射能。通过各种先进手段测得的太阳常数的标准值为 1 353 W/m^2。一年中由于日地距离的变化所引起太阳辐射强度的变化不超过 3.4%。

（二）太阳辐射光谱

太阳辐射能随波长的分布曲线称为太阳辐射光谱。图 4.1 中实线是大气上界的太阳辐射光谱；虚线是温度在 6 000 K 时的黑体辐射光谱。两者非常近似，说明黑体辐射定律适用于太阳辐射。太阳辐射能绝大部分集中在波长 150～4 000 nm，占太阳辐射总能量的 99%。其中可见光区（波长 400～760 nm）能量占总能量的 50%，具有光效应，是人类肉眼可见光谱区，也是植物光合作用的有效光谱区。可见光可按波长由长至短分解为红、橙、黄、绿、青、蓝、紫七色光。红外线区（λ>760 nm）的能量占总能量的 43%，具有热效应，起着加热地面、大气、动植物等物体的作用。紫外线区（波长λ<400 nm）的能量占总能量的 7%，具有化学效应，全部到达地面有毁灭生物的作用，所幸由于被大气中 O_3 层吸收而到达地面的极少，它具有杀菌消毒，促进种子萌发的作用。所以，农民播种前晒种就是这个道理。一些昆虫对紫外线有趋光性，因此紫外线灯可诱杀昆虫。太阳辐射的最大波长 475 nm，相当于青蓝光区波长。

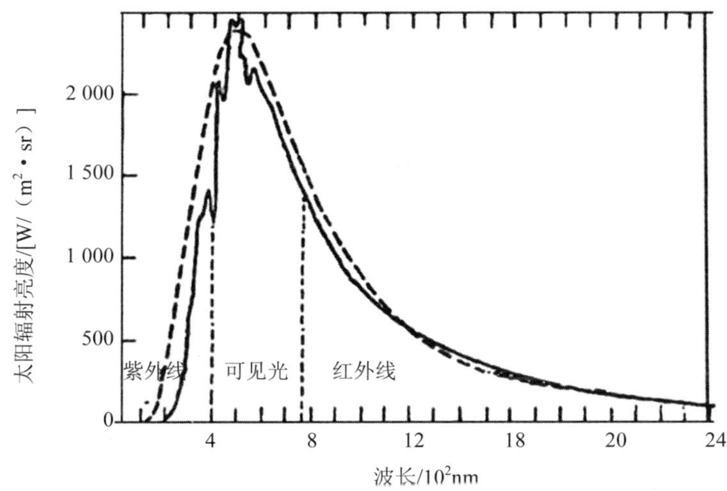

图 4.1 大气上界的太阳辐射光谱

太阳辐射透过大气层后，不仅能量减弱，而且光谱组成也发生改变。随着太阳高度角（h）降低，太阳直接辐射光谱中，波长较长的部分逐渐增加，波长较短的部分逐渐减少。如，当 h=90°时，紫外线、红外线、可见光分别点总能量的 4.7%、50%和 45.3%。当 h=20°时，相应的比例变为 2%、55.3%和 42.7%。当 h 再降低至 0.50°时，紫外线和蓝紫光迅速减为零，而红外线和红光则分别增加至 68.8% 和 25.4%。这是因为太阳高度角低，空气质点对短波光强烈散射所致。

（三）辐射强度

表示太阳辐射强弱的物理量，称为太阳辐射强度。单位是 J/（cm^2 • min），即在单位时间内垂直投射到单位面积上的太阳辐射能量。

大气上界的太阳辐射强度取决于太阳的高度角、日地距离和日照时间。太阳高度角愈大，太阳辐射强度愈大。因为同一束光线，直射时，照射面积最小，单位面积所获得的太阳辐射则多；反之，斜射时，照射面积大，单位面积上获得的太阳辐射则少。

太阳高度角因时、因地而异。一日之中，太阳高度角正午大于早晚；夏季大于冬季；低纬地区大于高纬度地区。日地距离是指地球环绕太阳公转时，由于公转轨道呈椭圆形，日地之间的距离则不断改变。

地球上获得的太阳辐射强度与日地距离的平方呈反比。地球位于近日点时，获得太阳辐射大于远日点。

据研究，1 月初地球通过近日点时，地表单位面积上获得的太阳辐射比 7 月初通过远日点时多 7%。

太阳辐射强度与日照时间呈正比。日照时间的长短，随纬度和季节而变化。

（四）大气逆辐射

大气吸收地面长波辐射的同时，又以辐射的方式向外放射能量。大气这种向外放射能量的方式，称为大气辐射。由于大气本身的温度也低，放射的辐射能的波长较长，故也称为大气长波辐射。

大气辐射的方向既有向上的，也有向下的。大气辐射中向下的那一部分，刚好和地面辐射的方向相反，所以称为大气逆辐射。大气逆辐射是地面获得热量的重要来源。由于大气逆辐射的存在，使地面实际损失的热量比地面以长波辐射放出的热量少一些，大气的这种保温作用称为大气的温室效应。这种大气的保温作用使近地表的气温提高了约 18℃。月球则因为没有像地球这样的大气，因而，致使它表面的温度昼夜变化剧烈，白天表面温度可达 127℃，夜间可降至–183℃。

（五）有效辐射

地面和大气之间以长波辐射的方式进行着热量的交换，大气对地面起着保温作用。地面有效辐射就是地面辐射和地面所吸收的大气逆辐射之间的差值。通常，地面温度高于大气温度，所以地面辐射要比大气逆辐射强。地面有效辐射的强弱随地面温度、空气温度、空气湿度及云况而变化。

（六）地面温度与地面辐射

根据辐射强度的关系，地面温度增高时，地面辐射增强，如其他条件（温度、云况等）不变，则地面有效辐射增大。空气温度高时，大气逆辐射增强，如其他条件不变，则地面有效辐射减小。空气中含有水汽和水汽凝结物较多，则因水汽放射长波辐射的能力比较强，使大气逆辐射增强，从而也使地面有效辐射减弱。天空中有云，特别是有浓密的低云存在，大气逆辐射更强，使地面有效辐射减弱得更多。所以，有云的夜晚通常要比无云的夜晚暖和一些。云被的这种作用，我们也称为云被的保温效应。人造烟幕所以能防御霜冻，其道理也在于此。

（七）太阳辐射

太阳源源不断地以电磁波的形式向四周放射能量就称为太阳辐射。自然界中的物体温度越高，其辐射波的波长就越短，由于太阳表面的温度很高，大约是 6 000 K，所以太阳辐射以短波为主，而且能量巨大。太阳每秒钟损失 400 万 t 的质量，变为能量射向宇宙空间，虽然地球可以捕捉到的能量只有其 22 亿分之一，但每分钟仍可以得到相当于 4 亿 t 烟煤的热量，所以说太阳辐射对地球和人类的影响是非常大的，太阳在 50 亿年的漫长时间中只消耗了 0.03%的质量，现在的太阳正值稳定、旺盛的中年期。

（八）太阳辐射能量作用

到达地球上的太阳辐射能量只有很小的一部分，但它的作用却是相当大的。

其一，对地理环境的影响。直接的作用如岩石受到温度的变化影响而产生风化。间接作用：地球上的大气、水、生物是地理环境要素，他们本身的发展变化以及各要素之间的相互联系，大部分是在太阳的驱动下完成的。地球表面划分为五带。为什么要划分五带呢？因为地球表面各个地方的纬度不同，不同纬度地带获得的太阳热量是不一样的。如热带一年中太阳可以直射，获得的热量最多；寒带太阳高度很低，并且有长时间的极夜，所以获得的热量最少。也就是因为太阳辐射具有纬度差异导致了各地获得的热量也有差异。但是在热量盈余的地方比如赤道，温度并没有越来越高；热量亏损的地方，比如两极，温度也没有越来越低，而是保持相对稳定。对于整个地表来说，热量应该是平衡的，因而热量多余和热量不足的地方，会发生热输送。

其二，太阳辐射为我们的生产和生活提供能量。人们对太阳辐射作用最直接的感受来自于它是人们生产和生活的主要能源。如植物的生长需要光和热，晾晒衣服需要阳光，工业上大量使用的煤、石油等化石燃料是太阳能转化来的，被称为“储存起来的太阳能”。还有太阳灶、太阳能热水器、太阳能干燥器、太阳房、太阳能发电、太阳能电池等。除直接使用的太阳能外，地球上的水能、风能也来源于太阳。

（九）大气的吸收与散射

阳光通过地球大气照射到地面，经过地面物体反射又返回大气，再经过大气到达航空或航天遥感平台，被安装在平台上的传感器接收。这时传感器探测到的地表辐射强度与太阳辐射到达地球大气上空时的辐射强度相比，已有了很大的变化，这种变化主要受到大气主要成分影响。大气主要成分可分为两类：气体分子和其他微粒。它们对电磁辐射具有吸收与散射作用。

1. 大气吸收作用

太阳辐射穿过大气层时，大气分子对电磁波的某些波段有吸收作用，吸收作用使辐射能量变成分子的内能，引起这些波段的太阳辐射强度衰减。所有物质对某些范围内的电磁波都是透明的，而对另一些范围内的电磁波却不是透明的。我们把物质对某些范围内的电磁波不是透明的性质叫做物质对电磁波的吸收。由于自然界中的一切物体，只要温度在绝对温度零度以上，都以电磁波的形式时刻不停地向外辐射，所以说处在大气层外面的天体和里面的地球都会发生辐射，当辐射传播到大气层时大气层会吸收其中某些范围内的电磁波。

（1）大气对太阳辐射的吸收。太阳辐射穿过大气层时，大气中某些具有选择吸收一定波长辐射特性的成分（大气中吸收太阳辐射的成分主要有水汽、O_2、O_3、CO_2及固体杂质等）会吸收其中某些范围的太阳辐射，太阳辐射被大气吸收后变成热能，因而使太阳辐射减弱。

（2）吸收光谱及应用。产生连续光谱的光源所发出的光，通过有选择吸收特性的介质后，用分光计可以看出某些波段或某些波长的光被吸收，这就形成了吸收光谱。在连续的发射光谱中，可以观察到发生吸收的波长区域是暗的。通过对吸收光谱的分析，就可以知道介质的部分组成物质及其性质。吸收光谱的分析普遍应用于气象、化学、国防等部门的研究工作中。地球大气对可见光、紫外光是很透明的，但对红外光的某些波段有吸收，而对其余的一些红外波段则是透明的。透明度高的波段，称之为大气窗口。大气中主要的吸收气体为水蒸气、CO_2和O_3，通过分析大气的吸收光谱可以研究它们的含量，从而能为环境监测和气象预报提供必要的依据。此外，通过研究大气情况的变化和窗口的关系，对红外遥感、红外导航、红外跟踪、信息和航天等技术的发展有很大帮助。

2．大气对辐射的反射

电磁波传播到两种不同物质的分界面时，有一部分会被反射，仍在原来的物质中传播。这种现象就是电磁波的反射现象。由于电磁波传播到两种不同物质的分界面时，都要发生反射，因此，只要有电磁波穿过大气都会发生反射。

（1）大气对太阳辐射的反射。大气是有多种物质组成的。大气中云层和较大颗粒的尘埃能将太阳辐射中的一部分能量反射到宇宙空间去。其中反射最明显的是云。不同的云量，不同的云状，云的不同厚度所发生的反射是不同的。高云平均反射 25%，中云平均反射 50%，低云平均反射 65%，很厚的云层反射可达 90%。笼统地讲，云量反射平均达 50%～55%。这正是为什么阴天比晴天亮度小、温度低的原因。

（2）大气中的反射现象。大气中的反射现象往往伴随在其他现象之中，如晕的形成。天空中有一层高云，阳光或月光透过云中的冰晶时发生折射和反射，便会在太阳或月亮周围产生彩色光环，光环颜色的排序是内红外紫。称这七色彩环为日晕或月晕，统称为晕。

3．大气对辐射的散射

在光学性质均匀的介质中或两种折射率不同的均匀介质的界面上，无论光的直射、反射或折射，都仅限于在特定的一些方向上，而在其余方向光强则等于零，我们沿光束的侧向观察就应当看不到光。但当光束通过光学性质不均匀的物质时，从侧向却可以看到光，这种现象叫做光的散射。

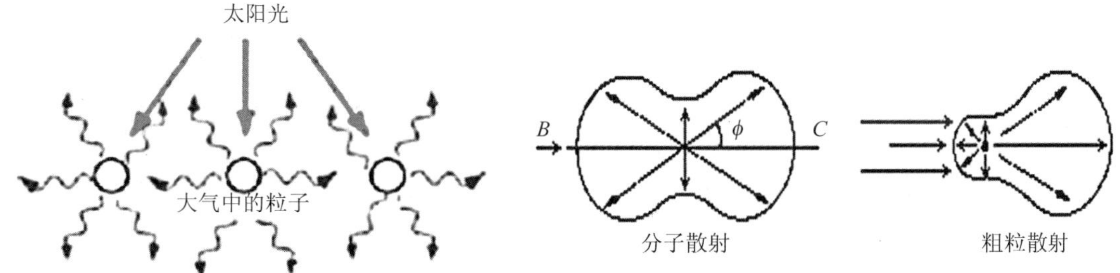

图 4.2　大气对太阳辐射的散射

当我们避开太阳朝天空张望时，看到的是蔚蓝的天空，这就是说，在那个方向的天空有光线射入我们的眼帘，即从太阳发射过来的光线在天空的某个地方改变了方向，不然的话，我们所能看到的一切，就只不过是星际空间的黑暗或者是来自某个遥远星辰的亮光。原来，当光线穿过地球周围的大气时，它的一些能量就向四面八方反射，这样的过程就是散射。大气对太阳光的散射，也造成了许多绚丽光彩的大气光现象。

大气中的粒子与细小微粒（如烟、尘埃、雾霾、小水滴及气溶胶等）对大气具有散射作用。散射的作用使在原传播方向上的辐射强度减弱，增加了向其他各个方向的辐射。我们把辐射在传播过程中遇到小微粒而使传播方向改变，并向各个方向散开的物理现象，称为散射。散射现象的实质是电磁波传输中遇到大气微粒产生的一种衍射现象（见图 4.2），大气散射有以下三种情况：

（1）瑞利散射。当大气中粒子的直径小于波长 1/10 或更小时发生的散射。

（2）米氏散射。当大气中粒子的直径大于波长 1/10 小于波长的 50 倍时发生的散射。

（3）无选择性散射。当大气中粒子的直径大于 50 倍波长时发生的散射。这种散射的特点是散射强度与波长无关，任何波长的散射强度相同，因此称为无选择性散射。

（十）大气折射和透射

电磁波穿过大气层时，除了吸收和散射两种影响以外，还会产生传播方向的改变，产生折射现象。大气的折射率与大气圈层的大气密度直接相关。

1. 大气对太阳辐射的折射

由于地球上空的大气处在地球的重力场中，且大气的气压和温度随着高度分布不均，所以它的密度会随高度而变化，折射率随密度减小而正比例地减小，因此光在大气中传播时，通过一层层密度不同的大气，在各层的分界面处会发生折射，使光线不沿直线传播而是变弯曲，这样当太阳和其他星体的光线进入大气以后，光线就会拐弯，这种现象称天文折射，这使在地面观测得的天体观察位置 S' 比实际位置 S 高。我们早晨去看日出时，当我们刚看到太阳冒出地平线时，其实实际的太阳位置还没有露出地平线，那也是太阳光通过大气层时发生折射产生。

当大气中温度的垂直分布出现异常时，就会引起空气密度垂直变化异常因而产生异常折射。如果下层空气比上层空气冷，也就是出现了强烈的温度逆增时，光线在这种由于气温随高度升高而使空气密度随高度锐减的气层中传播，会向传播方向的下方曲折；而光线在气温随高度而降低的气层内传播，会向传播方向的上方曲折。

2. 大气中的折射现象

实际大气温度的垂直分布复杂多变，因而会产生丰富多彩的大气光现象。如人们常见的彩虹，是含七种色光的太阳光线，射入大气中的水滴（雨滴或雾滴），各种色光经历折射和反射后，在雨幕或雾幕上形成的彩色光环。在彩虹的外面，有时还出现比彩虹的亮度弱的彩色光环，彩色环的排序与彩虹相反即内红外紫，称为霓或副虹。

3. 大气透射现象

太阳电磁辐射经过大气到达地面时，可见光和近红外波段电磁辐射被云层或其他粒子反射的比例约占30%，散射约占22%，大气吸收约占17%，透过大气到达地面的能量仅占入射总能量的31%。反射、散射和吸收作用共同衰减了辐射强度，剩余部分即为透过的部分。剩余强度越高，透过率越高。对遥感传感器而言，透过率高的波段，才对遥感有意义。

二、大气气溶胶的光学特性

（一）大气气溶胶

在实际大气中，除干洁大气、水汽之外，还包含有悬浮其中的固态和液态微粒。我们将悬浮在大气中沉降速率很小、尺度在 10^{-3}～100 μm 之间的固态和液态微粒称为气溶胶粒子（aerosol particle）。气溶胶粒子是低层大气的重要组成部分，其含量随时间、空间以及天气条件而变化。液态微粒主要来自大气中的水汽凝结，固态微粒主要来自地表下垫面和星际空间。固态微粒可分为有机微粒和无机微粒两类，有机微粒的数量较少，多为植物花粉、微生物及细菌等，无机微粒的数量较多，主要来自岩石及土壤风化的尘粒、地面燃烧升起的烟粒、海洋浪花飞溅的盐粒、火山爆发喷射的尘埃、流星飞逝留下的灰烬等。

大气中气溶胶粒子的存在对大气的物理状态和物理过程有着重要的影响，其作用及影响主要有四个方面：吸收太阳辐射，使空气温度升高，同时也削弱了到达地面的太阳辐射；吸收地面长波辐射并放射大气逆辐射，在一定程度上补偿地面因放射辐射而失去的热量，从而缓冲地面的辐射冷却；降低大气透明度，影响大气能见度；作为大气中水汽发生凝结时的凝结核，对云、雾及降水的形成有重要意义。

（二）气溶胶的特性

1. 复折射指数

描述气溶胶粒子对光的吸收和散射作用的参数，为复数形式。实部表示对光的散射作用，是气溶胶粒子折射系数；虚部表示对光的吸收作用，为气溶胶粒子的吸收系数。粒子的复折射指数决定于其化学组成，对于不同波长的电磁波辐射，其值也不同。一般在可见光波段，粒子复折射指数实部的变化不大，干粒子的值在1.5～1.6。因为水的实部值为1.33，故当粒子表层吸附一薄层水时，或对于吸湿粒子来说，其实部值比较接近1.33；而其虚部值，则无论在可见光波段或红外波段都有很大变化。对于煤烟粒子来说，其复折射指数的实部值与虚部值随波长增大而变大，其绝对值也很高，因此，吸收辐射的能力很强；沙尘粒子复折射指数虚部值随波长增大而减小，在0.01附近变化；海盐粒子的复折射指数虚部值也是随波长增大而减小，在 0.000 1～0.001 范围变化；在 0.55μm 波长处城市粒子的复折射指数虚部值为最高，其值大多在 0.01～0.1；而来自农村、远郊、海洋或土壤的粒子，其复折射指数虚部值都在 0.001～0.01（周秀骥等，1991）。

2. 气溶胶光学厚度

气溶胶光学厚度，英文名称为 AOD（Aerosol Optical Depth）或 AOT（Aerosol Optical Thickness），定义为对整层气溶胶的消光系数在垂直方向上的积分，是描述气溶胶对光的衰减作用的。定义点 z_1 和 z_2 之间的介质的光学厚度为

$$\tau = \int_{z_2}^{z_1} \sigma_e \rho \mathrm{d}s \tag{4-1}$$

式中，ρ 为介质密度，σ_e 为质量消光系数。

3. 散射相函数（Phase function）

为入射方向Ω'的电磁波被散射到方向Ω的比例，描述电磁波被介质散射后在各个方向上的强度分布比例，而且是归一化的，即在整个圆球的积分为 4π：

$$\int_{4\pi} P(\Omega, \Omega')\mathrm{d}\Omega = 4\pi \tag{4-2}$$

式中，$P(\Omega, \Omega')$ 为散射相函数，Ω'为电磁波入射方向，Ω为电磁波散射方向。

4. 偏振相函数（Polarized phase function）

其物理含义可从散射相函数的含义类推，即气溶胶粒子对偏振光散射的角度分布。气溶胶偏振相函数对气溶胶性质特别是吸收性质十分敏感，应当将其作为一种重要的气溶胶光学参数进行深入研究。

5. 气溶胶单次散射反照率（SSA，Single Scatteing Albedo）

是散射系数 β_s 与消光系数 β_e 的比值，反映吸收和散射的相对大小。

$$\omega_0 = \beta_s / \beta_e \tag{4-3}$$

6. 不对称因子 g（λ，z）

定义为角散射函数的余弦加权平均（石广玉，2007），它用来度量前向与后向散射的辐射量，即

$$g(\lambda, z) = \frac{\int \cos\theta P(\lambda, \theta, z)\mathrm{d}\cos\theta}{\int P(\lambda, \theta, z)\mathrm{d}\cos\theta} \tag{4-4}$$

式中，$P(\lambda, \theta, z)$ 是归一化相函数。

7. 气溶胶指数（AI，Aerosol Index）

气溶胶指数，为反演的气溶胶 Angstrom 指数和光学厚度的乘积，主要用于偏振反演气溶胶。它可以减小利用偏振对小颗粒反演的误差，连接海洋和陆地气溶胶，可以监测大范围的主要气溶胶源。

三、大气痕量气体的光学特性

（一）大气痕量气体

大气痕量气体是指大气中浓度低于 10^{-6} 的粒种，如大气中的 CO、N_2O、SO_2、O_3、NO、NO_2、CH_4、NH_3、H_2S、卤化物、有机化物等都属于痕量气体。它们中有一些是天然排放的，但是人类活动也大量排放各种痕量气体，这些痕量气体受到各种物理的、化学的、生物的、地球过程的作用并参与生物地球化学的循环，对全球大气环境及生态引起重大的影响，例如光化学烟雾、酸雨、温室效应、臭氧层破坏等无不与痕量气体有关。

（二）痕量气体的光学特性

按照量子力学的基本原理，如果忽略不同形态能量之间的相互作用，则一个孤立的分子的能量可以写为（石广玉，2007）：

$$E=E_e+E_v+E_r+E_t \tag{4-5}$$

式中，E_e 表示电子能；E_v 是振动能；E_r 是转动能；而 E_t 是平动能。前三种能量都是量子化的，由一个或多个量子数指定。量子数的任意组合则构成一个能态。

当分子能量从一个能态跃迁到另一个能态时就吸收或发射辐射，而被吸收或发射的量子频率 ν 由普朗克公式给出：

$$\Delta E = h\nu \tag{4-6}$$

或

$$\nu = \frac{\Delta E}{h} \tag{4-7}$$

式中，h 为普朗克常数；ΔE 为跃迁能量。

一般的跃迁涉及 E_e，E_v 和 E_r 的同时变化，但它们各自的最小可能变化有很大的不同，故可以初步区分它们。分子转动能级的最小可能变化 ΔE_r，大致在 1 cm^{-1} 左右，对应的吸收（发射）光谱，处在微波或远红外；对于振动能级 E_v 来说，ΔE_v 一般大于 600 cm^{-1}，对应于中红外光谱区；最后，对于电子能级 E_e 来说，ΔE_e 一般很大，可以达到几个 eV，因此，对应的光谱在可见（VIS）和紫外（UV）区。

由于大气中的不同的成分的分子的结构不一样，它们的能级结构也不一样，所以它们的光谱结构是不一样的，不同的分子的吸收（发射）光谱是不同的，下面是几种典型的痕量气体光谱吸收如下：

（1）臭氧。臭氧的最强吸收线位于 8～12 μm，中心波长是 9.6μm（1 043 cm^{-1}），宽度约 1μm，它吸收了太阳辐射的一半。其他两个强吸收带是：9.0μm（1110 cm^{-1}）和 14.1μm（710 cm^{-1}）。臭氧在紫外波段有强烈的吸收带，它和氧气、氮气一起吸收了太阳的全部紫外辐射，因此在地面上观察不到波长小于 0.3μm 的太阳辐射（吴键等，2006）。

（2）一氧化碳。一氧化碳在 4.6μm（2 143 cm^{-1}）处存在强吸收带，较弱的带出现在

2.38～2.50μm（4 207.2～3 996.9 cm^{-1}）、1.19μm（8 414.5 cm^{-1}）和 1.57μm（6 350.4 cm^{-1}）（吴健等，2006）。

（3）甲烷。甲烷在分子有一介球面陀螺构形，它没有恒定的电偶极矩，因此没有纯转动带，甲烷在 3.31 μm（3 020 cm^{-1}）、6.5 μm（1 550 cm^{-1}）和 7.6 μm（1 306 cm^{-1}）处存在吸收带，在高浓度下，7.6 μm 带和 6.6 μm 带发生重叠（吴健等，2006）。

（4）一氧化二氮。一氧化二氮分子具有一个线形面不对称的结构，其构形为 N—N—O。它具有单一的转动常数和一个可测出的转动光谱，它在 17 μm（588.8 cm^{-1}）、7.8 μm（1 284.9 cm^{-1}）和 4.5 μm（2 223.76 cm^{-1}）处存在吸收带（Liou，2004）。

（5）二氧化氮。二氧化氮（NO_2）分子吸收波长在 0.2～0.7 μm 的紫外和可见光部分的太阳辐射通量（Liou，2004）。

四、大气辐射传输及模型

（一）大气辐射传输

无论是航空器或航天器所载的传感器，所接收的电磁辐射都包括来自地面的辐射和来自大气的辐射。在可见光与近红外波段，传感器观测方向的目标反射辐射经大气散射和吸收之后进入遥感器视场，这一部分经过大气衰减的能量中含有目标信息。但由于太阳入射辐射中，有一部分能量在未到达地面之前就被大气散射和吸收了，其中有一部分散射能量进入了传感器视场，这一部分能量（通常称之为程辐射）中不含有任何目标信息。另外，由于周围环境的存在，入射到环境表面的辐射被其反射后有一部分经过大气散射后而进入传感器视场，另一部分又被大气反射到目标表面，再被目标表面反射和大气透过进入传感器视场。因此传感器对地观测获取的信息中，既包括了目标地物信息，也包括了部分大气信息和地物周围环境的信息，这直接影响到遥感图像解译和定量分析。

大气辐射传输是指电磁波在大气介质中的传播输送过程。这一过程中，由于辐射能与介质的相互作用而发生吸收和散射，同时大气也发射辐射。大气中吸收太阳辐射的主要成分是氧气、臭氧、水汽、二氧化碳、甲烷等，对长波辐射的主要吸收成分是水汽、二氧化碳和臭氧。不同气体对不同波段辐射的吸收作用也不同，称为大气对辐射能的选择吸收。散射作用的强弱取决于入射电磁波的波长及散射质点的性质和大小（瑞利散射、米氏散射、无选择性散射）。电磁辐射在地-气系统中传输的过程受到多种因素影响，因此辐射传输方程的求解非常复杂。为了求得方程解，一般需要对辐射传输方程进行简化。

（二）大气辐射传输模型

针对大气辐射传输各国学者提出了许多不同的计算方法，通常的方法包括：倍加法（Plass et al，1973），离散纵标法（Stamnes and Conklin，1984），Monte-Carlo 模拟（Collins et al，1972）和连续阶散射 SOS 方法（Irvine，1975）等，在这些方法的基础上，用于对地-气系统进行大气辐射传输计算的辐射传输模型也被开发出来，如 MODTRAN、6S 等。

1．LOWTRAN

LOWTRAN 是一种低分辨率（分辨率≥20 cm^{-1}）大气辐射传输模式。在 20 多年的发展历程中不停扩大充实和改订基础资料，革新算法，从来原意义上的“低分辨率大气透过率计算模式”扩展到目前能导出庞大天气前提下多种辐射传输量的“低分辨率大气辐射传输计较模式”，提供了许多新的应用可能性，已被国际上许多应用专家广泛应用于各自的研究领域。LOWTRAN 7 是一个大气辐射传输实用软件，它提供了 6 种参考大气模式的温度、气压、密度的垂直廓线，水汽、臭氧、甲烷、一氧化碳、一氧化二氮的混合比垂直廓线，其他 13 种微量气体的垂直廓线，城乡大气气溶胶、雾、沙尘、火山喷发物、云、雨的廓线，辐射参量（如消光系数、吸收系数、非对称因子的光谱分布），以及大气层顶太阳光谱。

LOWTRAN 7 可以根据用户的需要，设置水平、倾斜及垂直路径，地对空、空对地等各种探测几何形式，适用对象广泛。LOWTRAN 7 的基本算法包括透过率计算方法、多次散射处理和几何路径计算。

（1）多次散射处理。LOWTRAN 采用改进的累加法，自海平面开始向上直至大气的上界，全面考虑整层大气、地表和云层的反射贡献，逐层确定大气分层每一界面上的综合透过率、吸收率、反射率和辐射通量。再用得到的通量计算散射源函数，用二流近似解求辐射传输方程。

（2）透过率计算。该模型在单纯计算透过率或仅考虑单次散射时，采用参数化经验方法计算带平均透过率，在计算多次散射时，采用 k 分布法。

（3）光线几何路径计算。考虑了地球曲率和大气折射效应，将大气看作球面分层，逐层考虑大气折射效应。

2. MODTRAN

MODTARN（Moderate Resolution Transmission）这是由美国空军地球物理实验室（AFGL）开发的计算大气透过率及辐射的软件包。MODTRAN 从 LOWTRAN 发展而来，MODTRAN（中光谱分辨率大气辐射传输模式）较之 LOWTRAN 不单提高了光谱分辨率，并且还包括了多次散射辐射传输精确算法——离散纵标法，对有散射大气的辐射传输如短波辐射，比 LOWTRAN 中的二流近似算法有更高的精度和更大的灵活性。MODTRAN 的基本算法包括透过率计算、多次散射处理和几何路径计算等。需要输入的参数有四类：计算模式、大气参数、气溶胶参数和云模式。MODTRAN 有四种计算模式：透过率、热辐射、包括太阳或月亮的单次散射的辐射率、直射太阳辐照度计算。MODTRAN（Berk et al.，1989）可以计算 0～50 000 cm^{-1} 的大气透过率和辐射亮度，它在 440 nm 到无限大的波长范围精度是 2 cm^{-1}，在 22 680～50 000 cm^{-1} 紫外波（200～440 nm）范围的精度是 2 cm^{-1}。它的主要改进包括发展了一种 2 cm^{-1} 光谱分辨率的分子吸收的算法以及多次散射辐射传输精确算法——离散纵标法，对有散射大气的辐射传输如太阳短波辐射有更高的精度和更大的灵活性。重新处理的分子有水汽、CO_2、O_3、N_2O、CO、CH_4 和 O_2、NO、SO_2、NO_2、NH_3 和硝酸。新的带模式参数仍是从 HITRAN 谱线参数汇编计算的，范围覆盖了 0～17 910 cm^{-1}。在 MODTRAN 中，分子透过率的带参数在 1 cm^{-1} 的光谱间隔上计算。它拥有自己的光谱数据库。由于它既包括了直接的太阳辐射亮度，也包括了散射的太阳辐射亮度，所以适合于低大气路径（从表面到 30 km）和中等大气路径，路径大于 60 km 时，运用 MODTRAN 要谨慎。

MODTRAN 可以计算在给定辐射传输驱动、气溶胶和云参数、光源与遥感器的几何立体对和地面光谱信息的基础上，根据辐射传输方程来计算大气的透过率以及辐射亮度，MODTRAN 的输入参数说明如下。

（1）大气资料输入。MODTRAN 界面提供了各种模式大气模型参数的选择输入。模式大气主要分为水平大气、热带大气、中纬度夏/冬季大气、极地夏/冬季大气以及美国标准大气等。大气路径选择包括水平、倾斜、垂直等。计算时主要需要考虑的大气成分有：水汽、O_3、CH_4、氮化物、碳氧化物的剖面资料、计算模式等。这里选择中纬度夏季模式大气，执行模式为计算透过率，其他默认中纬度夏季参数。

（2）气溶胶资料输入。当大气中的气溶胶含量达到一定的程度时，它对辐射传输的影响很大。MODTRAN 大气模型中考虑到这一点，在输入气溶胶参数时将气溶胶分为对流层和平流层气溶胶，同时考虑季节变化的影响，对不同模式运用及不同模型进行修正。如果选择中纬度冬季、极地冬季模式大气，就用秋冬模型进行修正；选择热带、中纬度夏季、极地夏季和美国标准模式大气以及由用户输入的气溶胶参数，则采用春夏模型修正。同时考虑风速对气溶胶的影响。另外，还考虑降雨量及海拔高度的影响。对流层有 9 种模式气溶胶可选取，平流层有 8 种模式气溶胶可供选择。当然用户还可以选取自己的气溶胶参数数据，也可采用缺省形式给出的模式气溶胶，还可以将气溶胶消光系数转换为等效液态水含量形式。

（3）几何信息和光谱信息输入。在进行辐射传输模式计算时，要考虑辐射流方向上的单次或多次散射，因此几何路径的选取也是很重要的。根据不同要求，可选择水平路径、两高度间的倾斜路径和射线倾斜路径以及路径长度和路径倾斜度等。同时要求用户给出所求位置的地理经纬度、海拔高度等。对太阳天顶角、方位角、地球半径和所求波谱段范围的选取也要考虑，散射过程还有单次散射和多次散射可供选择。由于 MODTRAN 模式在短波波谱上分辨率较高，而短波区有几十万条吸收谱线，因此计算结果随波数起伏较大，可以采用软件中为模式提供一种平滑功能使计算结果相对平滑，便于进一步分析研究。

3．大气辐射传输模型 6S

6S（Second Simulation of the Satellite Signal in the Solar Spectrum）是在 5S（Simulation of the Satellite Signal in the Solar Spectrum）基础上由 Vemote 等（1997）改进得到，6S 吸收了最新的散射计算方法，使太阳光谱波段的散射计算精度比 5S 有所提高。

这种模式是在假定无云大气的情况下，考虑了水汽、CO_2、O_3 和 O_2 的吸收、分子和气溶胶的散射以及非均一地面和双向反射率的问题。6S 是对 5S 的改进，光谱积分的步长从 5 nm 改进到 2.5 nm，同 5S 相比，它可以模拟机载观测、设置目标高程、解释 BRDF 作用和临近效应，增加了两种吸收气体的计算（CO、N_2O）。采用 SOS（Successive Order of Scattering）方法计算散射作用以提高精度。缺点是不能处理球形大气和临边观测。

它其中主要包括以下几个部分：

（1）太阳、地物与传感器之间的几何关系：用太阳天顶角、太阳方位角、观测天顶角、观测方位角四个变量来描述；

（2）大气模式：定义了大气的基本成分以及温湿度廓线，包括 7 种模式，还可以通过自定义的方式来输入由实测的探空数据，生成局地更为精确、实时的大气模式，此外，还可以改变水汽和臭氧含量的模式；

（3）气溶胶模式：定义了全球主要的气溶胶参数，如气溶胶相函数、非对称因子和单次散射反照率等，6S 中定义了 7 种缺省的标准气溶胶模式和一些自定义模式；

（4）传感器的光谱特性：定义了传感器的通道的光谱响应函数，6S 中自带了大部分主要传感器的可见光近红外波段的通道相应光谱响应函数，如 TM，MSS，POLDER 和 MODIS 等；

（5）地表反射率：定义了地表的反射率模型，包括均一地表与非均一地表两种情况，在均一地表中又考虑了有无方向性反射问题，在考虑有方向性时用了 9 种不同模型。

这 5 个部分构成了辐射传输模型，考虑了大气顶的太阳辐射能量通过大气传递到地表，以及地表的反射辐射通过大气到达传感器的整个辐射传输过程。

6S 的输入参数主要有 9 个部分组成：

（1）几何参数。6S 两种输入方法：①输入太阳和卫星的天顶角和方位角以及观测时间（月，日）。②输入卫星的接收时间（月、日、年）、像素点数、升交点时间，由程序计算太阳和卫星的天顶角和方位角。特别注意的是这里的时间采用世界时且要精确到 1/6 s。

（2）大气模式。6S 给出几种可供选择的大气模式，热带、中纬度夏季、中纬度冬季、近极地夏季、近极地冬季、美国 62 标准大气也可自定义大气模式。

（3）气溶胶模式。三种选择：①无气溶胶。②自定义气溶胶模式。如，四种基本气溶胶的体积的加权平均；气溶胶的谱分布、光度计测量结果（光学厚度）和复折射指数；直接给出消光系数等。③提供的三种气溶胶模式大陆型、海洋型和乡村型。

（4）气溶胶浓度。两种选择：550 nm 处的光学厚度和气象能见度（km）。故它也提供了两者的相互关系。

（5）地面高度。以千米为单位的地面海拔高度（设为负值）。

（6）探测器高度。–1 000 代表卫星测量，0 为地基观测，飞机航测输入以千米为单位的负值。

（7）探测器的光谱条件。给出了常见卫星 Meteosat、Goes、NOAA/AVHRR、HRV、Landsat TM、MSS 和 Modis Polder 的每个通道的光谱响应函数，也可选择自定义。

（8）地表特性。可以选择地表均一或不均一，也可选择地表为郎伯体或双向反射。6S 给出了九种比较成熟的 BRDF 模式供用户选择，也可自定义 BRDF 函数（输入个角度的反射率及入射强度）

（9）表观反射率。输入反射率或辐射亮度，同时也决定模式是正向还是反向工作。当 RAPP＜–1 时是正向。RAPP＞0（辐射亮度）或–1＜RAPP＜0（反射率）均决定是反向过程，即要进行大气订正过程。

第二节　空气环境遥感监测地面光谱特性测量与数据处理

一、典型地物光谱测量与数据处理

地面光谱特性测量是遥感定量化研究的基础，对于陆地气溶胶光学厚度反演有重要意义。进行地面波谱测量，可以获得典型地物（包括植被、水体、裸土及人工建筑物等）的反射率光谱曲线，为建立地物反射率模型以及卫星数据的预处理提供支持。通过测量大量的地面典型地物波谱数据，可以建立典型地物波谱数据库，为遥感反演提供先验知识。地面波谱数据还可以用于验证地表反射率反演精度，检验大气校正效果等。

利用标准板的实测 DN 值和反射率标准值，将得到的实测地物 DN 值转换成地物的反射率值。地面光谱数据的处理公式为：

$$R = \mathrm{DN}_m / \mathrm{DN}_r \cdot R_\mathrm{r} \tag{4-8}$$

式中，R 为地物反射率，DN_m 为实测地物 DN 值，DN_r 为标准板实测 DN 值，R_r 为标准板反射率标准值。

二、多波段光度计气溶胶光学厚度测量与数据处理

多波段光度计监测实验获取的气溶胶光学厚度可用于卫星遥感反演气溶胶光学厚度的精度验证，也可用于卫星数据大气校正，还可用于反演 TSP、PM_{10} 浓度。地基监测气溶胶光学厚度的常用仪器是法国 CIMEL 公司生产的自动跟踪太阳光度计（CE318），CE318 是地基遥感观测气溶胶应用最广泛的仪器。CE318 能够测量太阳直射辐射和天空散射辐射，在可见光和近红外的独立通道上进行测量。该仪器能经受恶劣天气的考验，只需很少的维护。多波段光度计数据处理方法以朗伯–比尔定律为理论依据，在光度计定标后获取。

表 4.1 给出了一种 CE318 光度计的波段设置，除 936 nm 波段位于强水汽吸收带外，其余波段都位于大气窗口。

表 4.1　CE318 太阳光度计通道参数

通道	中心波长/nm	带宽/nm	说明
1	1 020	10	P1、P2、P3 为极化通道
2	870 P1	10	
3	670	10	
4	440	10	
5	870 P2	10	
6	870	10	
7	936	10	
8	870 P3	10	

（一）光度计遥感原理及方法

设日地平均距离大气上界波长 λ 处太阳辐射通量密度为 $F_0(\lambda)$，通过大气到达地面的太阳辐射为 $F(\lambda)$，$\tau(\lambda)$ 为波长 λ 处的大气光学厚度，$m(\theta)$ 为大气质量，它表示太阳光自某一天顶角 θ 入射时和自天顶（θ=0）入射时整层大气的光学厚度比值，根据朗伯-比尔定

律可得：

$$F(\lambda) = \alpha F_o(\lambda)\exp(-m(\theta)\tau(\lambda)) \tag{4-9}$$

式中，$a=(r_m/r)^2$，r_m 为日地平均距离，r 为观测时实际的日地距离。

对式（4-9）两边取对数：

$$\ln(F(\lambda)/\alpha) = \ln F_o(\lambda) - m(\theta)\tau(\lambda) \tag{4-10}$$

太阳光度计测得的电压正比于入射的太阳辐射，设 $V(\lambda)$ 为太阳光度计的实测数值，$V_o(\lambda)$ 为光度计对应于 $F_o(\lambda)$ 的测量值，则有：

$$\ln(V(\lambda)/\alpha) = \ln(V_o(\lambda)) - m(\theta)\tau(\lambda) \tag{4-11}$$

$\tau(\lambda)$ 主要由三部分组成：

$$\tau(\lambda) = \tau_{\text{aero}}(\lambda) + \tau_{\text{r}}(\lambda) + \tau_{\text{ab}}(\lambda) \tag{4-12}$$

$\tau_{\text{aero}}(\lambda)$ 为大气气溶胶光学厚度，$\tau_{\text{r}}(\lambda)$ 为大气分子瑞利散射光学厚度，$\tau_{\text{ab}}(\lambda)$ 为大气中吸收气体的光学厚度。

计算波长λ处大气气溶胶光学厚度，首先要确定$V_o(\lambda)$，即对仪器进行定标，获得$V_o(\lambda)$以后，整层大气的光学厚度可以由下式计算：

$$\tau(\lambda) = \frac{1}{m(\theta)}\ln(\frac{\alpha V_o(\lambda)}{V(\lambda)}) \tag{4-13}$$

气溶胶的光学厚度为：

$$\tau_{\text{aero}}(\lambda) = \tau(\lambda) - \tau_{\text{r}}(\lambda) - \tau_{\text{ab}}(\lambda) \tag{4-14}$$

当地面处于标准状态，气压为 P_0=1 013.25 hPa 时，单波长的大气分子瑞利散射光学厚度可由下式计算：

$$\tau_{\text{r},0}(\lambda) = 0.008\,569\lambda^{-4}(1 + 0.011\,3\lambda^{-2} + 0.000\,13\lambda^{-4}) \tag{4-15}$$

在实际地面气压为 P 时，整层大气分子瑞利散射光学厚度按下式计算：

$$\tau_r(\lambda) = \frac{P}{1013.25}\tau_{r,0}(\lambda) \tag{4-16}$$

$\tau_{\text{ab}}(\lambda)$ 与光度计各波段吸收气体的吸收系数有关，对不同的波段分别计算该波段吸收气体的光学厚度（主要为臭氧吸收的光学厚度）。光学厚度计算方法如下式所示：

$$\tau_{\text{ab}}(\lambda) = a^{(\lambda)\frac{U}{1\,000}} \tag{4-17}$$

式中，U 为臭氧含量，单位为 DU；$a^{(\lambda)}$ 为气体的吸收系数。CE318 各波段的臭氧吸收系数如表 4.2 所示。

表 4.2　CE318 各波段的臭氧吸收系数

波段/nm	1 020	870	670	440
臭氧吸收系数	0	0	0.046 154	0.002 803

（二）CE318 光度计的定标

CE318 光度计的定标有天空散射辐射通道定标和太阳直接辐射通道定标。天空散射辐射通道主要是通过积分球辐射源来进行定标，太阳直接辐射通道则通过 Langley 法和标准仪器相对定标两种方法进行定标。Langley 定标法是一种常用的方法，应该在 2 500～3 500 m 的高山上进行，要求大气清洁、气溶胶浓度很低、大气光学厚度很小而且较稳定。本书探讨的是太阳直接辐射通道定标，即确定 $V_o(\lambda)$ 的过程，选择采用 Langley 定标法实现。

Langley 法的基本原理是假定太阳是一稳定不变的辐射源，如果大气条件在一段时间内均匀稳定，即 $\tau(\lambda)$ 不变，$\ln(V(\lambda)/\alpha)$ 与大气质量数 $m(\theta)$ 成线性关系。以 $m(\theta)$ 为横坐标，$\ln(V(\lambda)/\alpha)$ 为纵坐标，作 $m(\theta)$-$\ln(V(\lambda)/\alpha)$ 散点图，直线在 y 轴的交点即为 $\ln(V_o(\lambda))$。实际定标过程中，通常利用光度计在一段较长时间内测量太阳直接辐射，根据多次测量的 $\ln(V(\lambda)/\alpha)$ 与 $m(\theta)$ 拟合一条直线，然后求出。定标成功与否的关键是定标期间大气的稳定程度，即 $\tau(\lambda)$ 在定标过程中是否为常数，定标的精度直接和大气的稳定程度有关。

由定标误差引起气溶胶光学厚度的绝对误差可表示为：

$$\Delta\tau(\lambda) = -\frac{1}{m(\theta)}\frac{\Delta V_o(\lambda)}{V_o(\lambda)} \tag{4-18}$$

观测时的大气质量数 $m(\theta)$ 通常为 2.0～6.0，如果定标相对误差为 5%，则 $\Delta\tau$ 大约为 0.008～0.025。如对于北京地区，气溶胶光学厚度一般在 0.2～1.0，在这种情况下，5%的定标误差，气溶胶相对误差为 0.8%～10%。一般早上和天气较好时观测的相对误差较大。

（三）光度计水汽遥感原理及方法

在水汽通道（936 nm），光度计接收到的信号可以表示为：

$$V(\lambda) = V_o(\lambda) d_s \exp(-m\tau_{atm}(\lambda)) T_w(\lambda) \tag{4-19}$$

式中，$V_o(\lambda)$ 为定标常数，d_s 为日地距离修正因子，m 为大气质量数，$\tau_{atm}(\lambda)$ 为不包括吸收气体影响的大气光学厚度，主要是大气分子（瑞利）散射光学厚度和气溶胶光学厚度，T 是水汽的吸收透过率。

大气分子散射光学厚度可用经验公式计算得到，气溶胶光学厚度利用 Angstrom 公式从其他通道的气溶胶光学厚度计算得到。在此基础上，对上式进行求解可得水汽的透过率，然后利用下面的水汽透过率公式计算得到水汽含量。

地面测得的太阳直射辐射信号在 940 nm 附近水汽吸收带不符合 Bouguer 指数消光定律，水汽透过率这时用两个参数表达式来模拟：

$$T_{\mathrm{w}} = \exp(-a(m \bullet u_{\mathrm{H_2O}})^b) \tag{4-20}$$

式中，u 是垂直水汽柱含量，a、b 是参数。在给定的大气条件下，a、b 与波长和波段宽度有关，还与大气中的温压递减率和水汽的垂直分布有关，可以使用 6S（Second Simulation of the Satellite Signal in the Solar Spectrum）模拟得到。

三、地基污染气体监测原理与方法

地基污染气体反演算法主要有两种：①DOAS 法，主要用于 O_3、SO_2、NO_2 反演；②傅立叶变换红外光谱（FTIR）法，主要用于 CO、CH_4 反演。

（一）地基 DOAS 方法

采用地基多轴 DOAS 系统进行光谱采集，CCD 作为光电转化器件，并用差分吸收光谱反演算法对光谱数据进行解析，提取大气成分柱浓度信息。

进入地基 DOAS 仪器的光强主要由气体分子吸收、大气分子散射和气溶胶散射决定，由 Lamber-Beer 定律：

$$I(\lambda,\Theta) = a(\lambda,\Theta)I_0(\lambda)\exp\left\{-\sum_{j=1}^{J}\sigma_j(\lambda)\mathrm{SC}_j + \sigma_{\mathrm{Mie}}(\lambda)\mathrm{SC}_{\mathrm{Mie}} + \sigma_{\mathrm{Ray}}(\lambda)\mathrm{SC}_{\mathrm{Ray}}\right\} \tag{4-21}$$

式中，SC_j 为痕量气体的斜柱密度，是需要计算的，可以采用 DOAS 方法处理获得，其他项则可看成是随波长慢变化的多项式，有：

$$\ln\left\{I(\lambda,\Theta)/I_0(\lambda)\right\} = -\sum_{j=1}^{J}\sigma_j'(\lambda)\mathrm{SC}_j + \sum_p b_p^*\lambda^p \tag{4-22}$$

式中，σ_j' 为差分吸收截面。

根据斜柱密度与垂直柱密度的关系：

$$\mathrm{AMF}_j(\lambda,\Theta) \equiv \mathrm{SC}_j / \mathrm{VC}_j \tag{4-23}$$

可以获得痕量气体的垂直柱密度。实际测量中采用太阳天顶角（SZA）较大时的光谱除以 SZA 小时的散射光谱（小 SZA 的光谱作为参考光谱），通过 DOAS 方法反演差分斜柱密度 $\Delta\mathrm{SC}_j$，根据大气辐射传输模型由下式获得垂直柱密度：

$$\mathrm{VC}_j = \Delta\mathrm{SC}_j / \left\{\mathrm{AMF}(\Theta) - \mathrm{AMF}(\Theta_0)\right\} \tag{4-24}$$

垂直柱密度也可以由 Langly Plot 方法得到。通常 AMF(Θ) 取决于波长、太阳天顶角、吸收气体的垂直廓线等，可以由大气辐射传输模型在特定的测量几何状态下计算获得。

（二）地基 FTIR 方法

由多次反射式长光程怀特池和傅立叶变换红外光谱仪组合进行光谱采集，利用 FTIR 算法进行处理，可获得 CO 和 CH_4 含量。

首先，使用标定算法定量描述仪器线性函数中的参数如视场角、频率漂移和切趾函数等。并由 HITRAN 数据库提供的线参数进行标定计算合成标准谱，使计算得到的标准光谱和光谱仪实际观测到的光谱获得良好近似。

人工合成校准光谱的计算基于吸收线参数，最通用的线参数设置是 HITRAN。总单色光学吸收是所有分子吸收线的 $A_i^k(v)$ 总和：

$$A(v)=\sum_i\sum_k\tau_i^k(v) \tag{4-25}$$

对于一个经理想的充分校准没有相位误差的 FTIR 光谱仪来说，其仪器线形（ILS）依赖于其一些主要参数（分辨率、FOV、切趾函数）。如用 $I_0(v)$ 和 $I(v)$ 表示吸收样品前、后的光强， $f_I(v)$ 表示仪器线形，则 FTIR 光谱仪测量的光谱为：

$$I'(v)=I(v)\otimes f_I(v) \tag{4-26}$$

测量的吸收为：

$$A'=-\log\left(\frac{I(v)\otimes f_I(v)}{I_0(v)\otimes f_I(v)}\right) \tag{4-27}$$

所以计算的校准光谱包括了仪器参数的影响以匹配测量的光谱，即把计算谱与仪器线形函数卷积并转换成所需的 Y 轴单位（透过率、吸收率、辐射亮度等）。

采用非线性最小二乘法（Nonlinear Least Squares，NLLS）进行光谱拟合反演气体浓度。NLLS 通过迭代计算光谱去拟合测量的光谱，直到计算和测量的光谱之间的残差接近到可接受的最小量。具体拟合步骤是先取一个描述未知光谱的初始猜测参数值，然后计算合成校准光谱。并将计算光谱与测量的光谱进行比较，再通过重新迭代计算，直到测量的光谱和计算的光谱之间得到令人满意的结果为止。

第三节　气溶胶及其颗粒污染物卫星遥感反演技术

一、气溶胶及其颗粒污染物卫星遥感基本原理

（一）陆地气溶胶光学遥感原理

根据平面平行大气的辐射传输基本方程，结合卫星应用，漫射强度方程改写为（Liou，2004）：

$$\mu\frac{\mathrm{d}I(\tau,\mu,\phi)}{\mathrm{d}\tau}=I(\tau,\mu,\phi)-J(\tau,\mu,\phi) \tag{4-28}$$

式中，τ 为大气光学厚度，μ为太阳天顶角的余弦，I 为入射辐射强度，ϕ 为相对方位角，源函数 J 代表直接太阳光束的散射和漫射光束的多次散射的贡献，表示为：

$$J(\tau;\mu,\phi)=\frac{\varpi}{4\pi}\int_0^{2\pi}\int_{-1}^{1}I(\tau;\mu',\phi')P(\mu,\phi;\mu',\phi')\mathrm{d}\mu'\mathrm{d}\phi'+\frac{\varpi}{4\,\pi}F_{\oplus}P(\mu,\phi;-\mu_0,\phi_0)\exp(-\frac{\tau}{\mu_0}) \tag{4-29}$$

式中，P 是相函数，代表随方向变化的散射能量的角度分布，是与气溶胶和云的卫星遥感有关的一个重要参数；$F_{\oplus}$ 是在大气顶的直接太阳辐照度；单次散射反照率 ϖ 为散射截面 σ_s 与消光截面 σ_e 之比；下标 0 表示太阳入射光。相函数、单次散射反照率和消光截面是辐射传输的三个基本参数。

为了求解以上辐射传输方程，我们把大气和地面分开，并假定在大气的顶和底没有漫射强度。在这种条件下，在大气顶的反射强度可以用积分方程表示成如下形式：

$$I(0,\mu,\phi)=\int_0^{\tau}J(\tau',\mu,\phi)\exp(-\frac{\tau'}{\mu})\frac{\mathrm{d}\tau'}{\mu} \tag{4-30}$$

此外，我们可以利用单散射近似来求解，以获取无量纲双向反射比或双向反射分布函数，此函数定义为：

$$\rho_0(\mu,\phi,\mu_0,\phi_0)=\frac{\pi I(0,\mu,\phi)}{\mu_0F_{\oplus}}=\frac{\varpi}{4(\mu+\mu_0)}P(\mu,\phi,-\mu_0,\phi_0)\times\{1-\exp[-\tau(\frac{1}{\mu}+\frac{1}{\mu_0})]\} \tag{4-31}$$

考虑大气的光学厚度非常小，则以上方程可以进一步简化为：

$$\rho_0(\mu,\phi,\mu_0,\phi_0)=\frac{\pi I(0,\mu,\phi)}{\mu_0F_{\oplus}}=\frac{\varpi\tau}{4\mu\mu_0}P(\mu,\phi,-\mu_0,\phi_0) \tag{4-32}$$

在光学薄层和单散射近似下，显然，大气顶上的 BRDF 与相函数和光学厚度成正比。

引入下垫面的影响，考虑大气和地表面之间的多次反射。为了便于表达，令地面为朗伯面，其反照率为 $\rho_s(\mu_s,\mu_v,\phi)$，下标 s 表示太阳入射方向，下标 v 表示观测方向。如图 4.3 所示。

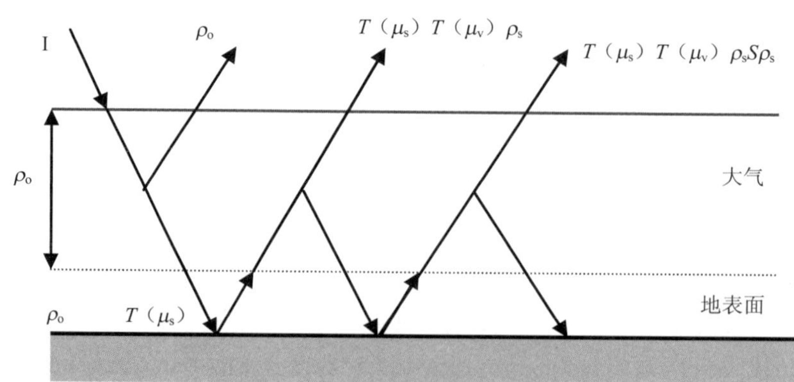

图 4.3 大气-地表系统双向反射比的贡献

大气层顶反射率为：

$$\rho_{TOA}(\mu_s,\mu_v,\phi)=\rho_0(\mu_s,\mu_v,\phi)+T(\mu_s)\rho_s(\mu_s,\mu_v,\phi)T(\mu_v)+ \\ T(\mu_s)\rho_s(\mu_s,\mu_v,\phi)ST(\mu_v)\rho_s(\mu_s,\mu_v,\phi)+\cdots \tag{4-33}$$

式中，T 为大气透过率，上式是一个等比数列无穷项和，等比为 $\rho_s(\mu_s,\mu_v,\phi)S$，于是得：

$$\rho_{TOA}(\mu_s,\mu_v,\phi)=\rho_0(\mu_s,\mu_v,\phi)+\frac{T(\mu_s)\rho_s(\mu_s,\mu_v,\phi)T(\mu_v)}{1-\rho_s(\mu_s,\mu_v,\phi)S} \tag{4-34}$$

式中，$\mu_s=\cos\theta_s$，$\mu_v=\cos\theta_v$。θ_s 与 θ_v 分别为太阳天顶角与观测天顶角；S 为大气下界的半球反射率，T 为大气透过率，大小可以根据辐射传输理论算出来。在单次散射和光学薄层近似的限制下，漫反射透射函数如下：

$$T(\mu,\phi;\mu_0,\phi_0)=\frac{\varpi}{4(\mu+\mu_0)}P(\mu,\phi;-\mu_0,\phi_0)\times[\exp[-(\frac{\tau}{\mu})-\exp(\frac{\tau}{\mu_0})]\approx \\ \frac{\varpi\tau}{4\mu\mu_0}P(\mu,\phi;-\mu_0,\phi_0),\qquad \mu\neq\mu_0 \tag{4-35}$$

将式（4-34）变化形式，转化为如下形式：

$$\rho_s(\mu_s,\mu_v,\phi)=\frac{\rho_{TOA}(\mu_s,\mu_v,\phi)-\rho_o(\mu_s,\mu_v,\phi)}{T(\mu_s)T(\mu_v)+\rho_{TOA}(\mu_s,\mu_v,\phi)S-\rho_o(\mu_s,\mu_v,\phi)S} \tag{4-36}$$

利用上式，可以利用大气参数 S、ρ_0、T（μ_s）T（μ_v）从表观反射率 ρ_{TOA} 计算得到地表反射率 ρ_s，也就是进行大气校正。

由于 T（μ_s）、T（μ_v）在式子中总是以乘积形式出现，因此将 T（μ_s）T（μ_v）作为一个参数考虑。实际反演中是用辐射传输模型，如 6S 或 MODTRAN 等计算假设的不同大气气溶胶模式和观测几何时，气溶胶光学厚度和 S、ρ_0、T（μ_s）T（μ_v）等三个参数之间的对应关系，据此建立查找表，通过查找表获取气溶胶光学厚度。

（二）大气颗粒污染物遥感基本原理

太阳的直射辐射经过大气削弱到达地面的能量 E 可表示为：

$$E=E_s\exp(-m\tau) \tag{4-37}$$

其中 E_s 为大气层顶的太阳辐照度；m 为大气质量，近似有 $m=1/\cos\theta_s$，θ_s 为太阳天顶角；τ 为大气总光学厚度，是分子光学厚度 τ_m 和气溶胶光学厚度 τ_a 之和。其中 τ_m 通常仅与辐射波长、海拔高度和气压有关。从 τ 中去除 τ_m 的贡献，就得到了气溶胶光学厚度 τ_a（AOT）。根据平面平行大气假设（Liou，2004），垂直方向的整层 AOT 是各高度处气溶胶消光系数的积分，即：

$$\tau_a(\lambda)=\int_0^{\infty}k_a(\lambda,z)\mathrm{d}z \tag{4-38}$$

$k_a(\lambda,z)$ 即高度为 z 处的气溶胶消光系数。假定 $k_a(\lambda,z)$ 垂直方向的变化为负指数形式，有：

$$k_a(\lambda,z) \approx k_{a,0}(\lambda)\exp(-z/H_A) \tag{4-39}$$

式中，$k_{a,0}(\lambda)$ 表示地面处的消光系数；H_A 为气溶胶标高，是表征气溶胶垂直分布状况的关键参数。基于方程（4.1.11）和（4.1.12）可得：

$$\tau_a(\lambda) \approx k_{a,0}(\lambda)\int_0^{\infty}\exp(-z/H_A)\mathrm{d}z = k_{a,0}(\lambda)\cdot H_A \tag{4-40}$$

式（4-40）表明由 AOT 和 H_A 可计算出近地面的气溶胶消光系数，AOT 通过遥感数据反演得到，H_A 可用大气混合层高度来近似，后者可由地面的激光雷达测得。

二、基于 MODIS 数据气溶胶光学厚度卫星遥感反演

（一）算法原理与处理流程

搭载于 Terra 和 Aqua 卫星 MODIS 传感器以其独特的通道设计（0.47 μm、0.66 μm、1.24 μm 和 2.12 μm)，利用短波红外通道(2.12 μm)数据获取可见通道(0.47 μm 和 0.66 μm）地表反射率信息实现地气解耦，成功的应用了暗目标法（Kaufman et al.，1997a，b，c)，并推出了相应的气溶胶产品。本节将以 MODIS 算法为基础，详细介绍了利用暗目标从 MODIS 反演陆地气溶胶的流程（王中挺等，2008)：

1. 查找表的构建

查找表是通过设定不同卫星观测几何参数，不同的大气气溶胶参数，考虑要观测数据所在的波段，并考虑不同地表类型等参数，使用 6S 软件（Kotchenova et al.，2006）进行辐射传输计算得出。其中观测几何参数包括：9 个太阳天顶角为 0°、6°、12°、24°、35.2°、48°、54°、60° 和 66°；12 个观测天顶角在 0°～66° 范围内，每个观测角度相隔 6°；16 个太阳与卫星之间的相对方位角取值在 0°～180° 范围内，每个方位角相隔 12°；大气气溶胶模式参数假设为大陆型气溶胶，并设立 6 个大气气溶胶光学厚度值(在波长 0.55 μm 处)：即 0、0.25、0.5、1.0、1.5 和 1.95；波段的中心波长取 0.47 μm、0.66 μm 和 2.1 μm；地表参数包括海拔高度为 0 m，地表覆盖类型为植被。这样就组成了 9×12×16×6×3＝31 104 组不同 ρ_0、$T(\mu_s)\cdot T(\mu_v)$ 和 S 参数组合而成的查找表。

2. 数据预处理

在具体反演过程中，从 MODIS 1 km 表观反射率产品中读取 0.47 μm、0.66 μm、2.1 μm 和 1.24 μm 四个波段的表观反射率数据以及相应的偏移量和定标系数。同时读取几何定位参数，如经纬度、海拔高度、太阳天顶角、太阳方位角、观测天顶角、观测方位角等数据。根据定标系数将相应的数据转换为真实物理值。然后利用海陆掩码文件实现海陆分离。并使用阈值剔除云像元，进行气溶胶光学厚度的反演。

3. 地表反射率函数的确定

对于城市来说，如何确定暗像元以及暗像元红蓝波段与短波红外波段地表反射率的关系是其中重要的一个技术环节。当像元波长 2.1 μm 处的表观反射率满足大于 0.01 小于 0.4 时，该像元可以认为是暗像元。已有研究表明，浓密植被 2.1 μm 波长处的反射率和 0.47 μm、0.66 μm 波长处的反射率之间的关系，不仅与散射角相关（Gatebe et al.，2002；Remer et al.，

2005），而且与植被的茂密程度有关。其中散射角可以由观测几何参数获得：

$$\Theta = \cos^{-1}(-\cos\theta_0 \cos\theta + \sin\theta_0 \sin\theta \cos\phi) \tag{4-41}$$

式中，θ_0 为太阳天顶角，θ 为观测天顶角，ϕ 为相对方位角。

植被的茂密程度通常情况下用归一化植被指数（NDVI）表示，但采用红外和近红外波段计算的归一化植被指数受到气溶胶影响很大（Tucker et al.，1979）。中红外波段受大气气溶胶的影响较小，可以用来计算归一化植被指数 $NDVI_{SWIR}$：

$$NDVI_{SWIR} = (\rho_{1.24}^{m} - \rho_{2.1}^{m})/(\rho_{1.24}^{m} + \rho_{2.1}^{m}) \tag{4-42}$$

式中，$\rho_{1.24}^{m}$、$\rho_{2.1}^{m}$ 为 1.24 μm 和 2.1 μm 的表观反射率。

根据浓密植被 2.1 μm 波段反射率和 0.47 μm 与 0.66 μm 波段反射率与植被指数、散射角之间函数关系，可以通过 2.1 μm 波段的反射率来获得 0.47 μm 和 0.66 μm 波段地表反射率（Lorraine et al.，2005）：

$$\rho_{0.66}^{s} = \rho_{2.12}^{s} \bullet a_{0.66/2.12} + b_{0.66/2.12} \tag{4-43}$$

$$\rho_{0.47}^{s} = \rho_{0.66}^{s} \bullet a_{0.47/0.66} + b_{0.47/0.66} \tag{4-44}$$

其中，a、b 根据散射角和 $NDVI_{SWIR}$ 确定。

4．气溶胶光学厚度的计算

根据读取的太阳天顶角、太阳方位角、观测天顶角、观测方位角，在查找表选取相应的数据，进行线性插值，得到不同波段、不同气溶胶光学厚度的 ρ_0、$T(\mu_s) \cdot T(\mu_v)$ 和 S 参数。按照暗像元地表反射率函数关系，计算得出可见光波段的地表反射率，并按不同的光学厚度值内插获得 ρ_0、$T(\mu_s) \cdot T(\mu_v)$ 和 S 等参数值，然后计算假定的表观反射率，对真实的表观反射率进行线性插值获得大气气溶胶光学厚度。

在查找表构建过程时，假定像元的海拔高度为 0。获得的结果是这一假设条件下的气溶胶光学厚度。为获得各像元的实际气溶胶光学厚度，根据海拔高度，按照下式对前面计算得出的气溶胶光学厚度进行海拔校正：

$$\tau_z = 0.008\,77 \times 0.55^{-4.05}(1 - \exp(\frac{-Z}{8.5})) + \tau_0 \tag{4-45}$$

式中，τ_z 为经过海拔校正的气溶胶光学厚度，τ_0 为未经过海拔校正的气溶胶光学厚度，Z 为海拔（km）。

（二）原理

CBERS-02B 采用暗目标法进行气溶胶反演法，该方法的关键问题是利用红、蓝、短波红外通道地表反射率的线性关系实现地气解耦。针对 CBERS-02B 的波段特征（具有红、蓝波段，缺短波红外波段），可以根据暗像元的红蓝波段的地表反射率的线性关系从红蓝波段（分别对应 CCD 的第三波段和第一波段）的表观反射率去除地表贡献，获得大气参数 S、ρ_0、$T(\mu_s)\cdot T(\mu_v)$，进而得到气溶胶光学厚度。

$$\rho^s_{red} = k\rho^s_{blue} \tag{4-46}$$

式中，ρ^s_{red}、ρ^s_{blue} 分别表示红光和蓝光波段浓密植被（暗像元）的地表反射率，k 为红蓝地表反射率比率，要根据探测器的特征，结合地面观测数据设定。暗目标法的应用中，MODIS 借助于大气影响较小的 2.1 μm 波段表观反射率识别暗像元并获得可见光波段的地表反射率，而 CCD 中缺少短波红外波段，其近红外波段包含大气影响，很难像 MODIS 一样准确获得地表暗像元，本书引入归一化植被指数（NDVI）来识别暗像元。

NDVI 能够较好地反映地表植被分布状况而且能够去除部分的大气影响：

$$\mathrm{NDVI} = \frac{\rho_{nir} - \rho_{red}}{\rho_{nir} + \rho_{red}} \tag{4-47}$$

式中，ρ_{nir} 和 ρ_{red} 分别表示 CCD 第四波段（近红外）和第三波段反射率。

在识别出暗像元后，将暗像元的第一波段和第三波段表观反射率代入式（4-34），同时与式（4-46）结合得到方程组：

$$\begin{cases} \rho^{TOA}_{blue}(\mu_s,\mu_v,\phi) = \rho_0(\mu_s,\mu_v,\phi) + \dfrac{T(\mu_s)T(\mu_v)\rho^s_{blue}}{[1-\rho^s_{blue}S]} \\ \rho^{TOA}_{red}(\mu_s,\mu_v,\phi) = \rho_0(\mu_s,\mu_v,\phi) + \dfrac{T(\mu_s)T(\mu_v)\rho^s_{red}}{[1-\rho^s_{red}S]} \\ \rho^s_{red} = k\rho^s_{blue} \end{cases} \tag{4-48}$$

在具体的反演过程中，大气参数 S、ρ_0、$T(\mu_s)\cdot T(\mu_v)$ 可以看作是气溶胶光学厚度的函数，解这个方程组即可实现气溶胶光学厚度的反演。

（三）处理流程

基于以上原理，从 CBERS-02B 的 CCD 数据反演陆地气溶胶数据处理流程如下所示。

1．查找表构建

查找表的构建使用 6S 软件设定相应的参数进行辐射传输计算得出。利用 6S 进行辐射传输计算时，要设定不同的几何参数、气溶胶参数、波段、地表参数。几何参数：太阳天顶角 9 个（0°，6°，12°，24°，35.2°，48°，54°，60°，66°），观测天顶角和相对方位角设为 0（CBERS02B 的 CCD 传感器观测天顶角与视场角较小，可以看作垂直观测）；气溶胶参数：大陆型气溶胶，0.55 μm 的光学厚度 6 个（0，0.25，0.5，1，1.5，1.95）；波段：CCD 传感器的第一波段、第三波段和第四波段，即蓝光、红光和近红外波段；地表参数：海拔为 0 米，地表类型为植被。将上述参数输入 6S 中，产生 9×1×1×6×3＝162 组 ρ_0、$T(\mu_s)\cdot T(\mu_v)$ 和 S 参数。将结果存储在查找表文件中，完成查找表的构建。

2．数据预处理

在进行气溶胶反演时，需要对获得的图像进行预处理，包括两个方面的工作：重采样和辐射定标。

（1）重采样

CBERS02B 星的 CCD 传感器的星下点分辨率为 19.5 m，对于反演大气气溶胶来说分辨率过细，不仅使反演容易受到地表地形起伏影响，同时会带来较大的噪声，大大延缓反演速度。因此，在运算之前，对图像进行 10×10 的合成，重采样为 195 m 分辨率的图像。

（2）辐射定标

根据 CCD 传感器各波段的波段定标系数 factor，按照下式可以从图像上的 DN 值获得辐亮度 L：

$$L = \mathrm{DN}/\mathrm{factor} \tag{4-49}$$

获得卫星观测辐亮度后，根据下式，计算出大气层顶反射率 ρ，即表观反射率。

$$\rho = \frac{\pi L}{E_{\lambda} \cos\theta_{\mathrm{s}}} \tag{4-50}$$

式中，ρ 为大气层顶反射率、E 为太阳辐照度，θ_s 为太阳天顶角。

不同波段的太阳辐照度 E 通过下式计算：

$$E = \frac{\int_{\lambda 1}^{\lambda 2} S(\lambda) L(\lambda) \mathrm{d}\lambda}{\int_{\lambda 1}^{\lambda 2} S(\lambda) \mathrm{d}\lambda} = \frac{\sum_{i=0}^{N-1} S(\lambda_i) L(\lambda_i) \Delta\lambda}{\sum_{i=0}^{N-1} S(\lambda_i) \Delta\lambda} \tag{4-51}$$

式中，$S(\lambda_i)$ 表示传感器各波段的响应函数；$L(\lambda_i)$ 为对应波段的辐亮度。

3. 气溶胶光学厚度的反演

在获得查找表和图像的表观反射率数据后，按照下面的步骤进行气溶胶反演计算：

（1）查找表插值

从图像的描述文件中读取的太阳高度角 $\theta_{\mathrm{sun\_elevation}}$，按照式（4-52）计算得到太阳天顶角 $\theta_{\mathrm{sun\_zenith}}$，在查找表选取相应的数据，按照太阳天顶角进行线性插值，得到第一波段、第三波段和第四波段的不同气溶胶光学厚度的 ρ_0、$T(\mu_{\mathrm{s}}) \cdot T(\mu_{\mathrm{v}})$ 和 S 参数。

$$\theta_{\mathrm{sun\_zenith}} = 90 - \theta_{\mathrm{sun\_elevation}} \tag{4-52}$$

（2）计算暗像元气溶胶

从图像第三波段和第四波段的表观反射率计算图像的 NDVI，根据阈值选取暗像元。按照不同的光学厚度插值 ρ_0、$T(\mu_{\mathrm{s}}) \cdot T(\mu_{\mathrm{v}})$ 和 S 参数，代入式（4-36）中计算第一波段和第三波段的地表反射率；然后计算所得的第一波段、第三波段的地表反射率是否满足式（4-46）要求，相差最小的气溶胶光学厚度值即为所求。

（3）剔除非暗像元点

考虑到大气的影响，选取暗像元的 NDVI 阈值是在大气影响最大的情况下确定的。而实际情况中，由于大气条件很少满足极端的情况（气溶胶光学厚度较大），会有部分非暗像元会被误判为暗像元。因此，需要根据反演的结果进行检验，以剔除非暗像元点。首先，利用反演得到的气溶胶光学厚度值和太阳天顶角对查找表进行插值，得到第三波段和第四波段的大气参数；然后，将大气参数和表观反射率代入式（4-36）进行大气校正，得到地表反射率；最后，根据地表反射率计算 NDVI，剔除小于 0.7 的非暗像元。

（四）反演实验与算法验证

按照上述的方法对 2007 年 10 月 6 日广西南宁附近的一景数据进行了反演试验，结果如图 4.4 所示。从图 4.4 可以看到，气溶胶光学厚度分布比较均匀，变化缓慢，多分布在 0.8～1.6 之间，符合气溶胶局域变化特征；在真彩色图中，可以看到右上角气溶胶光学厚度明显很大，反演结果也反映了这种现象。因此，可以认为本算法能够反映气溶胶的变化特征。

图 4.4 反演试验图

注：左图为真彩色合成图（CCD 第一波段、第二波段、第三波段合成），右图为气溶胶光学厚度反演结果图

当然，反演结果也存在着异常之处，原因是：图像中出现许多的空白之处，是因为将不符合暗像元要求的地物（如云、裸土、水体等）的气溶胶光学厚度设置为零；反演结果自北向南出现两个明显的条带，这可能是 CCD 图像的条带现象或者太阳耀斑的影响。

由于没有过境时获得相应的地基气溶胶观测数据，采用 MODIS 的气溶胶产品进行算法验证。研究表明，在中国境内的农业生态区域 MODIS 的气溶胶产品能够获得较高的精度（王莉莉等，2007）。因此，MODIS 气溶胶产品可以在一定程度上作为真值进行验证。

MODIS 气溶胶产品的分辨率为 10 km，本文计算出 CBERS02B 的 CCD 传感器获得的分辨率为 195 m，而且二者的投影方式不同。因此，对获得的结果完成重采样和配准工作，将分辨率采样为 10 km，然后与 MODIS 产品进行比较，得到结果如表 4.3、图 4.5 所示。

表 4.3 反演结果与 MODIS 气溶胶产品比较表

有效观测数	绝对误差			相对误差			相关系数
	平均值	最小值	最大值	平均值	最小值	最大值	
59	0.310	0.226	0.385	29.5%	20.9%	40.6%	0.715

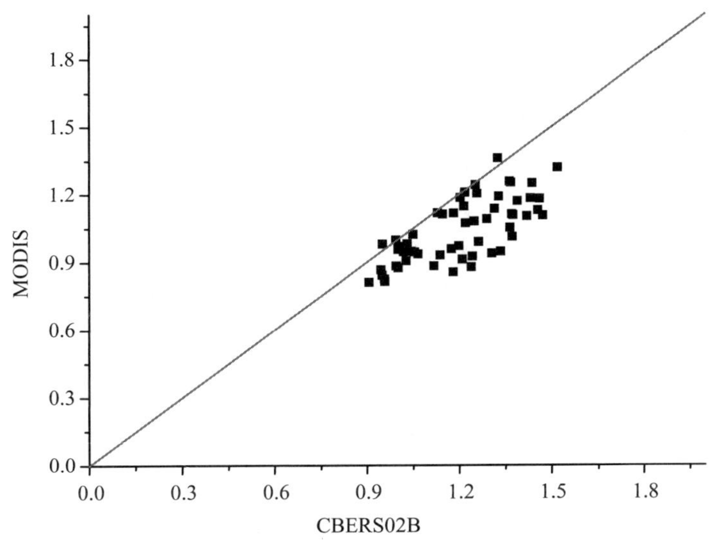

图 4.5　CBERS02 反演结果与 MODIS 结果比较图

从比较结果来看，本算法获得的结果与 MODIS 有较高的相关系数，结果基本可以满足精度要求。但绝对误差比较大，可能的原因是：重采样带来的误差，气溶胶模式不同，总体气溶胶光学厚度比较大（在 0.6 以上）。

三、基于 HJ-CCD 数据气溶胶光学厚度卫星遥感反演

（一）原理

基于 HJ-CCD 数据气溶胶光学厚度卫星遥感反演原理与 CBERS 相似，具体参看本章第三节第二部分。

（二）处理流程

基于以上原理，利用 HJ-1 星的 CCD 数据进行了大气气溶胶反演试验，具体过程使用 IDL 开发环境为主同时结合 MATLAB 和 ArcMAP 实现。具体反演技术步骤如下：

（1）查找表构建。查找表的构建是气溶胶光学厚度反演中的关键部分。使用 MATLAB 设定相应的参数调用 6S 进行辐射传输计算得出，相应参数设定为：9 个太阳天顶角设置（0°、6°、12°、24°、35.2°、48°、54°、60°和 66°），气溶胶模式为大陆型气溶胶，相对于 0.55 μm 波长处的气溶胶光学厚度设为 6 个等级（0、0.25、0.5、1、1.5 和 1.95），查找表计算的波段为 CCD 相机的第一波段和第三波段，海拔为设置 0 m，地表类型为植被。

（2）数据预处理。针对 CCD 数据进行两方面的预处理：一是重采样。为加快运算速度和提高信噪比，对 CCD 原始图像进行 10×10 像元的合成，重采样成为 300 m 分辨率的图像。二是对 CCD 数据的辐射定标。从 CCD 数据的辅助 XML 文件中读取辐射定标系数

和太阳高度角参数，将 CCD 图像的 DN 值转换为表观反射率。

（3）结果反演。根据获得的 CCD 表观反射率，计算 NDVI 值，并基于 NDVI 值进行暗像元的识别；利用获得的太阳高度角对查找表进行插值，得到第一波段和第三波段的不同气溶胶光学厚度下的大气参数 ρ_0、$T(\mu_s)\cdot T(\mu_v)$ 和 S；将暗像元的第一波段和第三波段的天顶反射率和大气参数代入式（4-48）解方程，反演得到气溶胶光学厚度。

（4）图像平滑与成图输出。在获得气溶胶光学厚度后，为内插部分非暗像元点的监测值以及抑制异常点，需要对结果图像进行了平滑处理，采用 9×9 像元的距离加权平均的滤波方法进行；将结果导入 ArcMAP 中，进行叠加矢量图、分等定级以及添加图名图例等操作后，制成专题图输出。

四、基于 MODIS 及 HJ-1 的亮目标气溶胶光学厚度卫星遥感反演

（一）亮目标气溶胶光学厚度反演

对于亮目标，由于 2.1 μm 波段的表观反射率受到地表影响比较强，短波近红外波段和可见光的地表反射率比率比较混乱（Kaufman et al.，1997；Remer et al.，2005；Levy et al.，2007），城市地区的红蓝波段的地表反射率不满足经验关系，基于暗像元去除地表贡献的方法不再适用。所以亮目标气溶胶光学厚度反演的关键问题就是如何进行地气解耦，即如何消除地表反射率 ρ_s 的影响。

基于大气透过率的结构函数法可以适用于高反射率地区气溶胶光学厚度反演（Tanre et al.，2001），有望解决城市等无浓密植被地区气溶胶光学厚度的反演问题。然而结构函数法要求反演区域属于高反差地表（孙林，2006），对于冬季等地表反射率差异不明显的情况并不适用，而且由于不同时间图像配准和清晰参考图像的获取问题，使该方法很难业务化运行。

亮目标通常包括城市、冬季无植被、沙漠以及雪覆盖地区。利用 MODIS 数据和 HJ-1 数据，建立耦合地表反射率的气溶胶光学厚度反演方法，实现了北京地区的气溶胶光学厚度反演，弥补 MODIS 暗像元算法的不足。

（二）地表反射率

参考典型地物标准波谱数据，在蓝光波段，植被、土壤、水泥等地物（如图 4.6 所示）的地表反射率较其他波段明显偏低，研究表明在蓝光波段因观测角度引起的 BRDF 效应也较小。Hsu 等（2004）根据这一特点，反演了沙漠地区的气溶胶光学厚度。

由于地表反射率在短时期内的变化不大，因此假设每 8 天蓝光波段的地表反射率基本不变，选取与反演时间最临近天的地表反射率数据进行处理，合成地表反射率产品，作为反演时的真实地表反射率。地表反射率库从 2007 年到 2008 年的 8 天合成 MODIS 地表反射率产品（MOD09）中获得（如图 4.7 所示）。

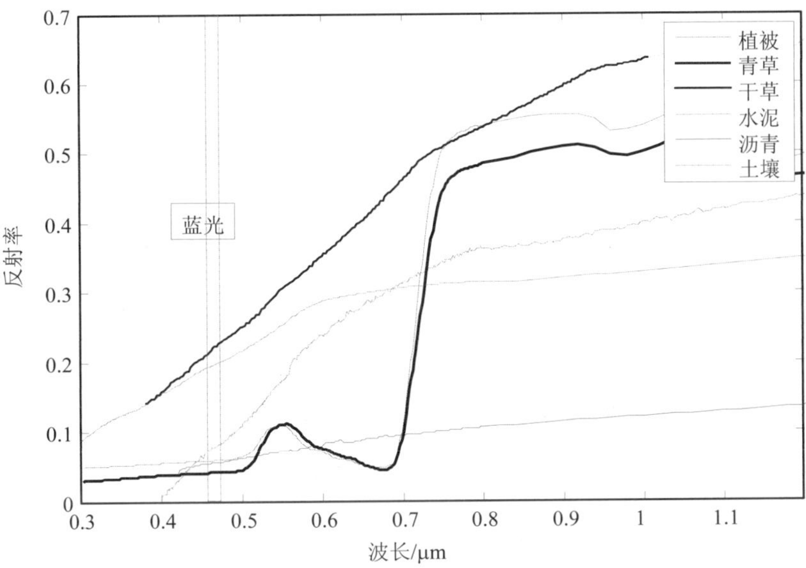

图 4.6 典型地物波普图（数据下载于 http：//speclib.jpl.nasa.gov/）

（a）京津唐地区高分辨率卫星图（下载于 Google Earth）

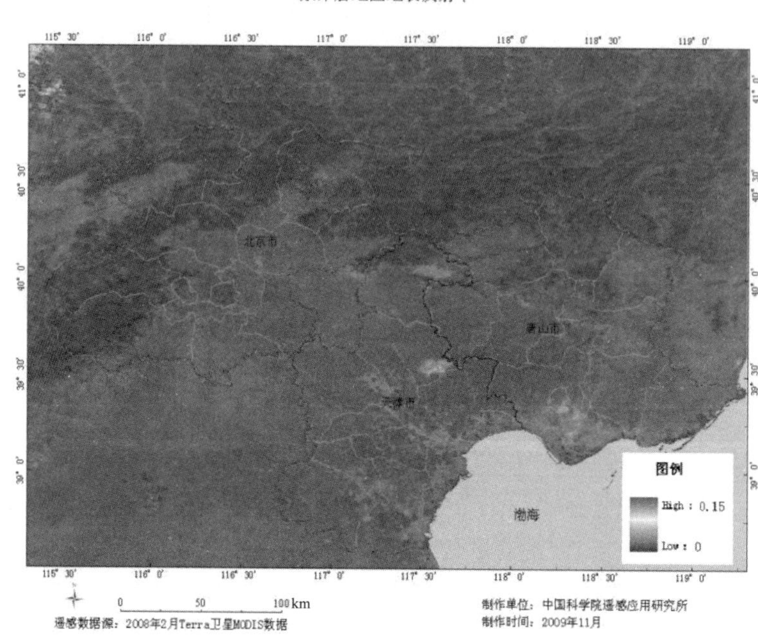

（b）2008 年 2 月 2—10 日地表反射率（蓝光波段）合成产品

图 4.7 地表反射率产品制作

Kaufman 等（1997b）研究表明晴天地表反射率 0.01 的误差会带来气溶胶光学厚度 0.1 的误差，利用最邻近天的地表反射率假设为反演时的地表反射，这种不同时间的观测几何变化会给地表二向反射率的取值带来一定程度的影响，并进而对气溶胶光学厚度反演带来误差。

（三）反演流程

亮目标气溶胶光学厚度反演流程是建立在暗像元算法基础之上，对于暗像元算法无法处理的亮目标区域，调用本算法反演亮目标的 AOD。气溶胶光学厚度反演需要的数据包括 MODIS L1B 数据、MODIS 云产品 MOD35，以及用于建立地表反射率库的 MOD09 产品。主要步骤包括：

（1）预处理。气溶胶光学厚度反演前首先要对 MODISL1B 数据进行预处理，包括去条带噪声及对吸收气体订正等。

（2）像元识别。在像元识别步骤中进行云、浓密植被与亮目标等不同目标的区分，生成掩码数据。其中云掩码基于 MOD35 产品中最高信度云（信度大于 95%）获得（Li et al., 2005）。浓密植被采用基于 2.1 μm 通道表观反射率和植被指数的方法进行识别。亮目标识别对 2.1 μm 通道反射率值大于 0.15 的像元进行判断，这些地区的可见光与 2.1 μm 通道地表反射率不具备相关性，因此将其作为亮目标处理。

（3）AOD 反演。根据像元识别后的掩码数据以及部分辅助数据（冰、雪、地表分类等），对云及内陆水体地区等不做处理；对于浓密植被区域采用 MODIS 暗像元算法处理；

对于亮目标，从每个像元读取几何观测信息，在查找表插值得到相应的大气参数数据，依据从地表反射率库中获得的蓝光波段的地表反射率值，对 MODIS 的蓝波段表观反射率进行线性插值获取气溶胶光学厚度。

（四）结果与验证

利用亮目标算法，基于 Terra/MODIS 卫星遥感数据对 2008 年 1—3 月京津唐冬季无浓密植被区域的 AOD 进行反演，并与 MODIS 标准产品进行对比，如图 4.8 所示。

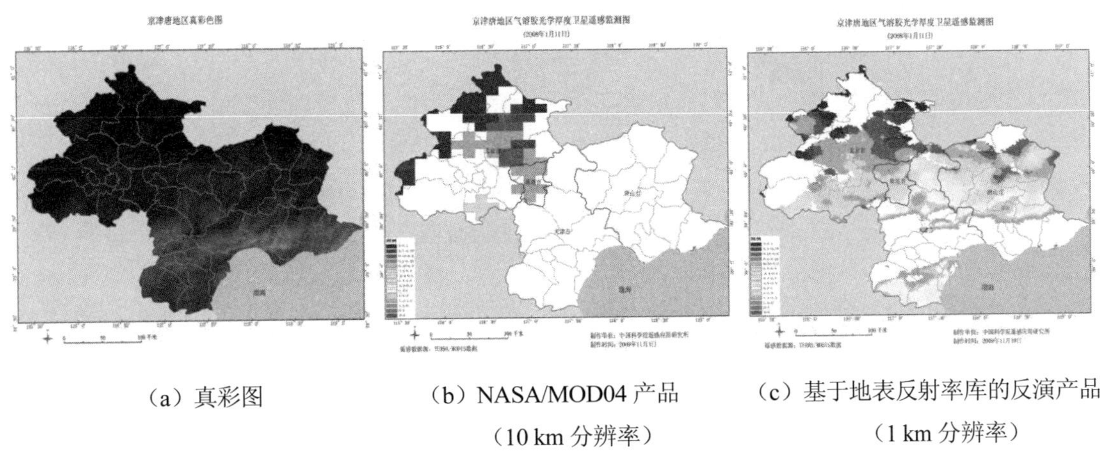

（a）真彩图　（b）NASA/MOD04 产品（10 km 分辨率）　（c）基于地表反射率库的反演产品（1 km 分辨率）

图 4.8　2008 年 1 月 11 日京津唐地区 AOD 验证

图 4.8 表明，基于暗像元法的 MODIS 气溶胶标准产品（图 4.8（b））无法给出冬季无浓密植被和城市区域的气溶胶分布和浓度值。耦合地表反射率算法的反演结果（图 4.8（c））弥补了 MODIS 标准产品的不足，真彩图（图 4.8（a））中无云地表亮目标 AOD 反演较为成功。由于 MODIS 气溶胶标准产品是 10 km 分辨率，本书 1 km 的反演结果信息量更加丰富。京津唐城市群地区气溶胶光学厚度（大于 0.4）远大于山村地区（小于 0.2），主要是因为北方冬季取暖，过多的烟煤排放量带来了较严重的大气环境污染。

为了验证算法精度，我们利用北京地区 AERONET 站点数据（北京站，香河站）对反演结果进行验证。将 MODIS 载荷过境前后半小时内地基观测数据进行平均后，和地基站点位置像元处卫星反演的 AOD 结果进行比较。为统一比较，卫星反演的 AOD 和地基观测结果都统一转换为 550 nm 波段值（图 4.9）。

如图 4.9 所示，从 2008 年 1—3 月有记录的晴天验证对比结果可知，耦合地表反射率反演得到的 AOD 与地基观测结果具有很好的一致性，相关关系达到 R^2=0.953 3。可以看出，在 AOD 较大时，符合 MODIS 暗目标法的反演精度“± 0.05 ± 0.15×*AOD*”的点数较多；而当 AOD 较小时（AOD＜0.4），只有约 56%的反演结果符合误差范围。

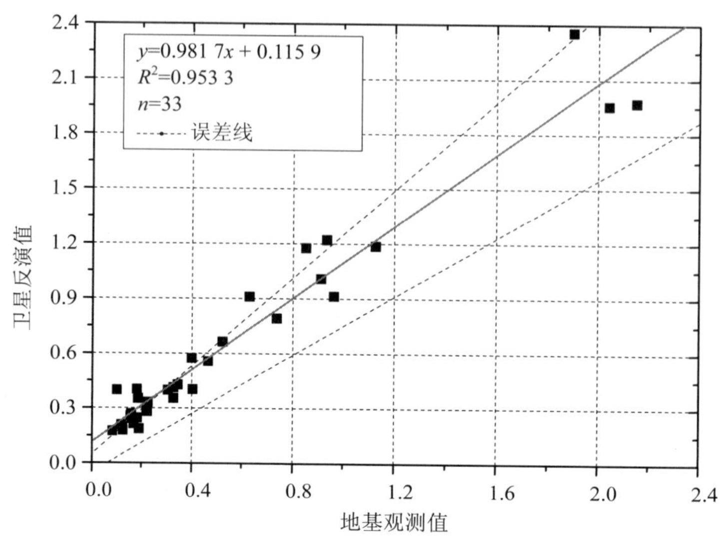

图 4.9 地基数据验证图

五、霾光学厚度卫星遥感反演

（一）原理

霾又称大气棕色云，也称灰霾（烟霞）。国际气象组织（WMO）则将空气相对湿度小于 80%且水平能见度小于 10 km 的天气称为霾（haze）。目前，我国的大气污染现象越来越严重，灰霾天气现象逐渐增多，危害加重。如何快速大范围的进行监测是目前急需完成的任务，遥感数据具有大范围面状的观测、准实时获取、更新周期短、成本低的特点，对于大气污染、霾分布与强度状况，可以进行快速准确的监测。

卫星传感器接收到的辐射信息，既是大气参数的函数，又是下垫面地表反射率的函数。作为气溶胶的一种特殊形式，霾的作用是使卫星接收的辐射值增大。MODIS 数据反演气溶胶光学厚度时，使用暗像元法来去除地表贡献。暗像元算法反演陆地气溶胶的分布以及性质已经取得了较好的效果。然而，该算法只适用于诸如水体、浓密植被等较低地表反射率区域，大大限制了该算法的实际应用范围，尤其是无法应用于冬季或者亮地表区域气溶胶的遥感反演。采用基于 MODIS 地表反射率库的深蓝算法（Hsu et al.，2004）进行霾反演，具体算法原理与方法参看基于 MODIS 及 HJ-1 的亮目标气溶胶光学厚度卫星遥感反演部分。

（二）处理流程

1．霾像元识别

基于 MODIS 的暗像元算法中霾像元的识别，针对暗像元算法无法处理的霾区域，开展霾气溶胶光学厚度的反演。根据 MODIS 提供的冰、雪和地表分类等辅助数据，以及云掩码统计像元区域内各要素比例，对于云掩码大于 90%的像元区域不进行反演。

2. 地表反射率获取

我国霾天的发生一般存在一周左右的发展过程，即从比较稳定的晴朗天气开始，随着空气湿度的逐渐增大使吸湿性颗粒物增长，能见度逐渐下降的过程。在这个过程中，不存在降水等改变地表反射率事件，所以假定霾天发生过程的地表反射率不发生变化，选择最临近晴朗天气的 MODIS 数据进行大气校正，生产地表二向反射率（BRDF）产品（Vermote, et al., 1999），作为随后几天霾天气溶胶光学厚度反演时的真实地表反射率。地表二向反射率采用 AMBRALS 算法，AMBRALS 算法的理论基础是核驱动模型(Roujean et al. 1999)，它利用具有一定物理意义的核的线性组合来拟合地表的二向性反射特征。二向性反射可以分解为各向同性反射（常量）、体散射和几何反射三部分，而每个部分使用不同的 BRDF 模型核，按最小误差原则组合成一个新的 BRDF 模型（Li et al., 1999）。

3. 霾光学厚度反演

以查找表为基础进行反演。查找表是通过设定不同卫星观测几何参数，不同的观测波段，使用 6S 软件进行辐射传输计算得出。霾反演算法利用从 MODIS 数据中读取的观测几何参数，在霾查找表插值出相应的 ρ_0、$T(\mu_s)T(\mu_v)$ 和 S 参数；然后根据临近晴朗天的 BRDF 核系数计算出可见光波段的地表反射率，并按不同的光学厚度值内插获得 ρ_0、$T(\mu_s)T(\mu_v)$ 和 S 等参数值，最后计算假定的表观反射率，对真实的表观反射率进行线性插值获得大气气溶胶光学厚度。

平均相对误差 14.88%（见图 4.10）。

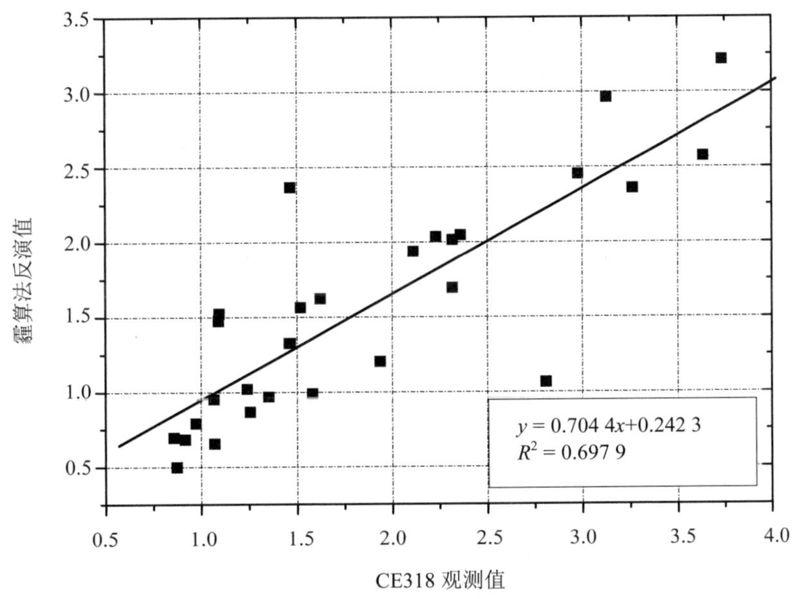

图 4.10 地基数据验证图

六、颗粒物浓度卫星遥感反演

（一）原理

1. 近地面气溶胶消光系数计算

以星载大气气溶胶整层光学厚度为基础，结合大气混合层高度以及气象数据等辅助数据，计算得到大气气溶胶消光系数的垂直分布，从而获得近地面气溶胶消光系数。

气溶胶浓度随高度增加而减少的速率可以表示为

$$N_{\mathrm{a}}(z) \approx N_{\mathrm{a}}(0)\exp(-\frac{z}{H_{\mathrm{a}}}) \tag{4-53}$$

其中，N_{a}（0）是地面气溶胶浓度，而 N_{a}（z）是在高度为 z 处的气溶胶浓度，H_{a} 即为标高，可以看做是混合层高度。

根据上式可以得到：

$$\beta_{\mathrm{ext}}(z,\lambda) \approx \beta_{\mathrm{ext}}(0,\lambda)\exp(-\frac{z}{H_a(\lambda)}) \tag{4-54}$$

其中，$\beta_{\mathrm{ext}}(0,\lambda)$ 是波长为 λ 时近地面层的气溶胶消光系数，$\beta_{\mathrm{ext}}(z,\lambda)$ 是在高度为 z 处的气溶胶消光系数。根据平面平行大气假设（Liou，2004），大气气溶胶光学厚度与各高度处气溶胶消光系数的关系为：

$$\tau_{\mathrm{a}}(\lambda) = \int_0^{\infty} \beta_{\mathrm{ext}}(z,\lambda)\mathrm{d}z \tag{4-55}$$

由式（4-54）和式（4-55）可得：

$$\tau_{\mathrm{a}}(\lambda) \approx \int_0^{\infty} \beta_{\mathrm{ext}}(0,\lambda)\exp(-\frac{z}{H_{\mathrm{a}}(\lambda)})\mathrm{d}z = \beta_{\mathrm{ext}}(0,\lambda)H_{\mathrm{a}}(\lambda) \tag{4-56}$$

即大气气溶胶光学厚度与近地面气溶胶消光系数存在正比关系，其比例系数为气溶胶标高。实际应用中，气溶胶标高常用大气边界层高度近似，后者可用激光雷达测得（贺千山，2005）。由此可知，近地面气溶胶消光系数可由光学厚度与气溶胶标高求得：

$$\beta_{\mathrm{ext}}(0,\lambda) \approx \tau_{\mathrm{a}}(\lambda)/H_{\mathrm{a}}(\lambda) \tag{4-57}$$

2. 近地面气溶胶消光系数湿度订正

在一定的高度和颗粒物粒谱分布下，颗粒物浓度与气溶胶消光系数存在着正相关关系（孙景群，1982；韩道文，2006），但由于水汽对气溶胶粒子的复折射指数和消光截面等物理、光学性质具有较大影响（Malm et al.，2000；张立盛，2002），需要对“湿”气溶胶消光系数进行适当的订正，使订正后的“干”消光系数与颗粒物浓度具有更高的相关性。将相对湿度对气溶胶消光系数的影响设为相对湿度因子 $f(RH)$，其值等于同条件下“湿”气溶胶消光系数与“干”气溶胶消光系数之比。基于式（4-57），近地面气溶胶“干”消光系数 $\beta_{\mathrm{ext,dry}}$ 可表示为：

$$\beta_{\text{ext,dry}}(0,\lambda) \approx \frac{\tau_{\text{a}}(\lambda)}{H_{\text{a}}(\lambda)\cdot f(RH)} \tag{4-58}$$

3. $PM_{2.5}$与PM_{10}浓度反演

由 Mie 散射理论可知，气溶胶“干”消光系数与颗粒物的谱分布与散射特性密切相关。由地面观测的 $PM_{2.5}$ 与 PM_{10} 浓度数据和近地面气溶胶“干”消光系数的比对发现，二者存在很强的相关关系。通过大量数据的统计分析，拟合出二者的线性相关关系，由此基于星载数据反演的近地面“干”气溶胶消光系数就可以反演近地面 $PM_{2.5}$ 与 PM_{10} 浓度。近地面 PM_{10} 浓度与近地面“干”气溶胶消光系数之间的关系可以用下式计算（Wang et al.，2010）：

$$\begin{aligned} \rho_{\text{PM}_{2.5}} &= a_1\beta_{\text{ext,dry}} + a_2 \\ \rho_{\text{PM}_{10}} &= a_3\beta_{\text{ext,dry}} + a_4 \end{aligned} \tag{4-59}$$

式中，a_1、a_2、a_3、a_4通过对近地面“干”气溶胶消光系数和近地面 $PM_{2.5}$ 与 PM_{10} 浓度使用最小二乘法分析得到得到。

（二）处理流程

（1）建立利用气象方法得到混合层高度分布的方法，映射气溶胶光学厚度为地面气溶胶消光系数。将利用中尺度模式的预测和地面激光雷达以及地面散射系数的测量校验，得到混合层高度分布信息，进一步将 MODIS 遥感的气溶胶光学厚度按照混合层高度和稳定度类型映射为气溶胶消光系数的垂直分布，建立地面消光系数的分布。

（2）研究季节变化的气溶胶消光系数相对湿度影响因子，映射地面气溶胶消光系数为“干”气溶胶地面消光系数。我们研究典型区域内气溶胶消光系数相对湿度影响因子季节性的变化，最终用于将气溶胶消光系数映射为地面颗粒物质量浓度。

（3）研究“干”气溶胶地面消光系数与地面 PM 质量浓度的关系，映射“干”气溶胶地面消光系数为地面 PM 质量浓度。

（4）利用混合层高度、相对湿度等辅助数据，将卫星遥感反演的气溶胶总光学厚度转换为近地面气溶胶“干”消光系数，基于统计相关分析的结果反演颗粒物浓度。

（三）基于 MODIS AOT 反演近地面颗粒物浓度

美国 NASA 的 EOS-MODIS（Moderate-resolution Imaging Spectroradiometer）具有多光谱、宽覆盖和分辨率高等特点，被广泛地用于大气气溶胶的监测。按照 Kaufman 等（1997a，1997b，1997c）提出的算法，采用地面观测与辐射传输模拟相结合的方法（Li et al.，2005），基于 MODIS 数据可得到 1 km×1 km 分辨率的 AOT 产品，本书利用超级站地基观测的 AOT 对其进行验证。为减少大气变化和尺度差异带来的误差，取地基 AOT（550 nm）在 MODIS 过境前后 1 h 内的均值，与超级站所在 MODIS 像元的 AOT（550 nm）作比对（Wang et al.，2010）。选取 2007 年 8 月至 9 月间 33 天的 MODIS AOT 数据与地基 AOT 进行比较（如图 4.11），二者相关性十分显著（R^2 为 0.77），且数值接近（拟合曲线的斜率为 0.914，截距仅为 0.102）。因此，本章第 2 节中基于地面数据建立起来的 AOT 与近地面颗粒物浓度的相关模型，可适用于 MODIS AOT。

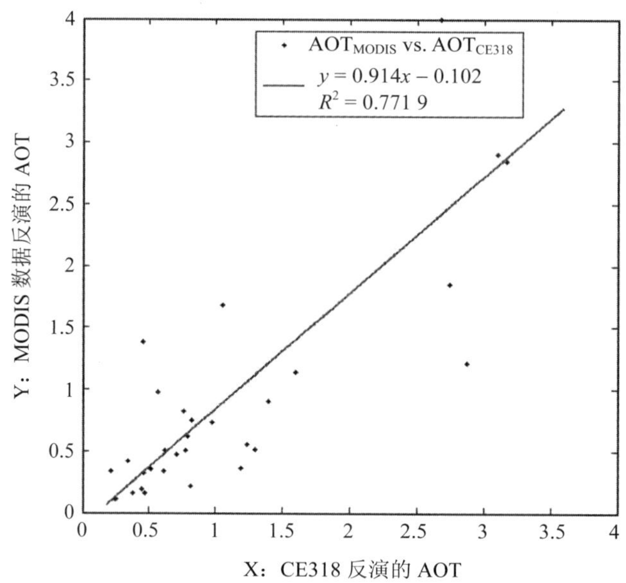

图 4.11 MODIS 像元 AOT 与超级站地面观测 AOT 的比对

（观测时间 2007 年 8—9 月，数据样本数 33）

基于 2007 年 8 月 15 日上午过境华北的一景 MODIS 数据，依据过境时刻前后 1 h 内超级站地面观测的混合层高度和相对湿度的均值对 MODIS AOT 进行垂直和湿度订正，并根据相关模型估算该区域的近地面颗粒物浓度，空间分辨率为 1 km×1 km。截取北京市中心城区 PM_{10} 和 $PM_{2.5}$ 的分布图（空间范围是 39.4°N～40.4°N，115.8°E～117.0°E），从图 4.12 可以看出，MODIS AOT 估算的颗粒物浓度分布连续，反映出近地面颗粒物浓度的空间变化趋势：以北京市内城区为中心，颗粒物浓度明显向四周呈放射状递减，到了农村或山区等人为活动稀少的地区，颗粒物浓度也接近最低。

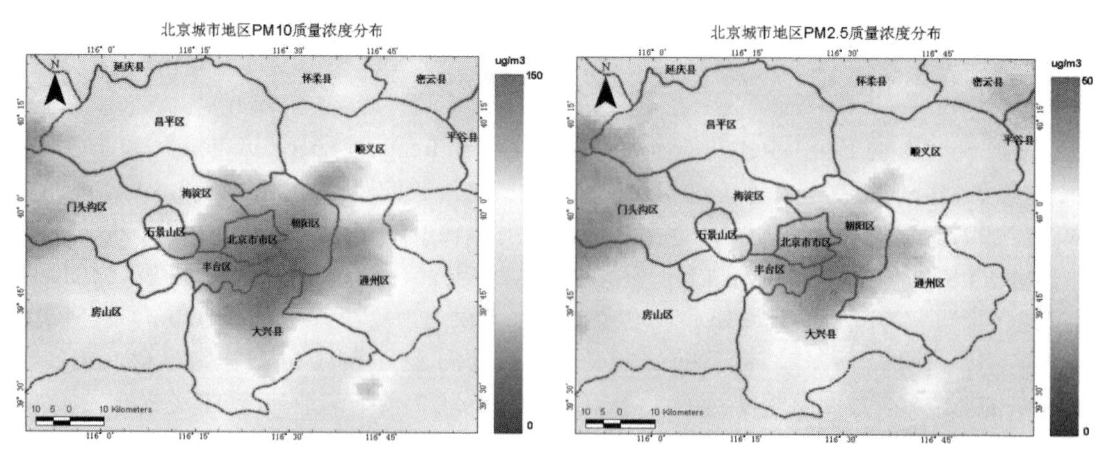

（a）北京城市地区 PM_{10} 质量浓度分布　（b）北京城市地区 $PM_{2.5}$ 质量浓度分布

图 4.12 MODIS 估算的北京地区 PM_{10}（左图）、$PM_{2.5}$（右图）结果

第四节　生物质燃烧火点卫星遥感监测技术

一、生物质燃烧概述

生物质燃烧的主要包括森林火灾、草原火灾和农作物秸秆焚烧等。它不仅会降低能见度，严重影响交通安全，而且释放出大量污染物，如氮氧化物、CO_2、O_3、烟尘等，导致空气质量下降（段凤魁等，2001），危害人类健康。生物质燃烧作为一个全球性问题，正日益受到普遍关注，对其进行研究，对减少空气污染、保护和改善生态环境、实现二氧化碳零排放及缓解全球变暖问题具有重要意义（邹玲等，2006）。

生物质燃烧是多发事件，具有季节性、周期性的特点（郑晓燕等，2005）。全国总量计算的不同生物质燃烧对不同污染物的贡献率，秸秆的比例最高，其次为薪柴，二者是最主要来源，总计贡献了98%左右，而森林火灾和草原火灾所占的份额很小。我国生物质燃烧排放污染物的量具有双峰变化特征，峰值分别在5月和10月，主要是由于秸秆的露天焚烧所致（曹国良等，2005）。

利用卫星遥感技术结合土地利用信息监测生物质燃烧火点具有时效性强、资料获取快捷和费用低廉的特点，并且可以动态、准确地监测出大范围的生物质焚烧火点位置、数目及火点的分布规律。本章主要介绍利用卫星遥感技术监测火点的原理以及使用多源卫星数据进行火点探测的方法，并列举了卫星遥感技术在我国秸秆焚烧监测方面的应用实例。

二、火点遥感监测原理

火点遥感监测的原理基于维恩位移定律。常温地物热辐射能量的峰值位于长波红外波段，随着温度升高，热辐射的峰值向波长较短的波段移动。因此火点的一个显著特征就是中红外波段的辐射能量高于常温地物。通过遥感观测的辐射能量可以计算物体的亮度温度，基于上述特征可设置适当的亮度温度阈值实现火点判别。

维恩位移定律是描述黑体电磁辐射能流密度的峰值波长与自身温度之间反比关系的定律，其数学表示为：

$$\lambda_{max} = \frac{b}{T} \tag{4-60}$$

其中，λ_{max}为辐射的峰值波长（单位 m），T为黑体的绝对温度（单位 K），b=2.8 977 685×10^{-3}m·K，称为维恩位移常数。维恩位移定律说明了一个物体温度越高，其辐射谱的波长越短（或者说其辐射谱的频率越高）。根据维恩位移定律，物体辐射峰值波长随温度升高向短波方向移动。

一般秸秆燃烧温度为500～1 000K，因此其辐射能量应主要集中在2.8～5.7 μm。高温燃烧火的辐射主要集中在两个离散的区域，强带在4～5 μm，弱带在2～3 μm（Justice et al.，2006），而其他谱段的辐射则相对小得多。由此可见，高温燃烧属于选择性辐射体。生物燃烧时，在中红外波段的辐射值要远远高于其周围背景像元，其辐亮度特征非常明显。对比而言，火点给其他观测通道所带来的辐射增量则相对较小，观测通道的辐射能量则几乎没有任何变化。火点辐射呈现出明显的非均匀性分布。相关研究表明，虽然火点辐射非均匀性分布包含大气非均匀吸收对观测结果的影响，但是其主要原因在于火点本身的选择性辐射特性。因此，利用火点的选择性辐射特性可以建立一个基于辐射观测数据的火情监测模型。

在常用的火点监测算法中，常将火点的辐射亮度转化为亮度温度，然后根据亮度温度阈值进行火点判定。亮度温度（简称为亮温）是描述一般地物辐射能力的“等效”温度参数，即在一定波段范围内，一般地物与绝对黑体具有相等的辐射亮度时，以绝对黑体的温度等效该地物的温度，此温度称为地物的亮度温度。利用普朗克公式可把物体的辐射亮度转换为亮度温度：

$$T = \frac{hc}{k\lambda \ln\left(1 + \frac{2hc^2}{L\lambda^5}\right)} \tag{4-61}$$

式中，T 为亮度温度（K）；h=6 626×10^{-34}J·s，称为普朗克常数；c 为光速（m/s）；k=1.38×10^{-23}J/K，k 为波尔兹漫常数，λ 为中心波长（μm），L 为辐射亮度[W/（m^2·sr·μm）]。

目前，主要用于火点监测的传感器为搭载在 EOS/TERRA、EOS/AQUA 卫星上的 MODIS（Giglio et al.，2003），搭载在 NOAA 系列卫星上的 AVHRR（Flasse et al.，1996）和环境一号卫星上的红外相机等。

三、基于 MODIS 数据的火点监测

MODIS 火点算法的关键是将目标像元的温度特性与周围背景像元（background pixels）的平均温度特性准确地统计出来，并进行多阈值判别，根据判别结果提取火点像元（Giglio et al.，2003）。算法主要利用 MODIS 在 4 μm 和 11 μm 处观测到的表观亮温（分别记为 T_4 和 T_{11}）进行火点探测。其中 4 μm 处有两个通道，即高响应范围的 21 通道（饱和亮温 500K）和低响应范围的 22 通道（饱和亮温 331K）；在 22 通道不饱和的情况下都用其来生成 T_4，否则利用 21 通道数据计算 T_4。而 11 μm 处亮度温度由 31 通道数据计算，饱和亮温为 400K。

算法主要通过提取潜在火点、基于背景辐射信息提取火点两个步骤提取火点。

1. 提取潜在火点

算法首先要进行初步分类，以区分背景像元（即明显不是火点的像元）与潜在火点（即可能为火点的像元）。设 T_4、T_{11} 分别为像元 4 μm（B21 或 B22 通道）和 11 μm（B31 通道）的亮度温度（下同），对于无云陆地像元如果满足下述条件：

$$\left(T_4 > 310\text{K and } \Delta T = T_4 - T_{11} > 10\text{K}\right) \text{ and } \left(\rho_{0.86} < 0.3\right) \text{（白天）或}$$

$$T_4 > 305\text{K and } \Delta T = T_4 - T_{11} > 10\text{K} \text{（夜晚）}$$

则被判为潜在火点；其他像元则被判为非火点像元。同时基于 Gigilio 等（2003）的研究工作，设定判别火点的绝对阈值条件为：

$T_4>360K$（白天）或$T_4>320K$（夜晚）　　条件（1）

若潜在火点满足这一条件即判定为火点，其他不满足条件的潜在火点进入下一步处理。

2. 基于背景辐射信息提取火点

本算法的关键在于对潜在火点周围的背景辐射特性进行准确的估算，从而通过比较确定潜在火点的真伪。具体的方法是：以潜在火点为中心，建立大小为 $N \times N$ 的背景窗口，对窗口中的背景像元进行分类并统计其温度特性。窗口中的云像元数记为 N_c，水像元数记为 N_w，同时将满足 $T_4>325K$ 和 $\Delta T>20K$（白天）或 $T_4>310K$ 和 $\Delta T>10K$（夜晚）的像元标识为背景火点，并统计其数量记为 N_f。窗口中其他背景像元则标记为有效背景像元，用 N_v 表示其数量。如果有效背景像元数量满足窗口内总像元数的 25%且多于 8 个，则统计窗口的背景温度特性：记 $\overline{T_4}$、δ_4、$\overline{T_{11}}$、δ_{11}、$\Delta\overline{T}$ 和 $\delta_{\Delta T}$ 分别为有效背景像元 4 μm 亮度温度的均值和平均绝对偏差、11 μm 亮度温度的均值和平均绝对偏差，以及 4 μm 与 11 μm 亮度差异的均值和平均绝对偏差；另记 $\overline{T}_4'$ 和 δ_4' 分别为窗口中背景火点像元 4 μm 亮度温度的均值和平均绝对偏差。窗口起始大小为 3×3，若有效背景像元不够，则增大窗口（变为 5×5、7×7…21×21）并继续进行上述分类和统计，直到窗口中有足够的有效背景像元。如果当 $N=21$ 时仍未选出足够有效背景像元，则该潜在火点被标识为不确定类型。

如果上述背景温度特性被成功提取，则将其与潜在火点的温度特性（T_4、ΔT、T_{11}）进行多个阈值条件的判别，如下所示：

$\Delta T>\overline{\Delta T}+3.5\delta_{\Delta T}$　　条件（2）

$\Delta T>\overline{\Delta T}+6K$　　条件（3）

$T_4>\overline{T_4}+3\delta_4$　　条件（4）

$T_{11}>\overline{T_{11}}+\delta_{11}-4K$　　条件（5）

$\delta_4'>5K$　　条件（6）

如果下述条件成立，则潜在火点被标识为火点，否则被标识为非火点。

条件（2）～（4）成立，并且条件（5）成立或（6）成立（白天）；

或条件（2）～（4）成立（夜晚）

四、基于 AVHRR 数据的火点监测

AVHRR 第 3b 通道位于中红外波段，第 4 通道和第 5 通道位于热红外波段。根据维恩位移定律，黑体温度和辐射峰值波长成反比，常温（约 300K）地表辐射峰值在第 4 通道的波长范围，高温火点（如秸秆燃烧温度一般在 650K 以上）的热辐射峰值在第 3b 通道的波长范围。与常温像元相比，火点所在像元的高温在第 3b 通道引起的辐射亮度增量将大

大高于第 4 通道辐射亮度增量，根据这一差异可通过多阈值判别方法提取火点所在的像元。

基于 AVHRR 传感器的火点遥感监测算法主要分为如下三步（Giglio et al.，1999）。

1．卫星数据预处理

接收到 AVHRR 卫星数据后，利用定标系数、控制点经纬度等辅助数据进行辐射校正及几何校正，并提取所需的第 2～5 波段数据。

2．潜在火点探测

采用不同的阈值来分别提取潜在火点像元和常温背景像元。

检验（1）：如果 $T_3>311\text{K}$ 并且 $(T_3-T_4)>8\text{K}$，那么该像元为潜在火点像元，否则为常温背景像元。其中，T_3 和 T_4 分别是 AVHRR 第 3b 通道和第 4 通道的亮度温度。

检验（2）：如果 $\rho_2>0.22$，且 $T_4<260\text{K}$，或者 $(T_4-T_5)>4.1\text{K}$，则该像元为常温背景像元。其中，ρ_2 是第 2 通道的大气层顶的表观反射率，T_5 为第 5 通道亮度温度。

3．潜在火点的确认

首先提取潜在火点周围的背景温度特性。以潜在火点为中心，建立大小为 $N\times N$ 个像元的背景窗口，从中选取无云陆地背景像元作为有效背景像元，像元数目计为 N_v。如果有效背景像元数量满足 $N_\text{v}>8$ 并且 $N_\text{v}>0.25N^2$，则对窗口内的像元进行分类并统计背景温度特性；否则增大窗口，直到获得足够的有效背景像元。

然后对有效背景像元的温度特性进行统计。设：

$T_{3\text{b}}$=背景像元 T_3 平均值，$\sigma_{3\text{b}}$=背景像元 T_3 标准差

$T_{34\text{b}}$=背景像元的 (T_3-T_4) 平均值，$\sigma_{34\text{b}}$=背景像元的 (T_3-T_4) 的标准差

检验（3）：如果（$T_{3\text{PF}}-[T_{3\text{b}}+2\sigma_{3\text{b}}]>3\text{K}$ 并且 $T_{34\text{PF}}>T_{34\text{b}}+2\sigma_{34\text{b}}$），则将潜在火点判别为真实火点。其中 $T_{3\text{PF}}$ 是潜在火点像元的第 3 通道亮温，$T_{34\text{PF}}$ 是潜在火点像元第 3 通道亮温与第 4 通道亮温的差。

五、基于环境一号卫星红外相机数据的火点监测

环境一号卫星红外相机有 4 个通道，分别是 2 个近红外通道，1 个中红外通道和 1 个热红外通道，可用于火点遥感监测。除了热红外通道像元空间分辨率为 300 m 外，其余 3 个通道分辨率都是 150 m，扫描幅宽为 720 km，其波段设置见表 4.4。

表 4.4 HJ-1B 红外相机特性

波段名称	波段范围/μm	空间分辨率/m	动态范围/K	
			最小值	最大值
IRS1	0.75～1.10	150		
IRS2	1.55～1.75	150		
IRS3	3.50～3.90	150	300	500
IRS4	10.5～12.5	300	200	340

基于环境一号卫星红外相机的火点监测算法如下。

1. 云检测及卫星扫描角订正

云覆盖较厚的时候无法进行地面火点识别，而且有云像元容易被误判为火点，因此需要首先进行云检测。检测出的有云像元将不参与火点判别或背景像元的温度特性统计。观测天顶角过大也会影响火点识别，因此一般只对观测天顶角在 45 º 之内的像元进行火点判别。

2. 火点识别阈值确定

环境一号卫星红外相机采用 3.7 μm（第 3 通道）、11 μm（第 4 通道）两个红外通道识别火点。参考以往的经验阈值，将火点判别的阈值范围设为：第 3 通道亮温 T_3＞360K（夜间 330K），第 4 通道亮温 T_4＞320K（夜间 315K），同时两个通道亮温差值 ΔT＞20K（夜间 10K）。为避免固定阈值可能引起的探测误差，上述阈值需要在参考常用经验阈值的基础上，充分考虑目标地物的辐射特性和其他因素，进行适当的调整。

3. 去除耀斑点的干扰

在高反射体或特殊的观测几何条件下，太阳辐射的反射信号会大大增加第 3 通道的辐射亮度，造成该像元第 3 和第 4 通道的亮度温度差异显著增大，容易误判为火点。这种情况主要发生在反射率较高的裸露地表、云表面以及水体（镜面反射），这些像元称为耀斑点。基于可见、近红外通道的反射率与观测几何条件能较好的识别耀斑点，从而减少火点的误判。

六、秸秆焚烧监测方法

根据上述原理与方法，从卫星遥感数据（MODIS、AVHRR、环境一号卫星红外相机等）获得热异常点的分布，然后通过下垫面类型等基础地理数据，提取农田上的火点作为秸秆焚烧点。具体包括如下几个步骤。

1. 数据提取

首先基于卫星遥感数据对火点进行识别和热辐射特性的反演，获取遥感数据可识别的所有火点像元空间位置、观测时刻和亮度温度等信息。然后结合土地分类数据，利用地理信息系统软件，将火点进行叠加分析，获得它的土地类型，类型为农田的判断为秸秆焚烧点。

2. 固定火点去除

将“火点”图层叠加中国行政区域，通过比较多天的火点分布情况并叠加土地利用信息、中国小麦区划图，排除一些钢铁厂等典型误探测火点（部分钢铁厂、火电厂的位置通过网上查询或已有积累的资料中得到）。

3. 剔除重复点

对于 1 km 范围内的簇状点群考虑到几何定位的误差，将所有周边火点合并为一个，以其中心点作为最终的火点位置。

4. 其他固定火源的去除。

通过比较一年时间序列的火点特征，如果同一位置在三个月内都出现火点，被判断为固定火源而去除。

第五节　区域空气环境质量遥感综合评价

一、监测原理与方法

区域环境空气质量评价是指综合利用各种空气质量遥感监测产品，在对遥感监测产品进行统计分析的基础上，根据区域空气质量分级评价指标，得到区域环境空气质量的统计分析与评价结果。本节主要介绍单因子和多因子评价方法。

（一）单因子环境空气质量评价

根据环境评价中的悲观评价原则，空气质量的好坏级别由质量最差的单一指标来确定，这即为单因子指标评价方法的原理。空气质量遥感监测单因子评价模型以空气质量评价因子（AQEI）为核心，综合考虑环境空气中的雾霾状况、颗粒物浓度与污染气体含量，给出环境空气质量的综合评价结果。

空气质量评价因子的确定原则为：空气质量的好坏取决于各种污染监测指标中危害最大的污染物指标的污染程度。空气质量评价因子主要根据环境空气质量标准和各项污染物对人体健康和生态环境的影响程度来确定评价因子的大小和相应的污染物浓度阈值。

空气质量评价因子与对应的空气质量级别见表 4.5。

表 4.5　空气质量评价因子范围及相应的空气质量类别（参考 HJ 633—2012）

空气质量评价因子	空气质量级别	空气质量状况	对健康的影响
0～50	Ⅰ	优	可正常活动
51～100	Ⅱ	良	极少数异常敏感人群应减少户外活动
101～150	Ⅲ	轻微污染	易感人群症状有轻度加剧，健康人群出现刺激症状
151～200		轻度污染	—
201～250	Ⅳ	中度污染	心脏病和肺病患者症状显著加剧，运动耐受力降低，健康人群中普遍出现症状
251～300		中度重污染	—
＞300	Ⅴ	重污染	健康人运动耐受力降低，有明显强烈症状，提前出现某些疾病

空气质量评价因子的计算方法：污染指数与各项污染物浓度的关系是分段线性函数（见表 4.6），用内插法计算各污染物指标的分指数 I_n，取各项污染物分因子中最大者代表该区域或城市的空气质量评价因子。即：

$$\mathrm{AQEI}=\max（I_1，I_2，\cdots，I_i，\cdots，I_n） \tag{4-62}$$

设 I 为某污染物指标的污染指数，C 为该污染物指标的值。各污染物指标分因子 I_i 的计算方法为：

$$I=\frac{I_{大}-I_{小}}{C_{大}-C_{小}}(C-C_{小})+I_{小} \tag{4-63}$$

式中：$C_{大}$与$C_{小}$是指在AQEI分级限值表中最贴近C值的两个值，$C_{大}$为大于C的限值，$C_{小}$为小于C的限值。

$I_{大}$与$I_{小}$是指在AQEI分级限值表中最贴近I值的两个值，$I_{大}$为大于I的值，$I_{小}$为小于I的值。

表4.6　空气污染指数对应的污染监测指标限值

空气质量评价因子	污染物遥感监测指标			污染物地基监测指标
AQEI	雾能见度/km	霾因子	可吸入颗粒物/（mg/m^3）	API
50	15	35	0.050	50
100	12	30	0.150	100
200	9	25	0.350	200
300	7	20	0.420	300
400	4	15	0.500	400
500	2	10	0.600	500

（二）多因子环境空气质量评价

空气环境是一个多因素影响耦合的复杂的动态系统，随着这个系统复杂性的增加，对系统特性进行精确而有意义的描述难度也在增加。对区域空气质量进行评价，需要研究的变量很多，相互关系错综复杂，其中既有确定的规律性关系，又有不确定的随机变化。因此，为了更加准确、全面、客观地对区域空气质量进行评价，需要考虑多因素的影响，进行多因子综合分析评价。这里介绍基于模糊数学法（梁保松等，2007）的多因子评价模型进行区域空气质量多因子综合评价的方法。基于模糊数学法的多因子环境空气质量评价模型需要综合考虑影响环境空气质量的多种因素，根据空气污染因子的复杂性，采用超标法赋权归一化，按照最大隶属原则，通过模糊数学模型计算出区域环境空气质量多因子分级结果。具体步骤与方法如下：

1. 多因子评价空间的确定

结合已有地面观测数据，同时使用遥感监测获得的可吸入颗粒物浓度、雾能见度、霾指数和地基观测的二氧化硫、二氧化氮等监测数据作为区域空气质量多因子评价的指标集合。

在没有地基观测数据配合的条件下，仅使用遥感监测获得的可吸入颗粒物浓度、空气浑浊度和总悬浮颗粒物浓度作为区域空气质量多因子评价的指标。

因此，可以建立多因子评价空间如下：

$$\begin{aligned} u&=\{u_1,u_2,\cdots,u_n\} \\ v&=\{I,II,III,IV,V\} \end{aligned} \tag{4-64}$$

式中，u为评价指标集合；v为评价等级集合，如I表示空气质量为I级（优）。

2．评价指标隶属矩阵 R 的确定

对评价指标集合的监测结果向量（x_1，x_2，…，x_n）须首先确定每一评价指标对空气质量各级别的隶属度，然后构造隶属矩阵 R 如下：

$$R=\begin{bmatrix} u_{11} & u_{12} & u_{13} & u_{14} & u_{15} \\ \vdots & \vdots & \vdots & \vdots & \vdots \\ u_{i1} & u_{i2} & u_{i3} & u_{i4} & u_{i5} \\ \vdots & \vdots & \vdots & \vdots & \vdots \\ u_{n1} & u_{n2} & u_{n3} & u_{n4} & u_{n5} \end{bmatrix} \tag{4-65}$$

式中，u_{ij} 表示第 i 个评价指标对第 j 级别空气质量的隶属度，u_{ij} 的确定方法如下：

$$u_{ij}=\begin{Bmatrix} 1 & x\leqslant e_i(1) \\ [e_i(2)-x]/[e_i(2)-ei(1)] & e_i(1)<x<e_i(2) \\ 0 & x\geqslant e_i(2) \end{Bmatrix} \tag{4-66}$$

$$u_m(x)=\begin{Bmatrix} 1-u_{m-1}(x) & e_i(m-1)<x<e_i(m) \\ \dfrac{[e_i(m-1)-x]}{[e_i(m+1)-e_i(m)]} & e_i(m)<x<e_i(m+1) \\ 0 & x\leqslant e_i(m-1), x\geqslant e_i(m+1) \end{Bmatrix} \tag{4-67}$$

$$u_{i5}=\begin{Bmatrix} 0 & x\leqslant e_i(4) \\ 1-u_{i4}(x) & e_i(4)<x<e_i(5) \\ 1 & x\geqslant e_i(5) \end{Bmatrix} \tag{4-68}$$

式中，x 表示污染指标的监测结果；e_i（j）表示空气质量为第 j 等级时的第 i 种监测指标的阈值，也叫分级代表值。e_i（j）的计算方法如下：

$$\begin{cases} e_i(1)=s_i(1) \\ e_i(m)=[s_i(m-1)+s_i(m)]/2 \\ e_i(5)=s_i(5) \end{cases} \tag{4-69}$$

式中，s_i（j）代表空气质量为第 j 等级时的第 i 种监测指标的分级标准值。各监测指标的分级标准值是根据环境空气质量标准和各项污染物对人体健康和生态环境的影响程度来确定的。在确定该值时需要利用 k-均值方法对各监测指标的历史统计数据进行聚类分析，并参考区域环境空气质量历史监测结果与这些评价因子的敏感性分析结果。

3．各评价因子赋权 A 的确定

为了体现不同监测指标对区域空气质量的不同贡献，需要给各监测指标的隶属值赋予不同的评价权重，评价因子赋权的方法很多，根据大气成分的复杂性和大气污染状况的多样性，这里采用评价因子超标法归一化赋权，以突出主要影响因子的贡献：

$$a_i = \frac{C_i}{S_{0i}}$$
$$\overline{a}_i = \frac{a_i}{\sum_{1}^{n} a_i} \tag{4-70}$$

式中，a_i 表示第 i 种污染物的权重因子；$\overline{a}_i$ 表示归一化后的第 i 种污染物的权重因子；C_i 表示第 i 种污染物的实际监测浓度；S_{0i} 表示第 i 种污染物的环境质量标准值。

4. 综合评价集合 B 的计算

综合评价集合 B 由式（4-71）计算：

$$\begin{aligned} B &= A \bullet R \\ &= (a_1, a_2, \cdots, a_n) \bullet \begin{bmatrix} r_{11} & r_{12} & \cdots & r_{1m} \\ r_{21} & r_{22} & \cdots & r_{2m} \\ \cdots & \cdots & \cdots & \cdots \\ r_{n1} & r_{n2} & \cdots & r_{nm} \end{bmatrix} \\ &= (b_1, b_2, \cdots, b_m) \end{aligned} \tag{4-71}$$

式中，b_j 是由 A 与 R 的第 j 列运算得到的，它表示区域空气质量对第 i 等级的隶属程度，b_j 越大表示空气质量越接近第 j 等级。

5. 多因子线性加权评价

对于所考虑的环境空气遥感监测指标（如气溶胶光学厚度、二氧化氮、二氧化硫等）进行数学归一化处理，并为每一归一化指标指定一权重，进行多因子线性加权计算，在此基础上进行分级，对区域大气环境质量的状况进行评价。

监测指标归一化可以采用最大值归一化计算：

$$I_i' = \frac{I_i}{I_{i\max}} \tag{4-72}$$

式中，I_i 为某监测指标的值、$I_{i\max}$ 为某监测指标的最大值，I_i' 为归一化计算后的某监测指标值。

加权平均综合评价指标计算公式：

$$I = \sum_{i=1}^{i=n} P_i I_i' \tag{4-73}$$

式中，I_i' 为某监测指标的归一化值、P_i 为某归一化监测指标的权重，I 为加权平均综合评价指标值。

二、技术流程

根据上述综合评价方法，利用卫星遥感得到的气溶胶、颗粒物、污染气体等污染物参数，结合地面观测数据，对区域环境空气质量进行评价的具体流程如图 4.13 所示。

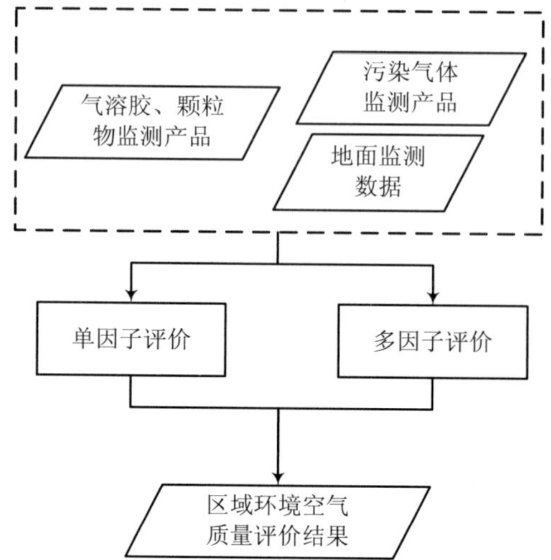

图 4.13　区域空气质量评价流程

第五章　生态环境遥感监测

第一节　生态环境遥感监测基本原理

一、生态环境的基本概念

生态环境可以定义为影响人类生存与发展的水资源、土地资源、生物资源以及气候资源数量与质量的总称，它不仅是人类生存和发展的基本条件，更是社会、经济发展的基础，其质量标志着区域社会经济可持续发展的能力以及社会生产和人居环境稳定可协调的程度。生态环境是人类生存和经济社会可持续发展的基础，是生态系统和环境系统的有机结合体，包括生物性的生态因子和非生物性的生态因子，如植被、水系、土地、气候等自然地理条件和人为条件。

二、生态环境监测的内容、指标和技术方法

（一）生态环境监测的内容

生态环境监测采用的是生态学的多种措施与方法，从多个尺度上对各个生态系统结构和功能的格局进行度量，主要通过监测生态系统条件、条件变化、对生态环境压力的写照及其趋势而获得。可以说生态监测是运用可比的方法，在时间与空间上对特定区域范围内生态系统或生态系统组合体的类型、结构和功能及其组合要素等进行系统地测定和观察的过程，监测的结果则用于评价和预测人类活动对生态系统的影响，从方法原理、目的、意义等多方面作了较为全面的阐述。

（二）生态环境监测的指标

生态环境监测的本质是环境“要素”和环境“像素”中目标污染物的各类信息的生产过程，即环境信息的生产过程。现阶段的环境监测内容分为综合性指标、物理学指标、化学指标、生物学指标、生态学指标、毒理学指标等，或者分为环境质量指标、自然生态指标、环境保护建设指标等。

（三）生态环境监测技术方法

生态环境监测技术方法就是对生态系统中的指标进行具体测量和判断，以获得生态系统中某一指标的关键数据，通过统计数据，来反映该指标的状况及变化趋势。在选择生态

环境监测具体技术方法前，需根据已知条件，结合确定的技术路线，确定最理想的监测方案。技术路线和方案的内容大致包括以下几点：生态问题的提出，生态监测台站的选址，监测的对象、方法及设备，生态系统要素及监测指标的确定，监测场地、监测频度及周期描述。一些特殊指标可按目前生态站常用的监测方法。生态监测具有着眼于宏观的特点，是一项宏观与微观监测相结合的工作。对于结构与功能复杂的宏观生态环境进行监测，必须采用先进的技术手段。

三、植物遥感原理

陆地表面的70%为植被所覆盖，植被是陆地生态系统的基本组成成分，也是陆地生态环境中重要的资源。植被是遥感图像反映的最直接的信息，是遥感对地观测的主要对象，也是人们研究的主要对象（赵英时等，2003）。作为地理环境重要组成部分的植被，与一定的气候、地貌、土壤条件相适应，受多种因素控制，对地理环境的依赖性最大，对其他因素的变化反应也最敏感。因此，人们往往可以通过遥感所获得的植被信息的差异来分析那些图像上并非直接记录的生态环境信息。如水体资源、气候资源、矿藏、地质构造、自然历史环境演变遗留的痕迹等。因而植物遥感原理以及植物光谱特征一直是生态环境遥感监测基础理论研究的重要内容。

（一）植物遥感原理

1. 叶片和植被结构

植物遥感依赖于对植物叶片和植被冠层光谱特性的认识，因而首先需要了解植物叶片和植被的结构。

（1）叶片结构

叶片的最上层为表层，由较密集的细胞组成，并被半透明的薄膜覆盖；最下层位表皮，含气孔与外界进行气体、水分交换，这是植物光合作用和植物生长的根本保证；上下表皮之间为栅栏组织和海绵组织，其中，栅栏组织由长透镜状细胞平行排列而成，海绵叶肉组织由相互分离的不规则状细胞组成，叶肉细胞的较大表面积保证光合作用中O_2、CO_2的充分交换（赵英时等，2003）。

（2）植被结构

植株是由叶、叶柄、茎、枝、花等不同组分组成。从植物遥感——植物与光（辐射）的相互作用出发，植被结构主要指植物叶子的形状、大小，植被冠层的形状、大小以及空间结构——包括成层现象、覆盖度等。

植被结构随着植物的种类、生长阶段、分布方式的变化而变化。在定量遥感中它大致可分为水平均匀植被和离散植被两种。两者之间并无严格界限。草地、幼林、生长茂盛的农作物多属前者，而稀疏林地、果园、灌丛等多属后者。植被结构可以通过一组特征参数来描述和表达，如叶面积指数LAI、叶面积体密度FAVD、叶间隙、叶倾角分布LAD。

2. 植物的光合作用

植物的光合作用是指植物叶片的叶绿素吸收光能和转换光能的过程。它所利用的仅是太阳光的可见光部分，即称之为光合有效辐射（PAR），约占太阳辐射47%～50%，其强度随着时间、地点、大气条件等变化。植物叶片所吸收的光和有效辐射（APAR）的大小及变化取决于太阳辐射的强度和植物叶片的光合面积。而光合面积不仅与叶面积指数有关，还与叶倾角、叶间排列方式、太阳高度角有关。光合面积与叶绿素浓度结合可以反映作物群体参与光合作用的叶绿素数量。而水、热、气、肥等环节因素直接影响 PAR 向干物质转换的效率。如叶片缺水、气孔减小，直接影响作为光合作用原料的 CO_2 的吸收。Monteith（1997）提出了干物质生产效率，从理论上描述了作物干物质生产过程。该模型表示为

$$W = \int \varepsilon \cdot i \cdot Q \cdot d_t \tag{5-1}$$

式中，ε为截获光合有效辐射转换为干物质的效率；i 为太阳光合有效辐射截获率；Q 为太阳光合有效辐射；t 为光合时间；W 为作物光合作用生产的所有干物质数量。

射入叶片的可见光部分中的蓝光、红光及少部分绿光可被叶绿素吸收，用于光合作用。植物在光合作用过程中将转换和消耗光能。此外，射入植被的光能除了被叶子吸收外，还有部分的反射和透射。部分阳光透射到植物体的非光合器官上，因而光合作用的潜力是受植物类型、结构、生态环境等多方面因素的影响。

（二）植物的光谱特征

1. 叶片的光谱特征

近红外波段在植物遥感中具有很重要的作用。这是因为近红外区的反射受叶内复杂的叶腔结构和腔内对近红外辐射的多次散射控制，以及近红外光对叶片有近 50%的透射和重复反射的原因。随着植物的生长、发育或受病虫害胁迫状态或水分亏缺状态等的不同，植物叶片的叶绿素含量、叶腔的组织结构、水分含量均会发生变化，致使叶片的光谱特性发生变化。虽然这种变化在可见光和近红外区同步出现，但近红外的反射变化更为明显。这对于植物/非植物的区分、不同植被类型的识别、植物长势监测等是很有价值的。

植物的发射特征主要表现在热红外和微波谱段。植物在热红外谱段的发射特征，遵循普朗克黑体辐射定律，与植物温度直接相关。植物非黑体而是灰体，因而研究它的热辐射特征必须考虑植物的发射率。植物的发射率是随植物类别、水分含量等的变化而变化。健康绿色植物的发射率一般在 0.96～0.99，常取 0.97～0.98；干植物的发射率变幅较大，一般为 0.88～0.94。

植物的微波辐射特征能量较低，受大气干扰较小，也可用黑体辐射定律来描述。植物的微波辐射能力与植物及土壤的水分含量有关。而植物的雷达后向散射强度与其介电常数和表面粗糙度有关。它反映了植物水分含量和植物群体的几何结构，同样传达了大量的植物的信息。研究表明：JERS-1 的 SAR（L 波段）图像可以穿透植被，而得到植物生长环境的信息；ERS-1 的 SAR（C 波段）图像可以直接测量植被，并含有土壤和地形信息（Genya. S. 1996）；Paloscia（1998）研究了多波段（L、C、P）、多极化的 SAR 数据农田观测的叶面积指数间关系，指出可以用多波段雷达数据估算作物叶面积指数。可见，植物的发射特征（热红外和微波）和微波散射特征信息是光学反射遥感数据的补充，也是植物遥感的理论基础。

正如 Boochs（1990）指出植被对电磁波的响应，即植被的光谱反射或发射特性是由其

化学和形态学特征决定的。而这种特征与植被的发育、健康状况以及生长条件密切相关。因此，可以采用多波段遥感数据来揭示植物活动的信息，进行植物状态监测等。

2．植被冠层反射

单叶的光谱行为对植被冠层光谱特性是重要的，但并不能完全解释植被冠层的光谱反射。自然状态下的植被冠层是由多重叶层组成，上层叶的阴影挡住了下层叶，整个冠层的反射是由叶的多次反射和阴影的共同作用而成。在植物冠层，多层叶子提供了多次透射、反射的机会。

植物冠层的光谱特性，除了受植物冠层本身组分——叶子的光学特性的控制，还受植物冠层的形状结构、辐照及观察方向、背景光谱等的影响。图 5.1 是植物光谱曲线图，图 5.2 是不同植物的光谱曲线图。

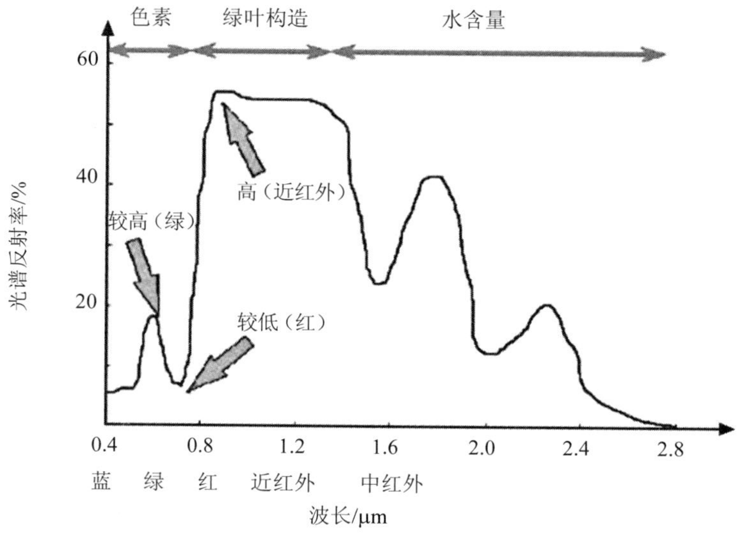

图 5.1 植物光谱曲线图

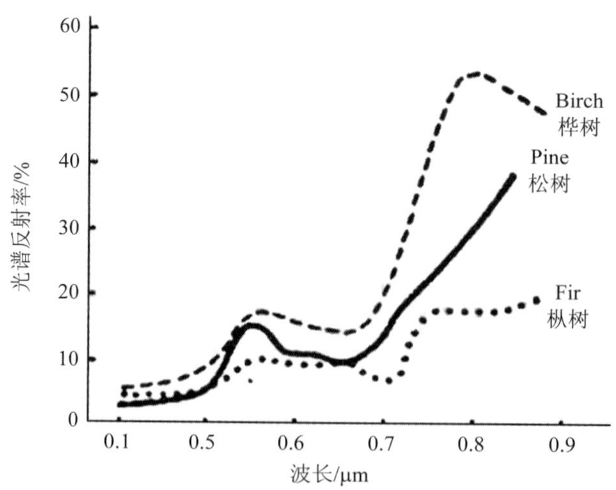

图 5.2 不同树木的植被反射率

在对遥感进行的各方面研究中，地物光谱特征的测量和研究是遥感理论研究的重要内容，也是各种遥感应用的基础。

自然界大部分物质，在电磁波作用下，由于电子跃迁，原子、分子振动等相互作用，在某些特定波长处都具有反映物质物理和结构信息的光谱吸收和反射特征。植被对电磁波的响应，即植被光谱反射或发射电磁波的特性是由其化学和形态学特征共同决定的，而这种特征与植被的发育、健康状况以及生长条件密切相关（Boochs，1990）。叶片中每种生化组分都有其在特定波段处、区别于其他物质的特征吸收光谱曲线。

第二节 土地覆盖产品生产

一、土地覆盖产品

土地覆盖被定义为地球陆地表层和近地面层的自然状态，是自然过程和人类活动共同作用的结果。土地覆盖与土地利用一起，是全球环境变化的重要组成部分和内容，对土地利用/土地覆盖（LUCC）的研究，自20世纪90年代以来，始终受到广泛的关注。土地利用/覆盖变化也是环保监测的重要领域，土地覆盖及其变化情况对地表生物、气候、水文等过程均具有直接影响，是反映生态系统变化的重要指标和参数，随着遥感技术的发展，土地利用/覆盖变化遥感监测被大量地应用于生态环境保护多个领域。

遥感为宏观、迅速、动态地获取区域土地覆盖状况提供了可能。土地覆盖遥感分类方法包括目视解译、监督分类、非监督分类等，为提高计算机自动分类的精度，还发展了决策树分类、基于对象分类、基于专家知识的分类、人工智能神经元网络分类方法等，在具体应用中，分类方法的选择需根据研究区土地覆盖的复杂程度、辅助资料的详略程度以及分类者对区域特点的把握程度等综合确定。

二、土地覆盖分类系统

土地覆盖分类系统是分析土地覆盖变化的重要前提。目前，国内外还没有一个统一的、标准的分类系统。国外的土地覆盖分类系统主要有美国USGS分类系统、IGBP分类系统、FAO土地覆盖分类系统（LCCS）、在NOAA遥感数据基础上建立的UMD全球土地覆盖分类系统、MODIS全球土地覆盖分类系统等。国内常用的分类系统包括中国科学院“国家资源环境遥感宏观调查与动态研究”建立的土地资源分类系统，并完成了以TM为主要信息源的中国土地利用/覆盖图，此分类系统在我国土地利用/覆盖遥感信息提取中被广泛应用（表5.1）；1984年国土资源部制定了全国土地分类，1999年又对该分类系统进行了修订，这一分类系统主要体现土地利用的特点，以利于国土管理；为体现生态系统特色，依据环境一号卫星环境遥感监测业务运行的需要，环保部建立了土地生态分类体系（表5.2），后续又与中科院联合建立了生态系统遥感分类体系，用于2000—2010年中国生态环境十年变化遥感评估。

表 5.1 “国家资源环境遥感宏观调查与动态研究”土地资源分类系统

一级类型		二级类型		一级类型		二级类型	
编号	名称	编号	名称	编号	名称	编号	名称
1	耕地	11	水田	5	城乡、工矿、居民用地	51	城镇用地
		12	旱地			52	农村居民点
2	林地	21	有林地			53	其他建设用地
		22	灌木林	6	未利用土地	61	沙地
		23	疏林地			62	戈壁
		24	其他林地			63	盐碱地
3	草地	31	高覆盖度草地			64	沼泽地
		32	中覆盖度草地			65	裸土地
		33	低覆盖度草地			66	裸岩石砾地
4	水域	41	河渠			67	其他
		42	湖泊				
		43	水库坑塘				
		44	永久性冰川雪地				
		45	滩涂				
		46	滩地				

表 5.2 土地生态分类体系

一级类型		二级类型		一级类型		二级类型	
编号	名称	编号	名称	编号	名称	编号	名称
1	城镇及工矿用地	11	乡村居民点	7	人工种植草地	71	人工种植草地
		12	城市	8	湿地	81	木本湿地
		13	工矿/交通用地			82	草本实地
2	农田	21	水田			83	滩地
		22	旱地	9	水体	91	河流
		23	休耕地			92	湖泊/水库
3	森林	31	落叶林			93	坑塘
		32	常绿林			94	永久积雪/冰川
		33	混交林	10	裸露及难利用土地	101	开矿/采石场
4	灌木林	41	灌木林			102	沙地
5	人工种植林	51	果园			103	戈壁
		52	速生经济林			104	盐碱地
		53	其他人工种植林			105	裸土地
6	草地	61	高盖度草地			106	裸岩
		62	中盖度草地			107	其他
		63	低盖度草地				

三、土地覆盖分类方法和流程

土地覆盖分类是生态环境状况评估的基础。为了能够获取详尽准确的土地利用与土地覆被状况，满足生态环境保护与评估的需要，利用环境一号卫星 CCD 相机数据宽视场、重访周期短的特点，以目前成熟的中分辨率卫星影像数据为主要数据源，建立了土地生态分类的技术方法与流程，形成了满足土地分类数据产品规模化生产需要的自动化分类技术流程（见图 5.3）。

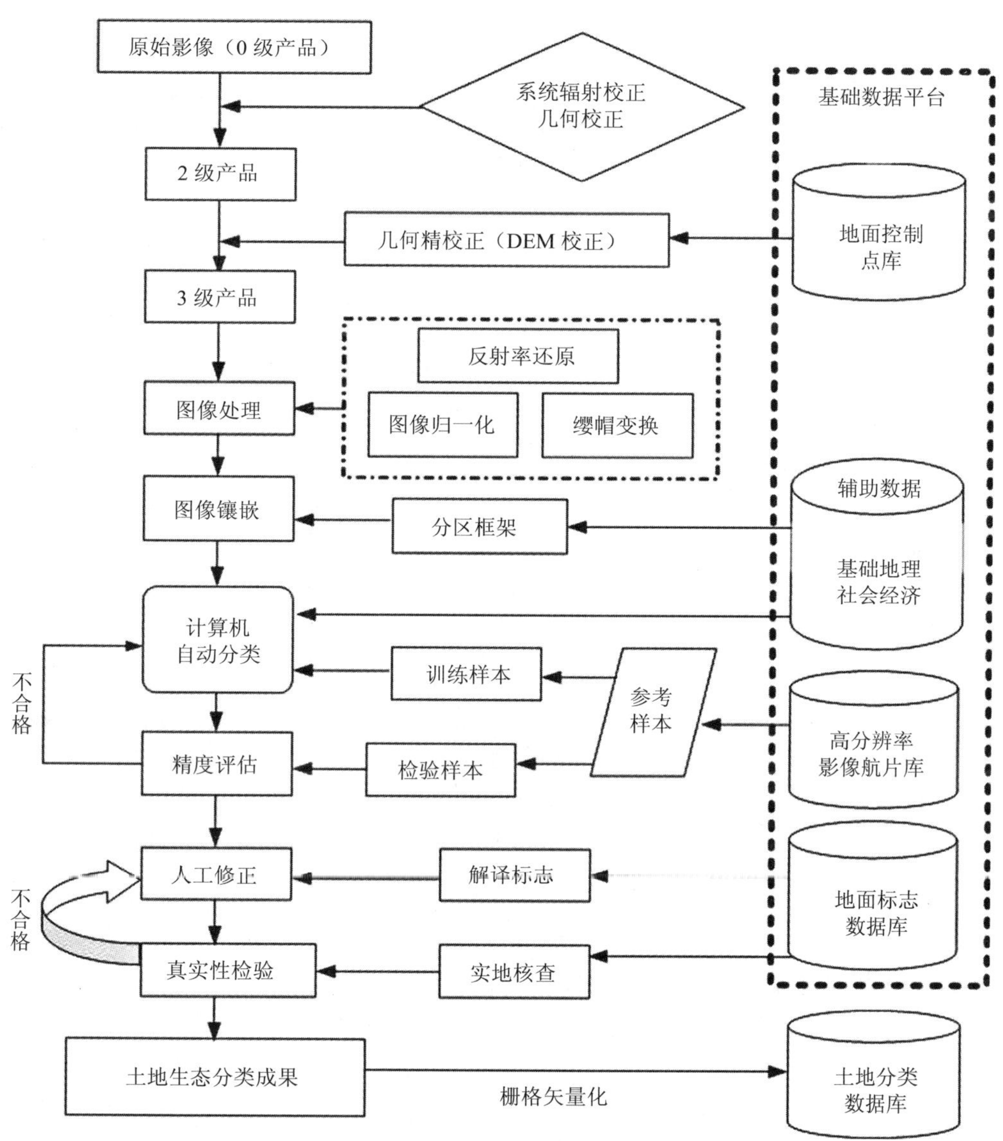

图 5.3　业务化运行的土地生态分类技术路线

开展土地覆盖分类的基础是建立各土地覆被类型的解译标志，表 5.3 归纳了土地生态类型环境一号卫星 CCD 影像特征。

表 5.3 土地生态分类系统环境一号卫星 CCD 相机影像特征

地物类型	环境一号卫星 CCD R（4）G（3）B（2）	环境一号卫星 CCD R（3）G（4）B（1）
乡村居民点 （样区：山东省寿光市）		
城市 （样区：内蒙古东胜地区）	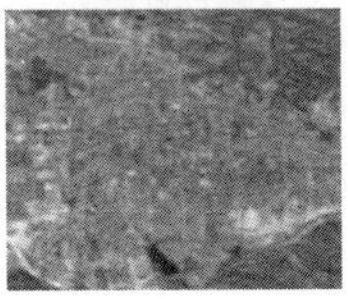	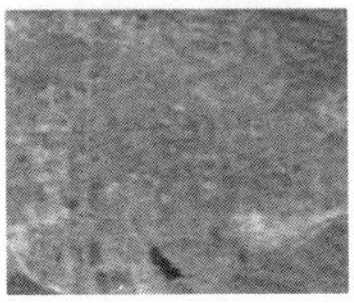
工矿/交通用地 （样区：北京首都机场）	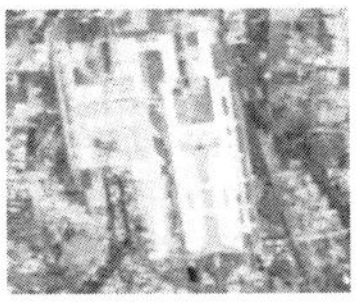	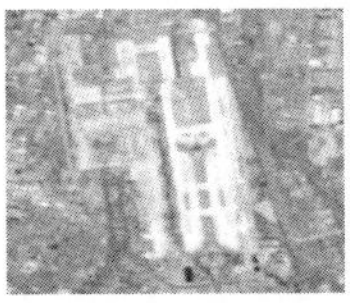
水田 （样区：湖北省黄梅县）		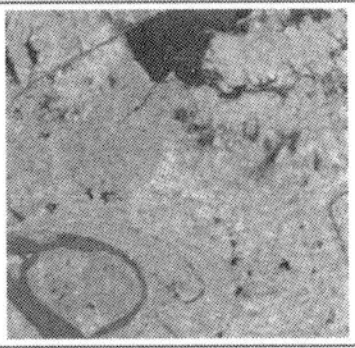
旱地 （样区：内蒙古包头市固阳县）		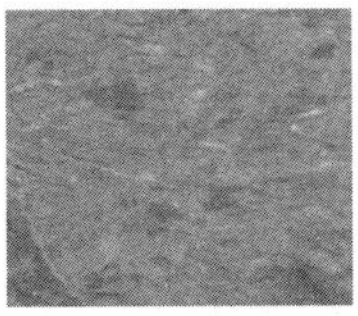
休耕地 （样区：内蒙古科尔沁地区）	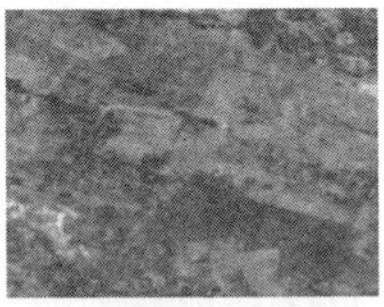	
落叶林 （样区：黑龙江北安地区）	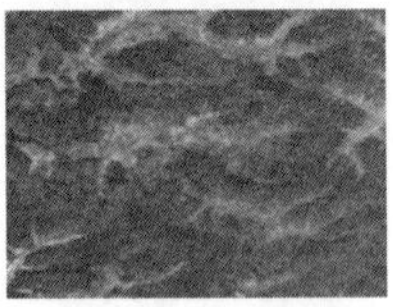	
阔叶林 （样区：陕西省榆林地区）		

地物类型	环境一号卫星 CCD R（4）G（3）B（2）	环境一号卫星 CCD R（3）G（4）B（1）
混交林 （样区：内蒙古鄂尔多斯地区）	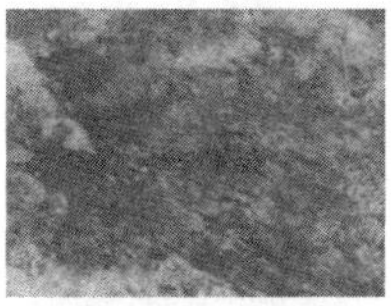	
灌木林 （样区：深圳地区）		
果园 （样区：北京市密云县）	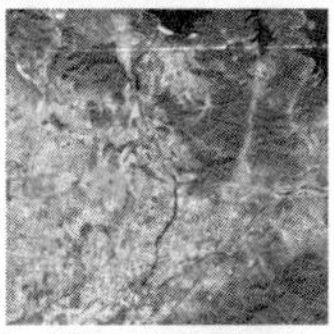	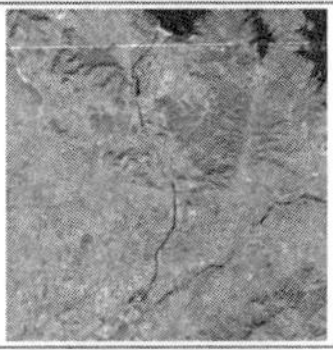
速生经济林 （样区：深圳地区）	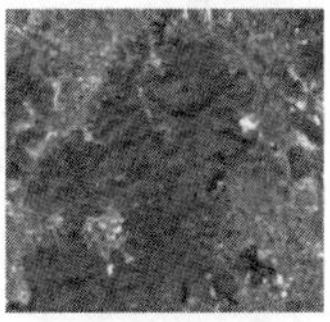	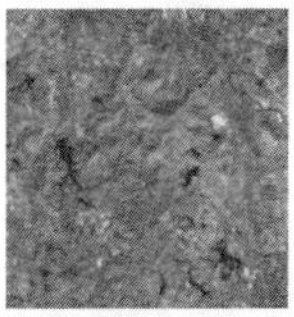
其他人工种植林 （样区：深圳地区）	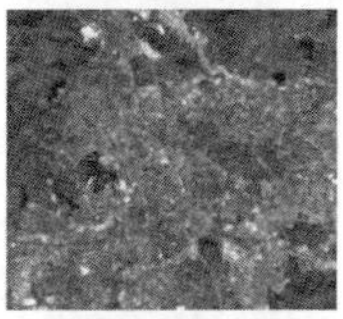	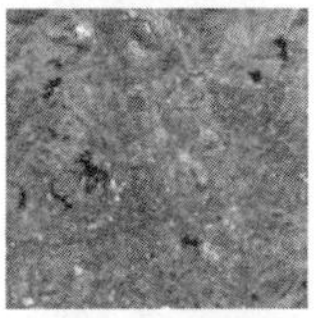
高盖度草地 （样区：内蒙古突泉县）		
中盖度草地 （样区：科尔沁左翼中旗）		
低盖度草地 （样区：科尔沁左翼中旗）		

地物类型	环境一号卫星 CCD R（4）G（3）B（2）	环境一号卫星 CCD R（3）G（4）B（1）
人工种植草地 （样区：内蒙古奈曼旗地区）	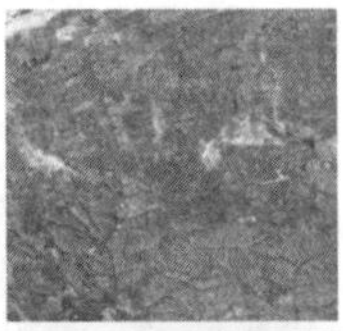	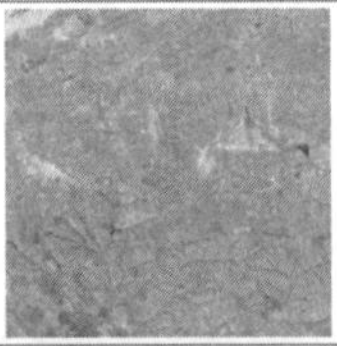
木本湿地 （样区：深圳地区）	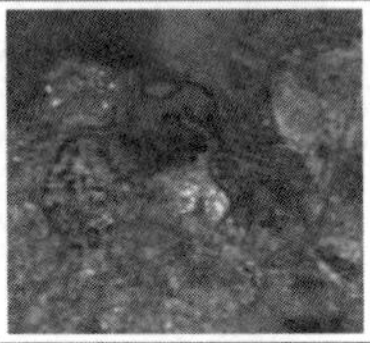	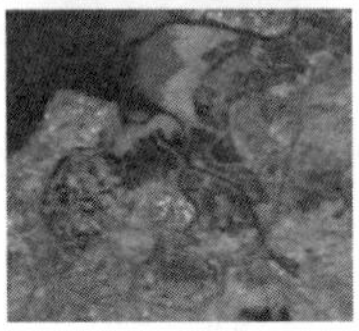
草本湿地 （样区：黑龙江富锦地区）	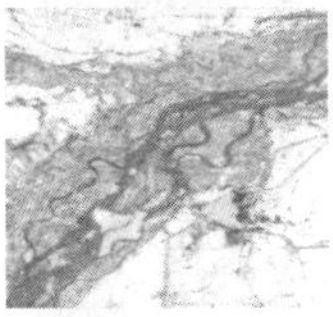	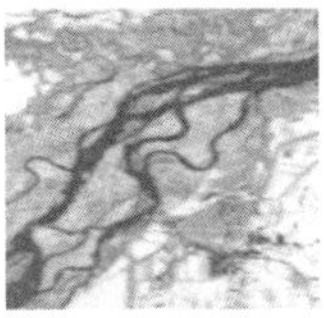
滩地 （样区：深圳地区）		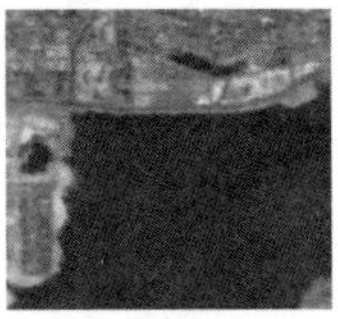
河流 （样区：南京长江地区）		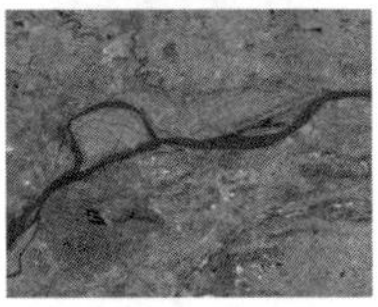
湖泊 （样区：江苏太湖）		
水库、坑塘 （样区：密云水库）	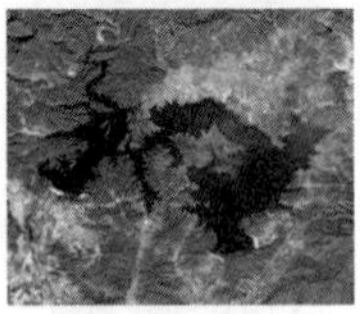	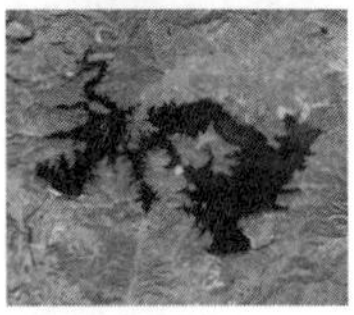
永久积雪/冰川 （样区：青海省格尔木地区）	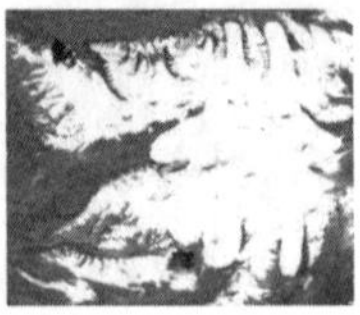	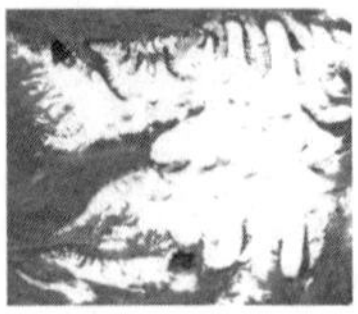

地物类型	环境一号卫星 CCD R（4）G（3）B（2）	环境一号卫星 CCD R（3）G（4）B（1）
开矿/采石场 （样区：山西省大同市）	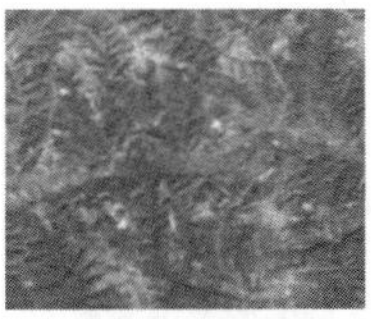	
沙地 （样区：新疆若羌县）		
戈壁 （样区：新疆若羌县）		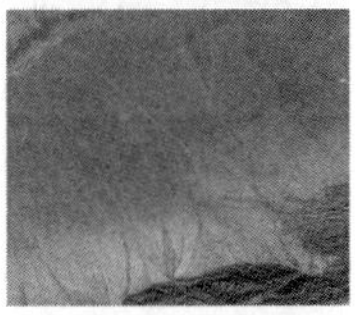
盐碱地 （样区：新疆若羌县）	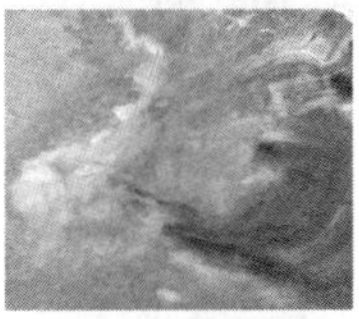	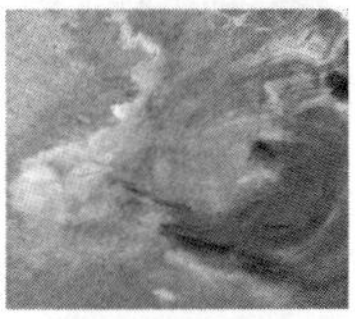
裸土地 （样区：内蒙古额济纳旗）		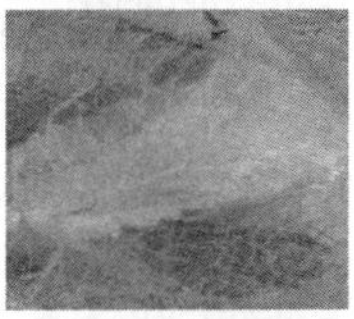
裸岩 （样区：新疆若羌县）	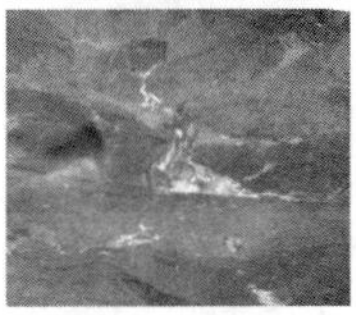	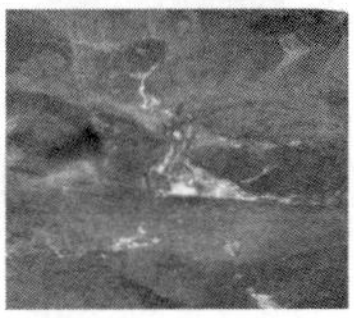

以下主要介绍决策树分类和面向对象分类两种方法。

（一）决策树分类

决策树是一个树型结构，它由一个根结点、一系列内部结点及叶结点组成，每一结点只有一个父结点和两个或多个子结点，结点间通过分支相连。决策树的每个内部结点对应一个非类别属性或属性的集合（也称为测试属性），每条边对应该属性的每个可能值。决策树的叶结点对应一个类别属性值，不同的叶结点可以对应相同的类别属性值。一棵决策树描述了一组分类规则。

决策树方法是通过对训练样本进行归纳学习生成决策树或决策规则，然后使用决策树或决策规则对新数据进行分类的一种方法。决策树方法主要包括了两个过程，一个是决策树学习过程，另一个是决策树分类过程。

决策树分类是利用决策树或决策规则进行分类的方法，它是一种非参数化的监督分类方法。在通过对训练样本进行决策树学习生成决策树后，决策树可以根据属性的取值对一个未知样本集进行分类。

在应用决策树分类规则进行分类时，通常采用如下策略：

①若仅激活一条规则（待分类数据的属性满足一条规则的条件），取规则的结果类别作为输出类别；

②若同时激活多条规则，则取置信度高的类别为输出类别；

③若同时激活多条规则，且类别的置信度相同，则取学习时覆被样本多的规则的结果为输出类别；

④没有规则被激活时，取缺省类别为输出类别。

决策树技术应用于遥感影像的土地利用/土地覆被分类过程有如下优点：一是决策树方法不需要假设先验概率分布，这种非参数化的特点使其具有更好的灵活性和鲁棒性，因此，当遥感影像数据特征的空间分布很复杂，或者多源数据各具有不同的统计分布和尺度时，用决策树分类法能获得理想的分类结果；二是决策树技术不仅可以利用连续实数或离散数值的样本，而且可以利用“语义数据”，比如在山区影像的分类中利用坡向信息（包括离散的语义数值：东、南、西、北、东南、东北、西南、西北），可以大大提高分类精度；三是决策树方法生成的决策树或产生式规则集具有结构简单直观、容易理解以及计算效率高的特点，可以供专家分析、判断和修正，也可以输入到专家系统中，而且对于大数据量的遥感影像处理更有优势；四是决策树方法能够有效地抑制训练样本噪声和解决属性缺失问题，因此可以解决由于训练样本存在噪声（可能由传感器噪声、漏扫描、信号混合、各种预处理误差等原因造成）使得土地覆被分类精度降低的问题。

（二）面向对象分类方法

目前生态环境遥感工作中大量涉及多分辨率影像的应用，不仅要求信息分类和提取的成果是真实世界中目标物的抽象，而且希望目标物在形状与类别上具有一致性，由于单个像元的统计分析方法已不能适应多分辨率多时相的影像分析，所以普通的基于像元技术的分类方法已很难满足需要，需要考虑基于像元所建立的空间模型即影像对象。

影像信息面向的对象处理与基于像元的分析相比，更接近于人类的认知过程。与其他传统的影像处理方法相比较，面向对象影像分析的基本处理单元是影像对象或分割片断，而不是单个的像元，也就是说分类是基于影像对象的。面向对象影像分析最突出的特征是影像对象所包含信息量更加丰富，除了色调，还有形状、纹理、环境信息以及不同对象层的信息。根据这些信息，类别之间的语义差异更加明显，分类的精度当然也有所提高。

从概念的角度看，对象的属性信息可分为三类：一是固有的属性信息，它是对象的物理属性，由真实的地表物体与成像状态（传感器与太阳辐射）决定，如对象的颜色、纹理与形状；二是拓扑的属性信息，它是描述对象之间或整个观察窗口内的几何关系，如左侧、右侧、到一个指定对象的中心距离，或在影像中所处区域位置；三是环境的属性信息，指描述对象语义关系的信息，如公园肯定100%被城区所包围。

面向对象技术进行影像分析主要有两个过程：影像分割与信息提取，这两个影像处理过程是相互影响的循环过程。影像分割完成后，就可以利用影像对象的尺度、形状，特定的信息进行类别信息的提取，反过来，在类别信息提取后，通过成果分析可促进影像分割运算处理法则的改进。在许多应用中，需要的几何信息与感兴趣的对象是通过类别提取与影像分割处理这一相互作用的循环一步步提取出来的，在影像分割处理过程中作为基本单元的影像对象在不断地改变它们的形状、类别与相互之间的关系。

目前在实际应用中常采用 eCognition 面向对象分类工具来实现面向对象方法的应用。自从 2000 年德国 Definiens 公司推出了面向对象影像分析软件 eCognition 以来，面向对象技术在遥感影像的信息分类和提取中得到越来越多的应用，许多国家一改以往基于像元的影像分析方法，纷纷采用面向对象的影像分析方法对土地利用、生态环境、水污染等进行遥感识别与分类。

eCognition 是基于 Dalmatian 技术的一整套独特的功能和技术方法，它主要基于这样的一个概念：即语义信息描述的不是单个像元，而是一幅图像，更重要的是能表现有语义的图像目标和它们之间的相互关系。eCognition 提供了一整套创新的工具，它采用一种新颖独特的分割法则，以任意分辨率提取属性信息一致的图像目标，因此图像信息能以不同尺度的一致性来表达。它以图像目标为基础，通过对不同来源的图像信息赋予相同的值这种方法解决了多源数据的融合问题。eCognition 一系列的用户界面很有特色，它们使图像目标、功能、分类等信息变得清晰明确而且可以直接进行操作。它的分类过程是在模糊逻辑基础上进行的，运用模糊逻辑方法获得每个影像对象的属性信息，并以影像对象为信息提取的基本单元，实现类别信息自动提取的目的。它允许用户对不同对象属性的分类因子如光谱、纹理和形状等进行合并，还可以利用图像目标的属性和网络图像属性之间的相互关系，通过对上下文信息和语义信息的合并来实现复杂的图像分类。

eCognition 面向对象分类技术流程如图 5.4 所示。

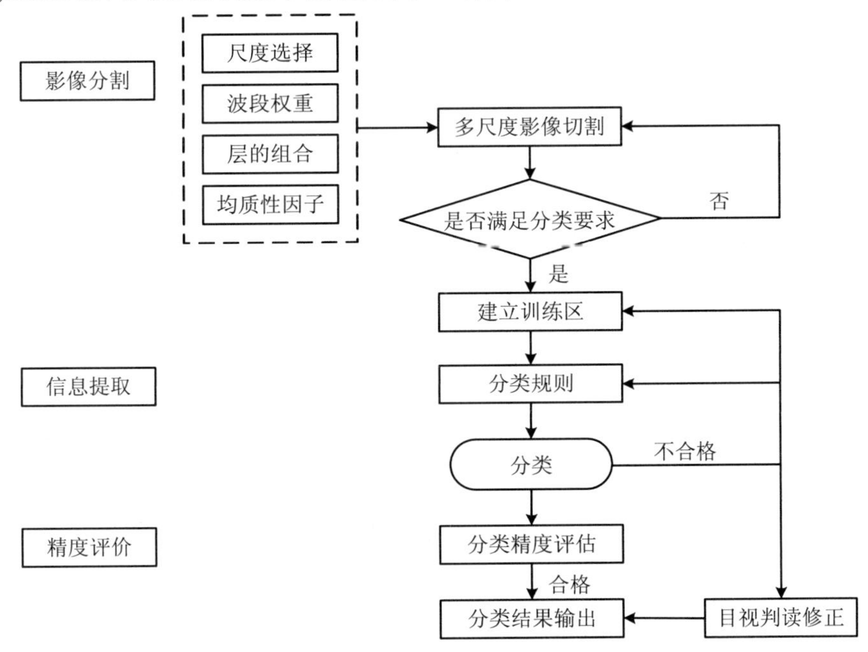

图 5.4　eCognition 分类技术流程

第三节 生态系统参数产品生产

生态遥感参数是定量表征生态系统状况的重要指标，主要包括生物物理参数（叶面积指数、反照率、地表温度等）及生物化学参数（叶绿素、氮含量等）。传统的生态参数测量大都是基于地面试验进行的，费时费力，而且只能提供测量点的信息，随着遥感技术的发展，快速、大面积提取生态参数成为可能。特别是随着近些年来定量遥感技术的发展，生态遥感参数遥感提取方法研究也取得了大量成果，并逐渐开始得到应用。

通过遥感数据得到生态遥感参数的过程包括两大部分：建模和反演。建模是建立参数和遥感数据之间的物理或统计模型，而反演则是基于模型知识基础上，依据可测参数值以及遥感数据去反推目标的状态参数。生态参数遥感模型可分为三大类，统计模型、物理模型和综合模型。统计模型也称实验模型，一般用于生物量的估算、农作物估产和微波的土壤水分计算等，该类模型比较简单，应用比较广泛，但由于其所用参数的时空变化，因而不具普遍性；物理模型是建立在物理、数学基础上的模型，其原理清晰，更具普遍性，但比较复杂，较成功的如二向反射分布函数模型、微波的散射模型和归一化温度指数模型等。综合模型将遥感信息和其他信息有机地结合起来，更具有实用价值。如总循环生物模型，它包括陆地表面和大气相互作用，具有很强的生物物理特征，地球植被对辐射截获的影响特征，低层大气和陆地表面间进行的动量交换、把截获的能量分成为显热和潜热通量的特征（蒸散的生物物理控制）等。生态遥感参数在把小尺度上发生的过程综合到大尺度上去描述地表景观和大气相互作用中起着重要的作用，它可以定量地提供模型中的辐射收支、表面粗糙度、表面阻力和土壤水分、植被类型和覆盖比例、不同物候期的生长状况等。

与建立前向模型所对应，反演方法可分为基于光谱变换的经验统计法反演、基于物理模型的反演及其他综合反演方法（神经网络、专家系统等）。物理模型反演所要面临的主要问题是由于数据信息量不足而引起的无定解问题，因此需要从多种渠道获取数据，并转换为遥感反演所需要的知识。

尽管生态遥感参数的定量提取已经取得了很大进展，但目前仍存在很多问题，主要表现在传感器技术和定标技术还有待进一步提高、前向模型仍需改进。尽管目前生态参数遥感模型众多，但不少都还缺乏有效验证，有的模型过于复杂，需要建立既有明确物理意义，又简洁、精确、适用性广且可反演的模型。本节结合环境保护部卫星环境应用中心基于环境一号卫星的生态遥感参数定量提取方法研究与应用工作，介绍相关的技术方法。

一、植被指数

（一）参数定义与作用

植被指数是遥感领域中用来表征地表植被覆盖和生长状况的一个简单有效的度量参数。是不同波段的植被-土壤系统的反射率因子以一定的形式组合成一个参数，它与植被特性参数间的函数联系，比单一波段值更稳定、可靠，这种多波段反射率因子的组合统称为植被指数（或植被光谱参数）。植被指数是对地表植被活动的简单、有效和经验的度量，将两个或多个光谱观测通道组合就可得到植被指数，植被指数在一定程度上反映着植被的变化信息，被广泛地应用于全球或区域土地覆盖信息提取、植被分类和环境变化分析、第一性生产力分析、作物估产、干旱监测等，还可以转换成叶冠生物物理参数。

（二）遥感反演方法

植被指数大概可以分为三类：第一类为简单植被指数，基本为各种光谱波段的组合，不包含光谱信息外的其他因素，如比值植被指数（RVI）、差值植被指数（DVI）和归一化植被指数（NDVI）；第二类为基于土壤线的植被指数，这类指数中引入了土壤线的一些参数，可以在不同程度上消除土壤背景的影响，如垂直植被指数（PVI）、土壤调节植被指数（SAVI）、修正的土壤调节植被指数（MSAVI）；第三类为基于大气校正的植被指数，该类指数引入大气校正因子来减少大气的影响，如全球环境监测指数（GEMI）、抗大气植被指数（ARVI）和增强植被指数（EVI）。此外，随着传感器的发展，还发展了一些基于高光谱和热红外数据的植被指数（罗亚，2005）。各植被指数各有优缺点，本节主要介绍 NDVI 和 EVI 计算方法，并给出其他植被指数的表达式。

1. NDVI（归一化植被指数）

NDVI 由 Rouse 等在 1973 年提出，增强了对植被的响应能力，可以消除大部分与仪器定标、太阳角、地形、云阴影和大气条件等有关的辐照度的变化。该指数能反映植被冠层的背景影响且与植被覆盖度有关，可以用来监测植被生长活动的季节与年际变化。计算公式为：

$$\mathrm{NDVI}=\frac{\rho_{\mathrm{NIR}}-\rho_{\mathrm{Red}}}{\rho_{\mathrm{NIR}}+\rho_{\mathrm{Red}}} \tag{5-2}$$

式中，ρ_{NIR} 是近红外波段反射率，ρ_{Red} 为红光波段反射率。

NDVI 是目前已有植被指数中应用最广的一种，取值范围为[−1，1]，负值表示地物在可见光波段具有高反射特性，往往与云、水、雪等相关联；0 值往往代表了岩石或裸土；正值表示的是不同程度的植被覆盖，值越大则植被覆盖度越高。

NDVI 计算简单，可用于大范围内的植被变化监测，但也存在很多局限性，如会受到大气程辐射的影响；对冠层背景的变化也很敏感，使得 NDVI 值在较暗的冠层背景下特别大；在高生物量的情况下，常常发生信号饱和问题。

2. EVI（增强植被指数）

Liu 和 Huete（1995）根据土壤和大气是相互作用这一事实，发展了一种对相互作用的冠层背景和大气影响进行修正的反馈算法，将背景调整和大气修正综合到反馈方程中，从而得到增强植被指数也叫改进型土壤大气修正植被指数 EVI，计算公式为：

$$\mathrm{EVI}=2.5\cdot\frac{\rho_{\mathrm{NIR}}-\rho_{\mathrm{Red}}}{\rho_{\mathrm{NIR}}+c_1\rho_{\mathrm{Red}}+c_2\rho_{\mathrm{Blue}}+L} \tag{5-3}$$

式中，ρ_{NIR} 是近红外波段反射率，ρ_{Red} 为红光波段反射率，ρ_{Blue} 为蓝光波段反射率，L 为背景调节参数，c_1 和 c_2 描述的是用蓝色通道对红色通道进行大气气溶胶的散射修正。

MODIS 的 EVI 产品算法中，L=1，c_1 和 c_2 的取值分别为 6.0 和 7.5。

EVI 具有很好的抵抗大气干扰能力，而且避免了比值植被指数的饱和问题，但其实用性仍需进一步验证。

3．其他常用植被指数计算方法

比值植被指数：

$$\mathrm{SR}=\frac{\rho_{\mathrm{NIR}}}{\rho_{\mathrm{Red}}} \tag{5-4}$$

差值植被指数：

$$\mathrm{DVI}=\rho_{\mathrm{NIR}}-\rho_{\mathrm{Red}} \tag{5-5}$$

简化的比值植被指数：

$$\mathrm{RSR}=\frac{\rho_n}{\rho_r}\left(1-\frac{\rho_s-\rho_{s\text{-min}}}{\rho_{s\text{-max}}-\rho_{s\text{-min}}}\right) \tag{5-6}$$

RSR 被称为减小的 SR，它对覆盖类型变化的敏感性很小，尤其对混合像元非常有用，ρ_n、ρ_r、ρ_s 分别为近红外、红波和短波红外波段反射率，$\rho_{s\text{-min}}$ 和 $\rho_{s\text{-max}}$ 分别是影像中最小、最大短波红外反射率。

垂直植被指数：

$$\mathrm{PVI}=\frac{\rho_{\mathrm{NIR}}-\alpha\rho_{\mathrm{Red}}-b}{\sqrt{a^2+1}} \tag{5-7}$$

式中，a、b 分别为土壤线的斜率和截距；α为土壤线和近红外轴的夹角。土壤线是指由近红外波段和红色波段所构成的二维光谱空间中，土壤背景的光谱数据基本上沿着一定斜率和截距的直线分布，即 $\rho_{\mathrm{NIR\_soil}}=a\rho_{\mathrm{Red\_soil}}+b$ 。

土壤调整植被指数：

$$\mathrm{SAVI}=\frac{(\rho_n-\rho_r)(1+L)}{\rho_n+\rho_r+L} \tag{5-8}$$

SAVI 可以抑制土壤噪声影响，L 为土壤调整因子，其取值取决于植被的密度，变化在 0（黑色土壤）～1（白色土壤），如果土壤信息未知，建议 L 取值为 0.5。

修正的土壤调节植被指数：

$$\mathrm{MSAVI}=\frac{2\rho_{\mathrm{NIR}}+1-\sqrt{(2\rho_{\mathrm{NIR}}+1)^2-8(\rho_{\mathrm{NIR}}-\rho_{\mathrm{Red}})}}{2} \tag{5-9}$$

（三）技术流程

植被指数可作为业务化运行的专题产品提供，其主要技术流程如下：首先输入经过大气纠正的地表反射率，然后按照植被指数公式进行计算，最后输出植被指数的专题图。植被指数的数据技术流程图如图 5.5 所示。

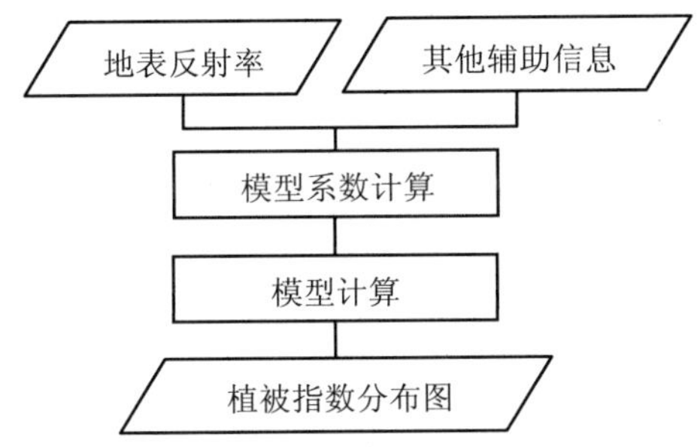

图 5.5 基于遥感反射率的植被指数计算流程

二、植被覆盖度

（一）参数定义与作用

植被覆盖度是指单位面积内植被（包括叶、茎、枝）的垂直投影面积所占百分比（赵英时，2003），该参数在很大程度上反映了植被的生长状况，是研究生态环境变化的重要参数，而且在植被覆盖变化研究、生态环境调查、水土保持研究、蒸散量研究以及其他研究领域都有广泛的应用。通常情况下，获得植被覆盖度的方法主要有地表实测和遥感监测两类。地表实测多采用相机对地表进行垂直观测，再通过计算机图形法提取植被的覆盖面积，除以总面积，得到植被覆盖度。该方法费时费力，而且植被覆盖度具有典型的时空分异特性，利用遥感手段获取植被覆盖度显示出了强大的优势，因此已成为目前的主要手段。

（二）遥感反演方法

基于遥感估算植被覆盖度的方法大致可归纳为以下两种：混合光谱模型法和植被指数法。混合光谱模型法的基本思想是像元在某一光谱波段的反射率是由构成像元的基本组分的反射率以其所占像元面积比例为权重系数的线性组合，基于此可反求出地物的面积比例。植被指数法的主要思想是通过对各像元中植被类型及分布特征的分析，建立植被指数与植被覆盖率的转换关系来直接估算植被覆盖率。

用 NDVI 植被指数方法估算植被覆盖度的方法模型为：

$$f = \frac{\mathrm{NDVI} - \mathrm{NDVI}_i}{\mathrm{NDVI}_v - \mathrm{NDVI}_i} \tag{5-10}$$

式中，NDVI_v 代表完全被植被所覆盖的像元的 NDVI 值，即纯植被像元的 NDVI 值；NDVI_i 则代表裸露地表（土壤或者建筑表面）覆盖区域的 NDVI 值，即无植被覆盖像元的 NDVI 值。

（三）技术流程

植被覆盖度可作为业务化运行的专题产品提供，其主要技术流程如下：首先输入研究区的 NDVI 产品和地表反射率产品，然后在图像上定位裸土和全植被覆盖的像元，再按模型计算，最后输出植被覆盖度的专题图。植被覆盖度的数据技术流程图如图 5.6 所示。

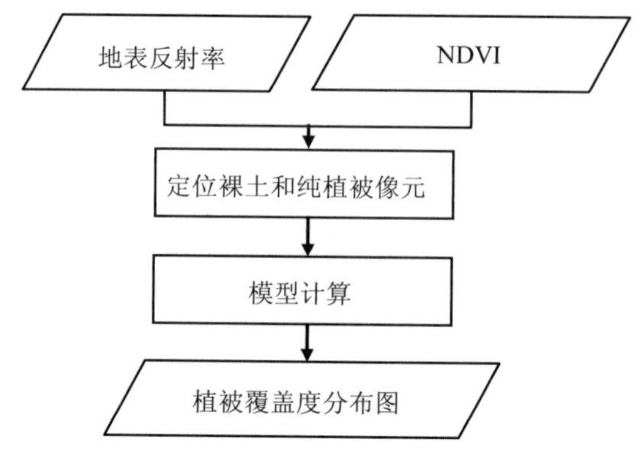

图 5.6 植被覆盖度计算流程

三、叶面积指数

（一）参数定义与作用

叶面积指数（LAI）通常定义为单位地表面积上叶子表面积总和的一半（Chen，J.M. and Black，T.A.，1992），它是陆地生态系统的一个十分重要的结构参数，其变化体现了植被生长发育的不同状态，与植被的光合作用、作物蒸发、蒸散等过程密切相关，是植被功能模型的一个重要驱动因素，也是土壤-植被-大气传输模式中控制蒸散，描述能量和物质交换的一个重要参数。还可以为探测土地利用和土地覆盖的变化并提供有用信息。LAI 的地面测量，主要有两种方法：一种方法是直接测量的方法，另一种方法是间接测量法（基于光学原理），直接测量方法可以为间接测量方法提供了定标的依据。直接测量法中，对于低矮植被可将叶片采集回来后测量；对于森林则可建立 LAI 与胸径或其他植被冠层组分之间的统计关系。直接测量法费时费力，且是破坏性的。LAI 的间接测量法多采用光学仪器来测量叶片的辐射透射从而间接计算得到。所用到的仪器包括 Decagon Sunfleck Ceptometer，LAI-2000 观测分析仪，DEMON 和 TRAC，半球照相机、多波段植被扫描仪等。地面实测的 LAI 测量通常只可以获得小范围或区域的值，也称为点上测量，很难获得大范围的数据，提供不了研究全球变化、气候分析所需要的数据。

（二）遥感反演方法

遥感数据具有覆盖范围广、时间与空间分辨率高的特点，通过遥感数据去提取 LAI 的分布有十分重要的意义。遥感手段获取的 LAI 称为面上 LAI，其计算方法主要有以下两类：

1．经验方法

经验方法通常利用植被指数与叶面积指数之间存在相关关系，进行了叶面积指数的计算。张仁华通过高塔，研究了小麦全生长期的 NDVI 与 LAI 的关系，研究表明，NDVI 与 LAI 相关系数很高，且与 LAI 呈非线性关系，它们之间的关系可表示为（张仁华，1996）：

$$\mathrm{NDVI} = A \cdot (1 - B \cdot \mathrm{e}^{-C \cdot \mathrm{LAI}}) \tag{5-11}$$

式中，A、B、C 为经验系数、实验常数。A、B 接近于 1。对于叶角为球形分布的小麦，C 通常为 0.5。

姚延娟通过地面测量数据，研究了华北玉米主要生长期的 NDVI 与 LAI 的关系（Yanjuan Yao，Qinhuo Liu，et al.，2008），关系式表达为：

$$\mathrm{LAI} = 0.14 \times e^{3.7784 \times \mathrm{NDVI}} \quad (5\text{-}12)$$

经验法简单而且运算效率高，但这种经验关系是与地点和传感器相关的，时空外延性不强，在有先验知识的情况下建立适用于某种情况的经验关系是可行的。

2. 物理模型方法

物理模型反演主要是通过优化目标函数（目标函数用以表达模型模拟反射率数据与实际遥感反射率数据的关系）来获取最佳的地表状态参数（包括 LAI 与其他参数）。物理模型具有较强的外延性，所以对于全球尺度的地表参数主要基于物理模型的参数反演算法实现。同时为了提高运算速度，研究人员对反演算法也做了大量研究，如由 MODIS 数据反演生成 LAI 产品用到了三维辐射传输模型，并采用查找表法反演（Knyazikhin，J.V.Martonchik et al.，1998），VEGETATION 传感器的 LAI 产品用到了 SAIL 模型，采用神经网络的方法进行反演。可见，物理模型方法中包含了最重要的两部分：前向物理模型和反演方法。下面以 SAIL 模型和查找表算法为例，对这两部分做以简单介绍。

SAIL 模型属于辐射传输类模型，主要研究光在植被中传输的规律，光与植被的相互作用主要包括吸收与散射两种过程。具体光与植被各组分之间的复杂的物理作用过程，这里不详细介绍，该模型的输入参数包括：光谱参数（叶片透过率与反射率、土壤反射率）；结构参数（LAI、叶子宽度与冠层高度的比值、平均叶倾角）；环境参数（大气能见度）；观测几何（太阳天顶角、太阳方位角、观测天顶角和观测方位角）。模型的输出参数为冠层的方向反射率数据。

查找表法是解决传统反演算法需要大量计算时间的办法之一，该方法提前计算出大量的模型参数与冠层反射率之间的对应关系，将计算时间用于反演前而不是反演时，从而提高了反演的速度，由于其实用性而被应用于许多领域。具体来说，对于 SAIL 模型，反演前通过变化输入各个参数的值，建立不同的输入参数集与冠层反射率的对应关系。反演时输入冠层反射率数据，构建合适的代价函数，通过最小化代价函数得到最佳的参数集，从而得到 LAI 的反演结果。

3. 技术流程

根据环境一号卫星数据特点，进行 LAI 估算时主要采用基于物理模型的查找表反演算法，同时，LAI 与植被指数的经验关系作为生成 LAI 产品的备用算法。技术流程如图 5.7 所示。其中：输入的环境一号卫星反射数据是经过几何校正、辐射校正、大气校正的地表反射率产品。查找表的生成与 LAI 与 VI（植被指数）经验关系的构建都需要一定的先验知识，为了使地面实测数据与环境一号卫星的光谱分辨率一致，需要环境一号卫星 CCD 的光谱响应函数作为先验知识，基于地物波谱数据库提供的叶片与土壤的反射率数据，结合合适的物理模型，进行各种地类查找表的构建与 LAI 与 VI 经验关系的构建。

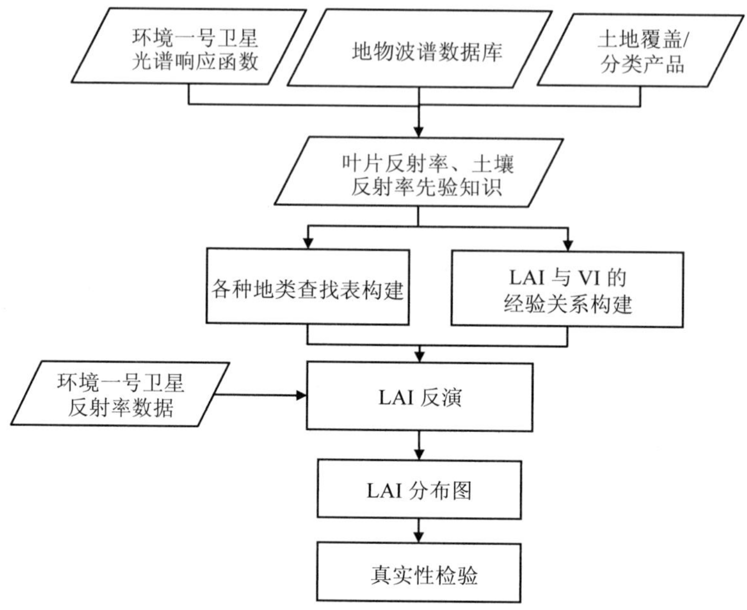

图 5.7 基于环境一号卫星的 LAI 计算流程

四、光合有效辐射比率（FPAR）

（一）参数定义与作用

FPAR 是植被叶子在 400～700 nm 波段内吸收太阳光能的比例，表示了植被冠层能量的吸收能力，是描述植被结构以及与之相关的物质与能量交换过程的基本生理变量。

（二）遥感反演方法

现有的计算 FPAR 的遥感模型基本上是通过与植被指数 NDVI 或 EVI 的线性或非线性关系模型获取，如 CASA 模型中 FPAR 采用了对 NDVI 线性拉伸模式。

计算公式为：

$$\mathrm{FPAR}=\min\left(\frac{\mathrm{SR}-\mathrm{SR}_{\min}}{\mathrm{SR}_{\max}-\mathrm{SR}_{\min}},0.95\right) \tag{5-13}$$

式中，SR 为比值植被指数，计算公式见式 5-4。

Myneni 等在 NASA 的 FPAR 产品算法中也采用了一套基于 NDVI 的经验算法方案。VPM 模型中的 FPAR 是 EVI 的函数。总之，这些模型中 FPAR 主要和 NDVI、GVI 和 EVI 等植被指数来建立关系模型。

在一定范围内，FPAR 与 NDVI 之间存在着线性关系。这一关系可根据某一植被类型 NDVI 的最大值和最小值以及所对应的 FPAR 的最大值和最小值来确定，即：

$$\mathrm{FPAR}=\frac{(\mathrm{NDVI}-\mathrm{NDVI}_{\min})\times(\mathrm{FPAR}_{\max}-\mathrm{FPAR}_{\min})}{\mathrm{NDVI}_{\max}-\mathrm{NDVI}_{\min}}+\mathrm{FPAR}_{\min} \tag{5-14}$$

式中，$NDVI_{max}$ 和 $NDVI_{min}$ 分别对应每一种植被类型的 NDVI 最大值和最小值，$FPAR_{max}$ 和 $FPAR_{min}$ 的取值与植被类型无关，分别为 0.001 和 0.95。

（三）技术流程

基于环境一号卫星 CCD 相机数据，可通过 NDVI 进行 FPAR 估算。主要技术流程如下：首先输入研究区的 NDVI 数据和地表分类数据，按不同植被类型提取 NDVI 的最大和最小值，再利用 FPAR 的公式计算，最后输出 FPAR 的专题图。FPAR 数据的技术流程如图 5.8 所示。

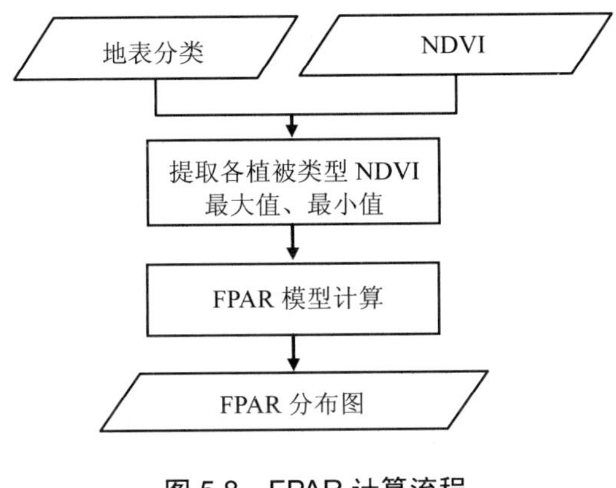

图 5.8 FPAR 计算流程

五、植被生化组分

（一）参数定义与作用

植被生化组分主要包括植物体内部的色素（叶绿素、叶黄素、类胡萝卜素等）、氮元素、水、蛋白质、纤维素、木质素等诸多生化成分。植被生化组分直接或间接控制和影响着各种关键生理生态过程，这些过程与其自身的生长发育及地气间物质和能量交换密切相关，不仅是碳循环、氮循环、水循环等全球变化研究和陆地生态系统研究的重要数据，也是进行作物长势监测和估产，确保粮食安全的重要依据。对区域或全球植被的生化信息进行科学估测将有助于准确掌握光合作用、初级生产等关键生理生态过程的进程，进而对区域或全球陆地生态系统的物质与能量交换进行定量估算，是生态学、地理学以及生物地球化学循环研究和全球变化研究的重要科学数据源。

（二）遥感反演方法

目前，遥感提取植被生化组分含量的方法主要有经验和半经验法、物理模型反演法两类（颜春燕，2003）。

（1）经验和半经验方法

通过考察所研究的生化组分含量与光谱因子（反射率或其变化形式、光谱指数等）间的相关关系建立统计模型；这种方法通常是利用逐步多元回归筛选出反射率或它的变化形式（通常指导数光谱）与训练样本生化组分含量相关最密切的波段，从而建立回归方程。

利用这些回归方程来提取未知样本的生化组分在控制良好的实验室状态下应用时，效果是非常好的，从可控的实验室状态推广到遥感数据的时候，由于大量的干扰因素（太阳照明强度和角度的变化、观测状态、冠层结构、下覆地表和大气的影响）的出现，这种方法可能失去鲁棒性和可移植性含量。半经验的方法的一个重要方面就是发展与生化组分含量高度相关的多种指数，常用指数如下：

$$PRI=\frac{R_{700}\bullet R_{550}\bullet(R_{700}-R_{670})}{R_{670}} \quad (5\text{-}15)$$

$$TCARI=3[(R_{700}-R_{670})-0.2(R_{700}-R_{550})(R_{700}/R_{670})] \quad (5\text{-}16)$$

$$TVI=\frac{120\,(R_{710}-R_{550})-200\,(R_{670}-R_{550})}{2} \quad (5\text{-}17)$$

$$OSAVI=\frac{(1+0.16)\,(R_{800}-R_{670})}{(R_{800}+R_{670}+0.16)} \quad (5\text{-}18)$$

式中，Rwavelength 为波长在 wavelength 处的遥感反射率。

（2）物理模型反演方法

通过植被物理模型，已知模型输入参数，可以模拟植被光谱，该过程称为前向过程，亦称正演。如果已知植被光谱，通过后向过程，我们就可以反演模型参数。生化参数通常是叶片物理模型的输入参数，通过反演，我们就可以得到生化组分含量。常用见的叶片模型主要包括以下几类：①N 流模型：这些模型是从 K-M 理论得出的。它们将叶片假设成充满散射和吸收物质的厚板，N 流方程是对辐射传输方程的一个简化。②随机模型（stoehasttic model）；③Raytracing 模型：在目前所有模型中，只有 Raytracing 模型可以描述如显微镜下显示的叶片内部复杂的结构。④平板模型（plate model）：PROSPECT（S. Jacquemoud，Baret，F.，1990）模型即是在此基础上发展起来的。⑤针叶模型 LIBERTY（Dawsonetal.，1998）。

（三）技术流程

针对环境一号卫星高光谱数据特点，使用高光谱反射率和土地覆盖类型产品，进行植被生化组分的反演的流程如图 5.9 所示。

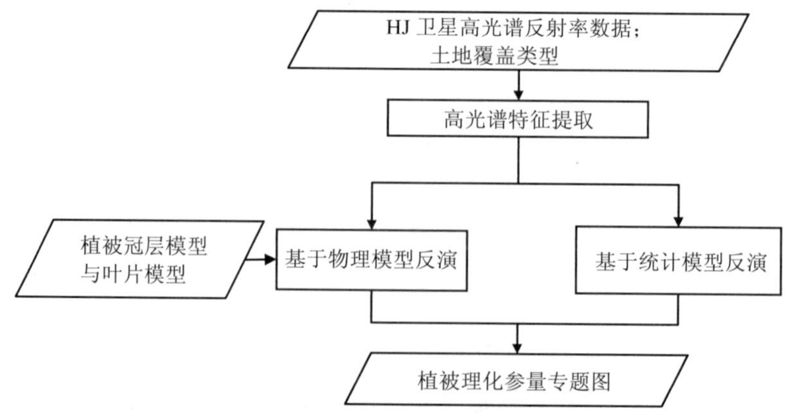

图 5.9 植被生化组分反演算法流程

六、植物生物量

（一）参数定义与作用

植物生物量是某一给定时刻、单位面积地表内实际存活的有机物质（干重）的总量，包括地表之上和地表之下所包含的活植物材料的重量，其作为一个重要的植被状态参数，不仅对研究陆地生态系统的植被生产量、碳循环、营养分配有重要意义，而且其数值大小直接反映人类对地表植被的利用特点。传统的生物量的计算一般采用以实测数据为基础进行宏观拓展估算或相关分析的方法，先选取样区，利用收获法测量林木的生物量，再利用这些数据进行宏观估算，以获得整个研究区的生物量或对样区内生物量及其影响因素进行分析，建立相关模型并推而广之，常用的研究方法有比伐法、平均生物量法、生物量回归模型估计法、材积源生物量法等（张慧芳等，2007）。

（二）遥感反演方法

由于传统生物量测量方法在需要获取高精度、大面积森林生物量时的局限性，不能及时反映大面积宏观生态系统的动态变化及生态环境状况，而遥感技术的快速、准确、无破坏特点使得基于遥感数据对生物量估算成为一个新的研究方法。运用遥感技术进行植被生物量估算时，所采用的数据源不同，分析方法也不相同，主要有如下两种（王维枫等，2008）。

1. 经验模型

是对观测数据进行经验性的统计描述或者是在对遥感信息参数和地面观测的森林生物量进行统计分析的基础上，建立两者的关系来估算生物量的一种模型。这类模型有线性、幂函数和对数等各种形式，而且自变量也各不相同。Dong 等（2003）利用 NOAA AVHRR 数据，分析了森林生长季内的累积植被指数值（NDVI）与六国各省森林生物量总量的关系，建立了两者之间的拟合方程：

$$1/\text{Biomass} = a + b[(1/\text{NDVI})/\text{Latitude}^2] - c\cdot\text{Latitude} \tag{5-19}$$

式中：Biomass 表示生物量，Latitude 表示纬度。a、b、c 为拟合系数。

李丽在敦化地区生物量的计算中，根据不同植被类型，建立了不同的生物量同 LAI 的关系（李丽，2005）。关系式为：

人工红松林：

$$\text{Biomass} = 0.097\,4 \times \text{LAI}^2 - 0.609\,5 \times \text{LAI} + 2.447\,2 \tag{5-20}$$

针阔混交林：

$$\text{Biomass} = -0.049\,7 \times \text{LAI}^2 + 2.124 \times \text{LAI} \tag{5-21}$$

这些估算模型的优点是相对简单、便于计算；缺点是形式多种多样、自变量各异、易受植被类型（森林、草地、农作物等）以及非植被因素如土壤背景、大气条件、地形和地表二向性反射特性的影响。

2．机理模型（或过程模型）

用以描述不同时空尺度下植被生长过程，如光合过程、呼吸作用、植物的分解与氧分循环等，它是根据植物生理、生态学原理，通过对太阳能转化为化学能的过程和植物冠层蒸散与光合作用相伴随的植物体及土壤水分散失的过程进行模拟，从而实现对陆地植被生产力的估算。在这类模型中，不是仅对生物量作简单估算而是将其纳入全球变化和养分循环的模型之中，生物量只是模型输出量之一。这些模型的缺点是往往过于复杂，需要输入的变量较多。模型的应用往往取决于所选取的数据的质量，但数据获取又非常困难。但是，同那些只是运用遥感信息参数与生产力简单经验关系来估算生产力的方法相比，机理模型更强调对生态系统内部各种作用过程的描述，估算结果一般也更为可靠（徐新良等，2006）。

（三）技术流程

有地面生物量实测数据时，可利用经验模型法，首先根据实测数据建立遥感地表反射率和植被生物量之间的经验模型，然后通过模型估算大面积上的植被生物量。建立经验模型时，通常采用植被指数作为中间变量，建立生物量和不同植被指数之间的经验模型，选取最佳模型，而且对于不同的地表类别分别进行模型选取，林地、草地、农作物等选取不同的植被指数，以提高模型精度。

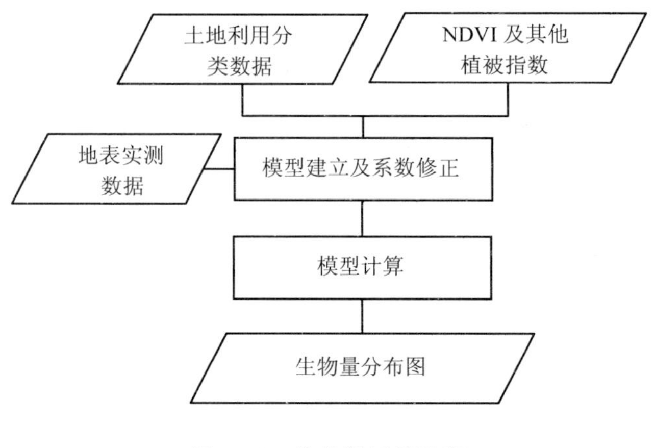

图 5.10 生物量计算流程

七、植被净初级生产力

（一）参数定义与作用

生态系统中的能量流动开始于绿色植物的光合作用，光合作用积累的能量是进入生态系统的初级能量，这种能量的积累过程就是初级生产。初级生产积累能量的速率称为初级生产力，所制造的有机物质称为初级生产量。在初级生产量中，有一部分被植物自己的呼吸所消耗，剩下的部分才以可见有机物质的形式用于植物的生长和生殖，我们称剩下的这部分生产量为净初级生产量（NPP）。NPP 通常用每年每平方米所生产的有机物质干重（$g/m^2 \cdot a$）或固定的能量值（$J/m^2 \cdot a$）来表示，此时它们称为净初级生产力。植被净第一级生产力（NPP）不仅可以反映植物的生长状况，同时也是生物圈碳循环的重要分量，在作物估产、森林蓄积量调查、草地产草量以及生态系统物质循环方面具有实际意义。

（二）遥感反演方法

利用遥感手段计算陆地植被第一生产力的模型有很多，主要有以下几类：第一类是统计模型，也称为气候相关模型，以 Miami 模型、Thornthwaite Memorial 模型等为代表，利用气候因子（温度、降水等）来估算植被净第一性生产力，因此大部分统计模型估算的结果是潜在植被生产力；第二类是过程模型，以 BIOME-BGC 模型和 BEPS 模型为代表，主要是在参数模型的基础上加上温度、水分、养分等参数来计算植被净第一性生产力。这类模型基于机理研究，在大尺度植被净第一性生产力研究和全球 C 循环研究中得到应用；第三类是光能利用率模型，该类模型中主要由植被吸收的光合有效辐射和光能转化率 2 个因子来表示植被净第一性生产力，经典的应用遥感数据的光能利用率模型主要有 CASA、Glo-PEM 和 VPM 等模型。

本节以 CASA 模型为例，介绍光能利用率模型估算植被净第一生产力的算法（朴世龙等，2001；陈晓玲等，2008）。CASA 模型属于光能利用率模型，其中 NPP 的计算是通过 NPP 与植物吸收的光合有效辐射（APAR）和植物将所吸收的光合有效辐射转化为有机物的转化率（ε）的关系来实现的。用数学公式可表达为：

$$\mathrm{NPP}(x,t)=\mathrm{APAR}(x,t)\times\varepsilon(x,t) \tag{5-22}$$

式中，APAR 为植被所吸收的光合有效辐射，ε为光能转化率，t 表示时间，x 表示空间位置。

1. APAR 的确定

植被所吸收的光合有效辐射取决于太阳总辐射和植被对光合有效辐射的吸收比例，用下式表示：

$$\mathrm{APAR}(x,t)=\mathrm{SOL}(x,t)\times\mathrm{FPAR}(x,t)\times 0.5 \tag{5-23}$$

式中，SOL（x，t）是 t 月份像元 x 处的太阳总辐射量（$\mathrm{MJ\cdot m^{-2}}$）；FPAR（x，t）为植被层对入射光合有效辐射（PAR）的吸收比例；常数 0.5 表示植被所能利用的太阳有效辐射（波长为 0.4～0.7 μm）占太阳总辐射的比例。

2. 光能转化率ε的确定

模型中认为在理想条件下植被具有最大光能转化率，而在现实条件下光能转化率主要受温度和水分的影响，用下式表示。

$$\varepsilon(x,t)=T_{\varepsilon1}(x,t)\times T_{\varepsilon2}(x,t)\times W_{\varepsilon}(x,t)\times\varepsilon^{*} \tag{5-24}$$

式中：$T_{\varepsilon1}$ 和 $T_{\varepsilon2}$ 表示温度对光能转化率的影响，W_{ε}即水分胁迫影响系数，反映水分条件的影响，ε^{*}是理想条件下的最大光能转化率。

$T_{\varepsilon1}$ 反映在低温和高温时植物内在的生化作用对光合限制而降低净第一性生产力，计算公式为：

$$T_{\varepsilon1}(x)=0.8+0.02T_{opt}(x)-0.000\,5[T_{opt}(x)]^{2} \tag{5-25}$$

式中：$T_{opt}(x)$为某一区域一年内 NDVI 值达到最高时月份的平均气温。当某一月平均温度小于或等于–10℃时，$T_{\varepsilon1}$ 取 0。

$T_{\varepsilon2}$ 表示环境温度从最适宜温度（$T_{opt}(x)$）向高温和低温变化时植物的光能转化率逐渐变小的趋势，计算公式为：

$$T_{\varepsilon 2}(x)=1.1814/(1+e^{[0.2(T_{opt}(x)-10-T(x,t))]})/(1+e^{[0.3(-T_{opt}(x)-10+T(x,t))]}) \tag{5-26}$$

当某一月平均温度（$T(x,t)$）比最适宜温度（$T_{opt}(x)$）高 10℃或低 13℃时，该月的 $T_{\varepsilon2}$ 值等于月平均温度（$T(x,t)$）为最适宜温度（$T_{opt}(x)$）时 $T_{\varepsilon2}$ 值的一半。

水分胁迫影响系数（W_ε）反映了植物所能利用的有效水分条件对光能转化率的影响。随着环境中有效水分的增加，W_ε逐渐增大。它的取值范围为 0.5（在极端干旱条件下）到 1（非常湿润条件下）。

（三）技术流程

以上面提到的 CASA 模型为例，NPP 计算的技术流程图如图 5.11 所示。

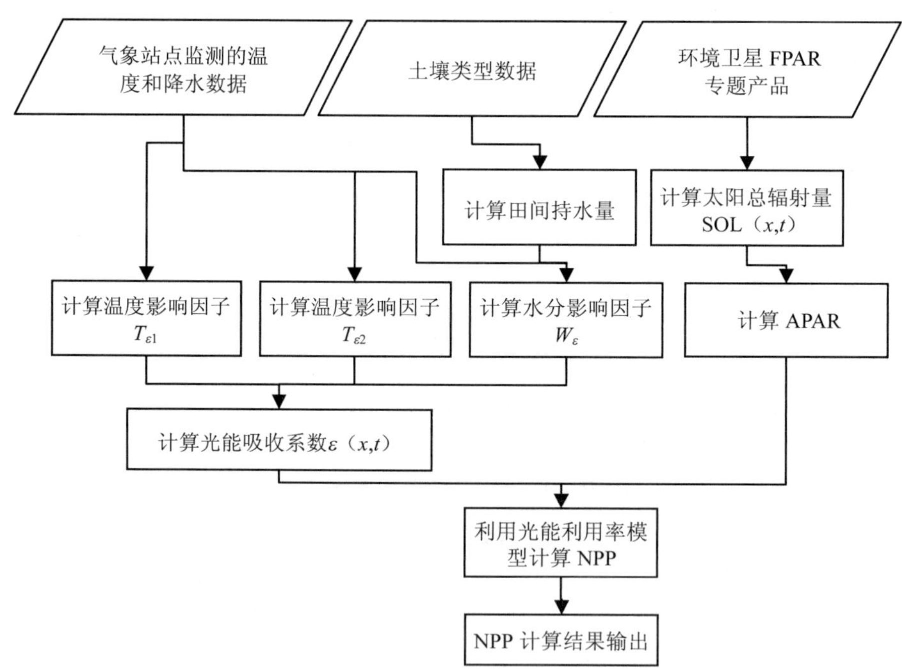

图 5.11 NPP 遥感反演技术流程

八、地表反照率

（一）参数定义与作用

地表反照率定义为各个方向反射的全部光通量与总入射光通量的比值，它表征地球表面对太阳辐射的反射能力，是影响生物圈和气候变化的一个重要参数（Dickinson，1995），广泛应用于地表能量平衡、中长期天气预测和全球变化研究，而且由于其受植被覆盖特征的影响，因此对了解植物的生长有着重要意义。反照率的地面测量多使用测量点上行辐射和下行辐射的点日射强度计，有时称作反照率测量仪（Albedometer），对观测目标进行连续观测。这种测量方法优点是可以通过定点观测提供实验点上的小空间尺度和长时间尺度上的高质量观测数据。

（二）遥感反演方法

目前常用的有两种基于遥感数据估计地表反照率方法如下所述。

（1）对于 AVHRR、TM 遥感影像等单一角度的遥感数据，通常假定地表各向同性，用近似于天顶方向的遥感观测数据估算地表的反射率，再用地表反射率来近似代表地表的半球反照率。

（2）BRDF 修正。考虑地面目标在半球各个方向上的反射特性，用地面目标各个方向反射率的半球积分得到半球反照率，这种方法依赖于地表的二向反射分布函数 BRDF，可进一步提高地表反照率的遥感反演精度。目前核驱动模型被认为是描述地表二向反射分布最精确、最稳定的模型，模型简洁、灵活，抓住了影响 BRDF 的关键因子，且不失一般的物理意义。核驱动模型通过称之为各向同性散射核、体散射核和几何光学散射核三种类型核的组合来反映地表方向反射的主要特征，对地表 BRDF 特性描述比较精确，由此对反照率反演具有一定的优势。目前 MODIS 的陆地 BRDF/反照率产品中 BRDF 的获取便用到了半经验的核驱动模型（AMBRALS 模型），可用下式表示：

$$R(\theta_i,\theta_v,\phi) = f_{\text{iso}} + f_{\text{geo}}k_{\text{geo}}(\theta_i,\theta_v,\phi) + f_{\text{vol}}k_{\text{vol}}(\theta_i,\theta_v,\phi) \tag{5-27}$$

式中，R 是二向性方向反射率，k_{geo} 为几何光学核，k_{vol} 为体散射核，都是光线入射角和观察角的函数。θ_i 为光线入射天顶角，θ_v 为观测天顶角，ϕ为相对方位角。f_{iso}、f_{geo} 和 f_{vol} 为核系数，分别表示各向均匀散射、几何光学散射、体散射这三部分所占比例（权重）。AMBRALS 算法通过线性回归，反演出拟合方向反射观测数据最优的 f_{iso}、f_{geo} 和 f_{vol}，然后通过核的外推可求出任意光线入射角和观察角的二向反射，再通过对方向反射的半球积分计算反照率。计算反照率时，因为核是与待反演参数无关的函数，核的积分可预先求出，只要把核的积分以 f_{iso}、f_{geo} 和 f_{vol} 为权重相加，就得到相应的黑半球或白半球反照率（李小文等，2000；杨华等，2002）。这里，黑半球反照率为半球-反向反照率，白半球反照率为半球-半球反照率，地面测量的真实反照率为二者的加权和。

另外，由于地形起伏会造成地表目标所获得的入射辐射发生变化，目前比较成熟的半经验模型可消除地表反照率计算时的地形影响，比较成功的模型如 J.D.SHEPHERD 地形校正模型可以引用于地形校正，获取无地形影响反照率。

（三）技术流程

反照率可作为业务化运行的专题产品提供，利用 AMBRALS 模型进行反照率的计算，主要流程如下：首先，利用多角度信息数据集（时间序列环境一号卫星或时间相似的不同角度观测多源卫星数据）和线性核驱动模型，通过最小二乘获取模型的三个经验系数；然后，应用 AMBRALS 模型，拟合观测 BRDF 数据得到模型参数的估计值，并外延到任意太阳入射以及传感器观测方向的二向反射，积分以后即可得到需要的反照率产品。技术流程如图 5.12 所示。

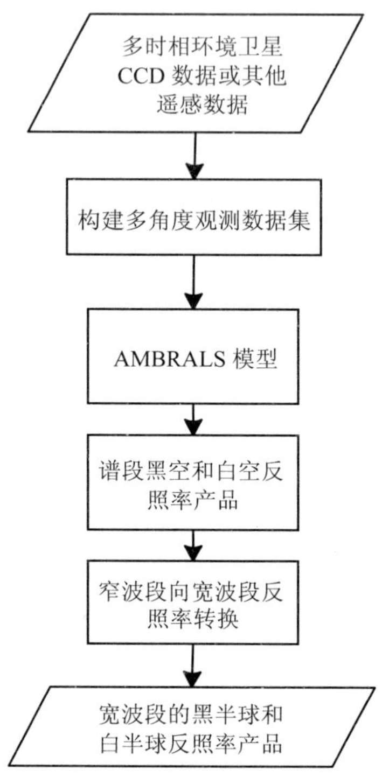

图 5.12 地表反照率反演算法流程

九、地表温度

（一）参数定义与作用

地表温度即地球表面的辐射温度，是用来反映地表的冷热状况及空间变化的物理量。可用于地表热异常、城市热岛、热污染的监测，也是研究土壤含水量、作物干旱程度、地表蒸散等生态要素以及城市热环境等环境要素的关键参数。

（二）遥感反演方法

在已知地表比辐射率的前提下，利用各种对大气辐射传输方程的近似和假设，相继提出了多种地表温度反演的算法，如单通道算法、多通道算法、单通道多角度算法、多通道多角度算法等（历华等，2007）。其中单通道法是利用卫星传感器上单独的一个热红外通道（一般选在大气窗口内）获得的辐射能，借助于探空或卫星遥感确定的大气廓线（温度、湿度、压力），结合辐射方程来修正大气和比辐射率的影响，从而得出地表温度。

由于环境一号卫星热红外相机只有一个热红外通道，因此本节主要涉及单通道温度反演算法。目前常用的单通道算法主要有三种：辐射传输模型法、单窗算法和普适性单窗算法。这三种方法都是基于辐射传输方程进行的。热红外辐射传输方程可表示如下。

卫星传感器接收到的热红外辐射亮度 L_λ 是由三部分组成（李召良，1999）：

$$L_\lambda = \varepsilon_\lambda \tau L_\lambda(T_s) + (1-\varepsilon_\lambda)\tau L_{\lambda\text{atm}}\downarrow + L_{\lambda\text{atm}}\uparrow \tag{5-28}$$

式中，T_s 为地表真实温度，$L_\lambda(T_s)$ 表示温度为 T_s 的黑体在热红外波段的辐射亮度，ε_λ 为地表发射率，也称地表比辐射率，$L_{\lambda\text{atm}}\downarrow$ 表示大气下行辐射亮度，$L_{\lambda\text{atm}}\uparrow$ 表示大气上行辐射亮度，τ 为大气在热红外波段的透过率。从热红外的辐射传输方程可以知道，要求算地表温度，需要知道四个参数的值：大气透过率 τ、大气上行辐射 $L_{\lambda\text{atm}}\uparrow$、大气下行辐射 $L_{\lambda\text{atm}}\downarrow$ 和地表比辐射率 ε_λ。

地表比辐射率可以通过 NDVI、地表土地利用等数据进行估算，以上三种算法的主要区别在于三个大气参数的计算方法不同。

1. 辐射传输模型法

辐射传输模型法利用 Lowtran、Modtran 等大气辐射传输模型模拟卫星热红外通道的地磁波传输情况，通过设定卫星过境时的大气温湿廓线和太阳、地物的几何成像特征模拟得到大气透过率和大气上下行辐射等参数与地表比辐射率一起代入辐射传输方程获得地表温度信息。从理论上，该方法是三种方法中精度最高的，但由于往往很难获取卫星过境时同步的大气温度、湿度廓线数据，而只好使用标准廓线数据替代。这给辐射传输模型方法地表温度反演带来很大误差，而限制了该方法的使用。当前，Modis、Airs 等一些传感器已经可以反演得到大气的温、湿廓线，有望在该方法上取得一定突破。

2. 单窗算法

覃志豪的单窗算法是最早提出的较为简单、适用的一种单通道地表温度反演算法。该方法引入大气平均作用温度 T_a 来估算大气上行辐射，并假定大气下行辐射等于大气上行辐射，通过对普朗克函数线性化可以得到单窗算法公式为（覃志豪，2001）：

$$T_s = a_6(1-c_6-d_6)+[b_6(1-c_6-d_6)+c_6+d_6]T_{\text{sensor}}-\text{D}_6T_a/C_6 \tag{5-29}$$

式中，a_6，b_6 为常数，$a_6 = -67.355\ 351$，$b_6 = 0.458\ 606$；T_s 是地表温度（K）；T_{sensor} 是大气顶部的亮度温度（K）；T_a 是有效大气平均温度（K），$T_a = 16.011\ 0 + 0.926\ 21 \cdot T_0$，$T_0$ 为地面平均大气温度。C_6 和 D_6 可以由下式求得：

$$C_6 = \varepsilon\tau_6 \tag{5-30}$$

$$D_6 = (1-\tau_6)[1+(1-\varepsilon)\tau_6] \tag{5-31}$$

式中，ε 为地表比辐射率，可以由 NDVI，分类数据计算得到（Snyder W. C.，1998；Gillespie A. R.，1998；Schneider K.，1996）。τ_6 为大气总透过率，可以由 Modtran 等模型反演得到。这样将各项参数代入式（5-29）即可求得地表实际温度。

3. 普适性单窗算法

普适性单窗算法，是通过对不同大气廓线状况下的热红外辐射进行模拟，估算得到地表温度反演中需要的大气参数。通过对普朗克函数线性化整理得到普适性单窗算法的计算公式：

$$T_s = \gamma[(\psi_1 L_\lambda + \psi_2)/\varepsilon + \psi_3] + \delta \tag{5-32}$$

式中，$\gamma = \frac{1}{\beta_\lambda}$，$\delta = \frac{\alpha_\lambda}{\beta_\lambda}$，$\psi_1 = \frac{1}{\tau}$，$\psi_2 = -L\downarrow - \frac{L\uparrow}{\tau}$，$\psi_3 = -L\downarrow$。$\alpha_\lambda$、$\beta_\lambda$是普朗克函数线性化的两个参数，$\tau$为透过率，$\varepsilon$是大气比辐射率，$L\uparrow$、$L\downarrow$分别是大气的上下行辐射。使用大气水汽总量对三个主要参数ψ_1、ψ_2、ψ_3进行现行拟合为：

$$\psi_1 = 0.147\,14w^2 - 0.155\,83w + 1.123\,4 \tag{5-33}$$

$$\psi_2 = -1.183\,6w^2 - 0.376\,07w - 0.528\,94 \tag{5-34}$$

$$\psi_3 = -0.045\,54w^2 + 1.871\,9w - 0.390\,71 \tag{5-35}$$

大气水汽总量可以通过遥感数据反演或是经过地面实测得到。

（三）技术流程

环境一号卫星只有一个热红外通道，因而可使用单通道算法中的辐射传输模型方法进行地表温度反演。技术流程如图 5.13 所示。

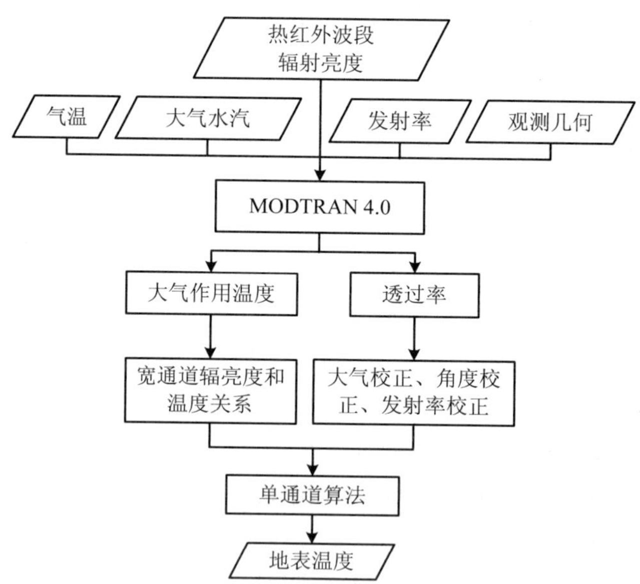

图 5.13 单通道温度反演算法流程

十、地表蒸散

（一）参数定义与作用

蒸发是一种水分由液态或固态转化为气态的现象。蒸发过程在自然界到处都在进行，发生于土壤表面或岩体表面的水分蒸发为土壤水蒸发；水经生命植被的气孔气化的过程则为蒸腾；在植被覆盖的土地上的蒸发，包括土壤表面水分蒸发和植物表面的蒸腾，总称为蒸散。蒸散是发生在陆地表面“地-气”边界层内的水分散失过程，是联系土壤-植物-大气不可缺少的环节，也是水循环和水资源分量的重要研究内容。随着遥感技术的发展，通过采用遥感技术反演地表参数来计算区域蒸散发逐渐成为计算蒸散的主要方法之一。它不仅可以获取一个区域（流域）的蒸散发总量，还可以获得这个区域上不同地类，不同时段的蒸散发过程，对于高精度遥感数据，它甚至可以获取点上的蒸散过程。通过遥感数据获取的地表反射、发射和温度产品，提供了土壤-植被-大气系统能量平衡信息，以及蒸散反演所涉及的下垫面特征参数。监测区域地表能量平衡和水分状况已经成为遥感应用领域的一个重要方向，其目的和用途主要有以下几方面：①大面积干旱监测，通过水量平衡模式或某种形式的干旱指数，即利用地表实际蒸散进行地面水分状况评价，确定干旱发生的区域和严重程度；②全球气候变化研究和中长期天气预报，遥感手段和气象方法相结合计算大气环流模式（GCMs）的边界条件，可以使 GCMs 的解更加合理，从而使预测更准确；③大范围的作物长势监测和产量预报，植被最重要的生理过程——光合与蒸腾都是由气孔行为来调节，蒸发量与光合速率及干物质产量有密切关系；④大范围水资源动态监测，在江河流域水量平衡和变化中，蒸发、径流以及地下渗漏是失水的主要方式。在水资源相对缺乏的干旱、半干旱区，精确地估算地表蒸散有利于农业用水与生态需水的定量计算和合理配置，能防止水资源无谓耗散（辛晓州，2004）。

（二）遥感反演方法

自 20 世纪 70 年代以来，涌现出许多利用遥感数据计算蒸散的方法和模型。根据提出时间的顺序以及模型思想和方法的不同，可以将蒸散模型分为三大类：遥感经验模型、基于能量平衡的单层和双层模型以及基于土壤-植被-大气传输模型（SVAT）的复杂模型。其中遥感经验模型是最早提出，也是最为简单和方便操作的模型，由于假设过于简化，在实际应用中误差较大；单层和双层模型是目前发展最为成熟，应用最为广泛的模型，如目前大家比较熟悉和使用较多的 SEBAL、SEBS 属于单层模型的范畴，而 TSEB 则属于双层模型。单层模型由于不考虑下垫面土壤和植被的区分，在某些情况下误差会比较大，双层模型考虑了这种差异，但需要组分温度反演数据，限制了其应用推广，近几年快速发展的多角度遥感可以解决这个问题。本节以 SEBAL 模型为例，介绍蒸散计算的方法和流程。

陆面能量平衡方法（SEBAL）是基于遥感的区域蒸散量估算模型（Bastiaanssen，2000），是基于陆面能量平衡原理，即地球表面所获得的净辐射能等于土壤热通量、感热通量和潜热通量之和：

$$R_n = G_0 + H + \lambda E \tag{5-36}$$

式中，R_n 为净辐射通量，G_0 为土壤热通量，H 为湍流显热通量，λE 为湍流潜热通量（地表蒸发所用能量）。

净辐射通量 R_n 是地球表面所获得的各种辐射之和，由下式获得：

$$R_n(x,y) = [1 - r_0(x,y)]K\downarrow(x,y) + L\downarrow - L\uparrow(x,y) \tag{5-37}$$

式中，r_0 为地表辐照度；$K\downarrow$ 为太阳辐射，$W\cdot m^{-2}$；$L\uparrow$ 为上行长波辐射，$W\cdot m^{-2}$。

土壤热通量 G_0 由下式确定：

$$\frac{G_0}{R_n}=\frac{T_0-273.15}{100r_0}(0.32r_0+0.62r_0{}^2)(1-0.98\text{NDVI}) \tag{5-38}$$

显热通量 H 的计算基于近地表热动量传输理论：

$$H=\rho_a C_p \frac{T_0-T_a}{r_a h} \tag{5-39}$$

式中，T_0 为地表温度，K；T_a 为近地面大气温度，K；ρ_a 为空气密度，kg/m^3；C_p 为空气定压比热容，J/kg・K；$r_a h$ 热传导空气动力学阻力，s/m。

潜热通量 LE 根据能量平衡方程式获得：

$$\text{LE}=R_n-G_0-H \tag{5-40}$$

蒸发比定义为潜热通量 LE 与地表可利用能量（R_n-G）或（LE+H）的比值：

$$\Lambda_{\text{inst}}=\frac{\text{LE}}{H+\text{LE}}=\frac{\text{LE}}{Rn-G} \tag{5-41}$$

按大气近地层试验结果，蒸发比在晴天白天的 8～10 h 内大致维持不变，再考虑 ET 的一般日变化规律，SEBAL 假设日蒸发比为常数，因此，日蒸发蒸腾量可由下式估算：

$$\text{ET}_{24}=\frac{\Lambda_{\text{inst}}R_{n24}}{28.588} \tag{5-42}$$

式中，R_{n24} 为日平均净辐射通量，W/m^2。

（三）技术流程

基于 SEBAL 模型的蒸散量计算技术流程如图 5.14 所示。

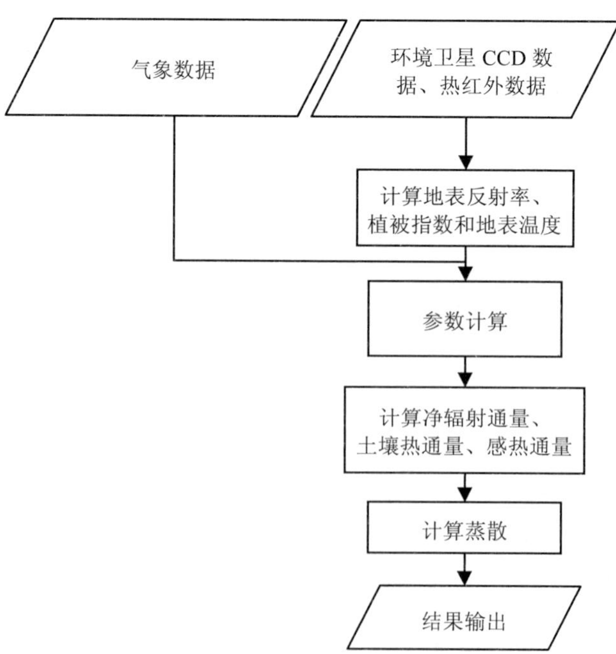

图 5.14　利用 SEBAL 模型计算蒸散量的流程

十一、土壤含水量

（一）参数定义与作用

土壤含水量有多种表达方法：土壤质量含水量、土壤容积含水量、土壤相对含水量、土壤有效含水量、土壤水吸力、土壤水势等。最常用的土壤重量含水量是指土壤水重量与干土重量的百分数。土壤含水量是大气降水、植物体内水、地表水和地下水相互转化的纽带，是农作物生长发育的基本条件，是评价农作物产量高低的重要参数，也是水文、气候、生态等方面的一个关键性参数因子。地表实测土壤含水量的获取可分为两类：田间实测法和土壤水分模型法。田间实测法可以准确估测土体剖面的含水量，但仅限于单点，需要大量人力、物力，费时、成本高，采样速度较慢，其范围有限，且由于土壤、地形、植被覆盖上的空间变异使单点的代表性差，限制了它的应用范围。土壤水分模型方法是根据物质守恒定律，建立水分平衡方程来求解土壤湿度。由于模型考虑的驱动因子详尽程度和时间变化不同，不同作者提出了不同的模型。模型方法的优点是：不用田间观测即可提供适时的土壤湿度信息，快速、可预测，提供面信息；缺点是：需要大量气象数据支持，参数复杂、难以确定，估测误差较大。

（二）遥感反演方法

遥感法获取土壤含水量是通过测量土壤表面发射或反射的电磁能量来估测土壤含水量。土壤含水量所涉及的遥感波段很宽，从可见光、近红外、热红外到微波国内外都有研究，不同波段反演土壤水分的原理不同。本节主要介绍 4 种基于遥感数据获取土壤含水量的方法。

1. 热惯量法

利用光学数据估测土壤含水量反演方法，主要是基于红外相机数据反演得到的白天与夜晚地表温度的差异计算土壤热惯量，并反演土壤含水量。其中，表观热惯量（ATI）的计算公式为

$$\mathrm{ATI} = (1-a)/\Delta T \tag{5-43}$$

式中，a 为地表全波段反照率，ΔT 为地表温度昼夜差（日较差）。在计算中需考虑测地的纬度、太阳偏角、日照时数、日地距离等参数的影响。

得到表观热惯量后，常用线性经验公式计算土壤水分，当然也可采用幂函数、指数函数等非线性经验公式。

需要注意的是，热惯量法反演土壤含水量需要对研究区昼夜两幅遥感图像进行严格配准，通过亮温得到昼夜温差。由于遥感图像受到云的影响，很难得到同一研究区昼夜无云的图像，因而计算昼夜温差的精度很难保证。当土壤植被覆盖度高时，由于受到植被蒸腾及土壤水分交换的影响，反演土壤含水量时的精度会大大降低。因此，表观热惯量仅适用于裸土或低植被覆盖的土壤、有植被覆盖的干旱遥感监测，主要使用基于蒸散量的遥感监测方法。

2. 基于蒸散的水分指数法

地表的蒸散包括土壤蒸发和植物蒸腾，这两部分与土壤的水分含量有着明显的关系。此外介绍常用的作物缺水指数 CWSI 和水分亏缺指数 WDI，通过这些指数可以对土壤的干湿状况进行表征，为区域的干旱监测、土地退化等方面的研究提供支持。

CWSI 是通过作物冠层表面温度信息来监测作物是否遭受水分胁迫的一个非常有效的指标。CWSI 的理论模式是建立在实际蒸散和潜在蒸散比值的基础上的，即：

$$\text{CWSI} = 1 - \text{ET}_c / \text{ET}_p \tag{5-44}$$

式中，ET_c 和 ET_p 分别是实际蒸散量和潜在蒸散量。

具体表达式为：

$$\text{CWSI} = \frac{\gamma(1 + r_\text{c} / r_\text{a}) - \gamma'}{\Delta + \gamma(1 + r_\text{c} / r_\text{a})} \tag{5-45}$$

式中，$\gamma' = \gamma(1 + r_\text{cp} / r_\text{a})$，$r_\text{cp}$ 是植被以潜在蒸腾速率蒸腾时的冠层阻力（此时蒸腾速率等于潜在蒸腾），Δ 是饱和水汽压与温度关系曲率的斜线，r 为干湿表常数，r_c 是空气动力学阻力，r_a 是冠层对水汽向空气中传输时的传输阻力。

WDI 是以区域能量平衡原理为基础，对 CWSI 理论做了进一步扩展。定义如下：

$$\text{WDI} = \frac{(T_\text{s} - T_\text{a})_\text{max} - (T_\text{s} - T_\text{a})}{(T_\text{s} - T_\text{a})_\text{max} - (T_\text{s} - T_\text{a})_\text{min}} \tag{5-46}$$

式中，T_s 为陆地表面温度；T_a 为气温，$(T_\text{s} - T_\text{a})_\text{max} = c_0 + c_1 \times \text{VI}$，$(T_\text{s} - T_\text{a})_\text{min} = d_0 + d_1 \times \text{VI}$；其中，$c_0$、$c_1$、$d_0$、$d_1$ 分别是 VI 与陆气温差构成的坐标空间的湿边与干边的线性回归系数。

3. 温度植被干旱指数（TVDI）法

Sandholt 等（2002）首先提出了 TVDI 的概念，TVDI 是进行干旱研究的有效指标，是反演土壤湿度的重要方法（李春强等，2008）。其表达式为：

$$\text{TVDI} = \frac{\text{LST} - \text{LST}_\text{min}}{\text{LST}_\text{max} - \text{LST}_\text{min}} \tag{5-47}$$

式中，LST 表示任意像元的地表温度；LST_min 表示最低地表温度，对应 LST-NDVI 特征空间中的湿边；LST_max 表示某一 NDVI 值对应的最高地表温度，对应 LST-NDVI 特征空间中的干边。

TVDI 值的范围是从 0 到 1，干边上的点对应的 TVDI 值为 1，湿边上对应的 TVDI 值为 0。TVDI 值越低，表示土壤湿度越大，越靠近湿边。湿边是对应土壤湿度为田间持水量的等值线，干边对应土壤湿度理论极限值为 0。

得到 TVDI 后，可直接对土壤湿度进行表征，也可以建立 TVDI 与土壤湿度之间的经验模型，进行土壤含水量反演。

4. 雷达数据反演土壤含水量方法

雷达土壤水分的反演是基于已进行辐射校正、几何定位后的环境一号卫星 SAR 数据基础上进行的，多依据统计方法，通过实验数据的相关分析建立土壤湿度与后向散射系数之间的经验函数关系。其中，以线性关系应用最为普遍。而对于干的或水分饱和的土壤，则需建立两者之间的非线性关系。

（三）技术流程

下面给出基于 TVDI 指数反演土壤含水量的技术流程（图 5.15），其中，以环境一号卫星热红外相机数据得到的温度产品、环境一号 CCD 相机数据得到的 NDVI 产品为输入。

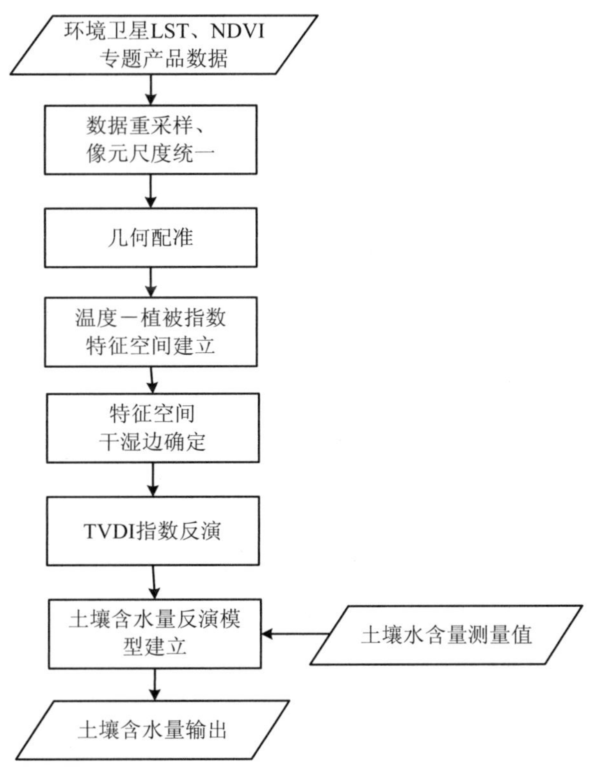

图 5.15　基于 TVDI 的土壤含水量反演算法流程

第四节　生态系统格局遥感监测

生态系统格局是指生态系统组成成分及其在时间、空间上的分布和各组分能量、物质、信息流的分布方式和特点，为加强国家宏观生态环境管理和新时期环境保护工作，迫切需要结合遥感和地面调查，分析全国陆地生态系统的空间分布格局和时间变化格局，在此基础上分析各省生态系统格局状况，摸清全国生态环境质量的基本状况。

一、全国生态系统空间分布格局监测

（一）内容和指标

基于遥感技术，从影像中解译获得全国生态系统分类数据，在此基础上，提取全国生态系统各类型面积，计算各生态系统类型面积占全国总国土面积的比例，分析全国生态系统类型的空间分布格局。

表 5.4 全国生态系统空间分布格局监测指标

监测内容	监测指标	输入数据
全国生态系统空间分布格局	各类生态系统面积	生态系统分类数据
	各类生态系统面积比例	生态系统分类数据
	各类生态系统空间分布	生态系统分类数据
	各子类型生态系统面积	生态系统分类数据
	各子类型生态系统面积比例	生态系统分类数据
	各子类生态系统空间分布	生态系统分类数据

（二）方法

1．全国生态系统结构分析

利用 GIS 空间分析方法，统计各省（自治区、直辖市）域范围和县域范围各生态系统的面积及所占比例，得到各省（自治区、直辖市）和各县生态系统结构信息统计结果。在此基础上，分析全国各生态系统的面积和比例，其中生态系统构成比例的计算方法如下：

$$P_{ij} = \frac{S_{ij}}{\mathrm{TS}} \tag{5-48}$$

式中，P_{ij} 为土地覆被分类系统中第 i 类生态系统在第 j 年的面积比例；S_{ij} 为土地覆被分类系统中第 i 类生态系统在第 j 年的面积；TS 为评价区域总面积。

2．空间分布分析

在全国生态系统分析的基础上，制作全国生态系统结构空间分布图，在此基础上分析全国生态系统空间分布规律。

二、全国生态系统格局变化监测

（一）内容和指标

1．全国生态系统类型变化

基于不同时期的生态系统分类数据，利用 GIS 统计方法，分析全国生态系统类型的面积、比例和空间分布的变化。

2．全国生态系统类型的转换

基于不同时期的生态系统分类数据，计算生态系统类型转移矩阵，分析各类生态系统类型相互转化面积和各类生态系统类型相互转化强度。

3．全国各生态系统内部结构特征变化

基于不同时期的生态系统分类数据，通过内部类型的变化率、转换强度和动态度，分析各生态系统内部结构的空间格局及其动态变化特征。

根据研究内容，构建了全国生态系统格局变化监测指标体系，如表 5.5 所示。

表 5.5 全国生态系统格局变化监测指标

监测内容	监测指标	输入数据
全国生态系统类型结构变化	各类生态系统面积变化	两期生态系统分类数据
	各类生态系统面积比例变化	两期生态系统分类数据
	各子类型生态系统面积变化	两期生态系统分类数据
	各子类型生态系统面积比例变化	两期生态系统分类数据
全国生态系统的转化	转移矩阵	两期生态系统分类数据
全国生态系统内部结构变化	生态系统类型变化率	两期生态系统分类数据
	综合生态系统动态度	两期生态系统分类数据
	类型相互转化强度	两期生态系统分类数据

（二）方法

1. 生态系统类型变化率

研究区一定时间范围内某种生态系统类型的数量变化情况。目的在于分析每一类生态系统在研究时期内面积变化量。其计算公式如下：

$$V = \frac{\mathrm{EU_b} - \mathrm{EU_a}}{\mathrm{EU_a}} \times \frac{1}{T} \times 100\% \tag{5-49}$$

式中，V 为研究时段内某一生态系统类型的变化率；$\mathrm{EU_a}$ 和 $\mathrm{EU_b}$ 分别为研究期初及研究期末某一种生态系统类型的数量（例如，可以是面积、斑块数等）；T 为研究时段长，当 T 的时段设定为年时，V 的值就是某种生态系统类型的年变化率。

2. 变化动态度

定量描述生态系统的变化速度，该指数综合考虑了研究时段内生态系统类型间的转移，着眼于变化的过程而非变化结果，反映研究区生态系统类型变化的剧烈程度，便于在不同空间尺度上找出生态系统类型变化的热点区域。计算公式如下：

$$EC = \left(\frac{\sum_{i=1}^{n} \Delta \mathrm{ECO}_{i-j}}{2\sum_{i=1}^{n} \Delta \mathrm{ECO}_{i}} \right) \times \frac{1}{T} \times 100\% \tag{5-50}$$

式中，ECO_i 为监测起始时间第 i 类生态系统类型面积；$\Delta \mathrm{ECO}_{i-j}$ 为监测时段内第 i 类生态系统类型转为非 i 类生态系统类型面积的绝对值；T 为监测时段长度。当 T 的时段设定为年时，EC 的值就是研究区域生态系统年变化率。综合生态系统类型动态度定量地描述了生态系统类型的变化速度，对预测未来变化趋势有积极的作用。

3. 各生态系统类型变化方向（生态系统类型转移矩阵）

借助生态系统类型转移矩阵全面具体地分析区域生态系统变化的结构特征与各类型变化的方向。转移矩阵的意义在于它不但可以反映研究期初、研究期末的土地利用类型结构，而且还可以反映研究时段内各土地利用类型的转移变化情况，便于了解研究期初各类型土地的流失去向以及研究期末各土地利用类型的来源与构成，计算方法为：

$$S_{ij}=\begin{vmatrix} S_{11} & S_{12} & S_{13} & \cdots & S_{1n} \\ S_{21} & S_{22} & S_{23} & \cdots & S_{2n} \\ S_{31} & S_{32} & S_{33} & \cdots & S_{3n} \\ \cdots & \cdots & \cdots & \cdots & \cdots \\ S_{n1} & S_{n2} & S_{n3} & \cdots & S_{nn} \end{vmatrix} \tag{5-51}$$

式中，n 代表生态系统的类型数，i、j 分别代表研究期初与研究期末的生态系统类型，S_{ij} 代表研究期内，生态系统类型 i 转换为生态系统 j 的面积。

4．生态系统类型转化强度（土地覆被转类指数）

反映土地覆被类型在特定时间内变化的总体趋势，计算方法为：

$$\mathrm{LCCI}_{ij}=\frac{\sum[A_{ij}\times(D_{\mathrm{a}}-D_{\mathrm{b}})]}{A_{ij}}\times 100\% \tag{5-52}$$

式中，LCCI_{ij} 为某研究区土地覆被转类指数，值为正，表示此研究区总体上土地覆被类型转好，值为负，表示此研究区总体上土地覆被类型转差，i 代表研究区，j 为土地覆被类型，A_{ij} 为某研究区土地覆被一次转类的面积，D_{a} 为转类前级别，D_{b} 为转类后级别。

第五节　生态系统质量遥感监测

生态系统质量是指生态系统的优劣程度，它以生态学理论为基础，在特定的时间和空间范围内，从生态系统层次上，反映生态系统对人类生存及社会经济持续发展的适宜程度，是根据人类的具体要求对生态系统的性质及变化状态的结果进行评定。

生态系统质量监测与评价是当今世界的一项重要研究课题，利用遥感影像来监测生态系统状况，对生态系统的本底、变化状况进行监测并进行生态系统质量评价研究，是一种经济有效的技术方法。可以客观地认识一个区域的生态系统质量状况及存在的主要问题，对政府部门合理制定区域规划和经济发展方针、协调经济、社会和环境可持续发展都具有十分重要的意义。

李世东等（2007）出版的《中国生态状况报告 2005》首次利用生态综合指数的概念和方法，通过选取森林、湿地、荒漠、草原、农田、城市、水土流失以及生物多样性 8 个因子，利用生态综合指数计算公式得出我国生态综合指数。这本书主要以县级的地面调查为基础获得全国统计数据，对上述 8 个因子进行详细的分类以及数据分析，得到全国范围的生态综合指数。这本书的数据来源于实地调查，因此在精度上比较可靠，但对于大区域生态环境调查来说，工程过于繁重，需要众多部门共同协作才能完成。而现在遥感技术发展迅速，具有获取数据速度快、精度高、范围广的特点，应用前景广阔。如果能够利用遥感技术进行环境评价，将节省大量资源，效率也会大大提高。为此，本节提供一种基于遥感技术对区域或全国生态系统进行定量化生态环境状况评价的方法。

一、生态系统质量遥感监测指标体系

对生态系统的质量状况进行评价，反映生态系统的基本特征，体现生态系统的健康状态，刻画自然生态系统维持现有服务功能的持续性和稳定性（罗海江等，2008，2010）。具体包括：一是生态系统的生产能力，是系统中的绿色植被光合作用富集的能量，生产能力可以体现在生物量的富集上；二是服务功能的稳定性，即生产能力的波动，生产能力的波动可以体现在净初级生产力的年际变化趋势上；三是生态系统受到的人类干扰程度，人类干扰程度可以体现在覆盖度以及土地利用变化上。

生态系统质量遥感监测与分析针对森林、草地、荒漠、湿地等自然生态系统类型特点，采用不同的指标体系和方法进行，具体的遥感监测指标包括：各类自然生态系统植物生物量、各类自然生态系统净初级生产力、各类生态系统植被覆盖度、湿地生态系统水体污染及富营养化、各类生态系统质量稳定度和波动性综合评价指数。其中森林和草地等有植被覆盖的自然生态系统的指标为生物量、净初级生产力以及植被覆盖度；荒漠生态系统选择能够从自然和人为两方面反映荒漠生态系统的稳定性的指标，包括干旱指数、荒漠面积变化率；湿地生态系统主要选择湿地生态系统面积以及污染和富营养化程度的指标。生态系统质量遥感监测指标体系如表 5.6 所示。

表 5.6 生态系统质量遥感监测指标

<table>
<tr><th>自然生态系统类型</th><th>指标</th><th>参数需求</th></tr>
<tr><td rowspan="10">森林
草地</td><td rowspan="3">1. 生物量</td><td>自然生态系统植被类型</td></tr>
<tr><td>NDVI</td></tr>
<tr><td>调查样地各类生态系统实测生物量</td></tr>
<tr><td rowspan="5">2. 净初级生产力</td><td>自然生态系统植被类型</td></tr>
<tr><td>光合有效辐射</td></tr>
<tr><td>平均温度</td></tr>
<tr><td>蒸散量/陆地表面水分指数（LSWI）</td></tr>
<tr><td>NDVI/EVI</td></tr>
<tr><td rowspan="2">3. 植被覆盖度</td><td>纯植被像元的 NDVI 值</td></tr>
<tr><td>完全无植被覆盖像元的 NDVI 值</td></tr>
<tr><td rowspan="4">荒漠</td><td rowspan="2">4. 干旱指数</td><td>LST</td></tr>
<tr><td>NDVI</td></tr>
<tr><td rowspan="2">5. 荒漠面积变化率</td><td>NDVI</td></tr>
<tr><td>反照率</td></tr>
<tr><td rowspan="2">湿地</td><td>6. 湿地面积</td><td>生态系统分类数据</td></tr>
<tr><td>7. 水体富营养化程度</td><td>水体磷、氮含量</td></tr>
</table>

二、分析与评价方法

（一）相对生物量密度

为基于像元的（森林、草地、湿地、荒漠）生态系统生物量与该生态系统类型最大生物量的比值。计算方法为：

$$\mathrm{RBD}_{ij}=\frac{B_{ij}}{\mathrm{CCB}_j}\times 100\% \tag{5-53}$$

式中，RBD_{ij}为j生态系统i像元相对生物量密度；B_{ij}为j生态系统i像元生物量，通过遥感获得；CCB_j为j类生态系统顶级群落每像元的生物量，运用生态系统长期定位观测数据，或样地调查数据。

（二）生态系统质量指数

为基于像元的（森林、草地）生态系统生物量与该生态系统类型最大生物量的比值。计算方法为：

$$\mathrm{EQ}_j=\frac{\sum_{i=1}^{n}\mathrm{RBD}_{ij}\times S_p}{S_j} \tag{5-54}$$

式中，EQ_j为j类生态系统质量指数；i为i像元数量；RBD_{ij}为j类生态系统i像元的相对生物量密度；S_p为每个像元的面积；S_j为评价区域内j类生态系统的总面积。

森林、草地生态系统质量采用基于像元的相对生物量密度进行评价，具体评价标准见表 5.7。

表 5.7　生态系统质量分级标准

质量等级	RBD 值
优	FDI≥85%
良	70%≤FDI<85%
中	50%≤FDI<70%
差	25%≤FDI<50%
劣	FDI<25%

湿地生态系统质量则采用断流/干枯时间、富营养化状况指数进行评价，具体评价标准见表 5.8。

表 5.8　湿地生态系统质量评价指标

评价指标	较好	良好	中等	差
断流/干枯时间	无	偶尔断流/干枯	季节性断流/干枯	常年断流/干枯
富营养状况指数	小于 30	30～50	50～70	大于 70

（三）相对初级生产力

基于像元（森林、草地）的净初级生产力与该生态系统类型最大净初级生产力的比值。计算方法为：

$$\mathrm{NPPD}_i = \frac{\mathrm{NPP}_i}{\mathrm{MNPP}_j} \tag{5-56}$$

式中，NPPD_i 为 i 像元净初级生产力指数；NPP_i 为 i 像元净初级生产力，通过遥感获得；MNPP_j 为 j 类生态系统顶级群落的净初级生产力，运用生态系统长期定位观测数据，或文献研究数据。

三、技术路线

生态系统质量调查与评价的技术路线如图 5.16 所示，主要包括数据预处理、生态系统质量指标提取以及生态系统质量变化分析与评价三个部分。

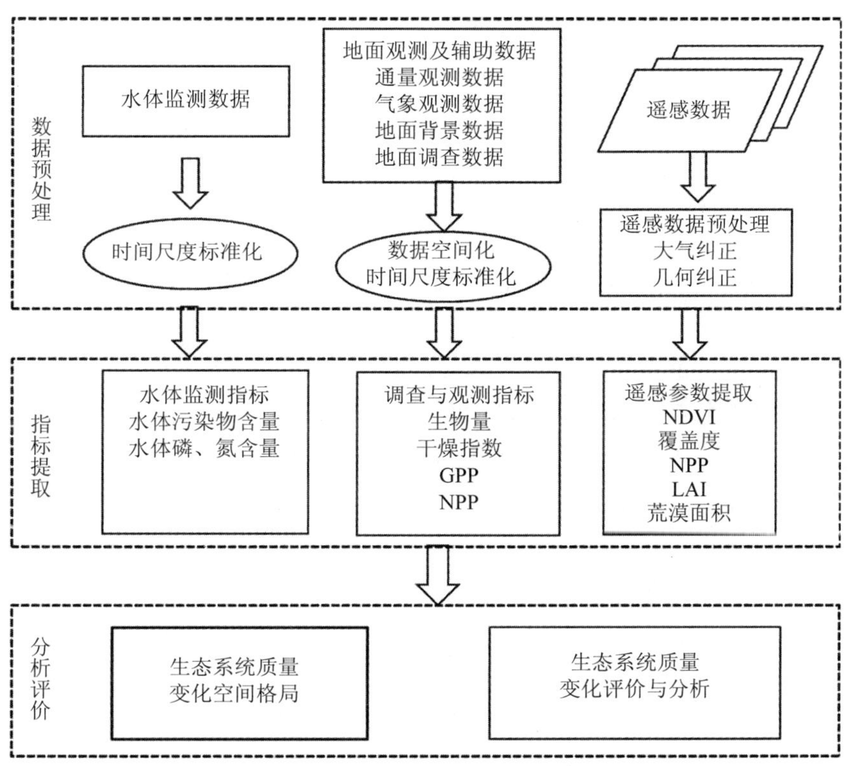

图 5.16　全国生态系统质量调查与评价技术路线

第六节 生态系统服务功能遥感监测

一、生态系统服务功能概述

生态系统服务功能是指生态系统与生态过程所形成及所维持的人类赖以生存的自然环境条件与效用（Daily，1997；欧阳志云等，1999）。它不仅包括各类生态系统为人类所提供的食物、医药及其他工农业生产的原料，更重要的是支撑与维持了地球的生命保障系统，维持生命物质的生物地化循环与水文循环，维持生物物种与遗传多样性，环境的净化与有害物质的降解，维持大气化学的平衡与稳定，土壤肥力的更新与维持，植物花粉的传播与种子的扩散等（欧阳志云等，2000）。2000 年联合国启动的千年生态系统评估计划（Millennium Ecosystem Assessment，MA），是人类首次对全球生态系统的过去、现在以及未来情况进行评估，并据此提出相应管理对策的科学计划（MA，2005）。在该计划中，生态系统服务功能的评估是核心内容之一。MA 根据生态系统与人类福祉之间的关系，将生态系统服务划分为四大类型，即：提供食物、水、木材以及纤维等方面的供给服务；调节气候、洪水、疾病、废弃物以及水质等内容的调节服务；提供消遣娱乐、美学享受以及精神受益等方面的文化服务；在土壤形成、光合作用以及养分循环方面提供的支持服务（千年生态系统评估报告集，2007）。基于全球尺度开展的评估工作，难以满足区域尺度生态系统管理的需要，而且生态系统过程和服务功能只有在特定的时空尺度上才能充分发挥其主导作用和效果，因此生态系统服务功能需要在一个特征尺度下才对景观和区域层次的保护具有意义（Houlahan & Findlay，2004；傅伯杰等，2008）。生态系统服务功能的监测必须基于某一时间尺度和空间范围上开展，遥感技术可以为开展此类监测提供连续、大范围的数据支持。生态系统的四大服务功能中，除文化服务功能目前难以通过遥感技术实现监测外，其他各种服务功能均可以通过代表性的遥感监测指标部分反映功能的变化情况。例如，供给功能强调的是水、食物、木材等的供给，而通过遥感技术可以实现对生态系统净初级生产力的监测，部分反映生态系统食物供给能力的强弱。

二、生态系统服务功能评估

生态系统服务功能评估是人类对自然与生态系统认识成果应用于经济决策的桥梁。开展生态系统服务功能的评估，首要前提是对生态系统的各项服务功能进行监测，快速而全面地掌握生态系统服务功能的变化状况，为揭示其变化的原因及未来趋势提供有力的数据支撑和科学认识。

三、主要生态系统服务功能的监测指标

生态系统服务功能监测的重点是生态系统服务功能的构成指标及其变化情况。根据生态系统服务功能四大功能类型的分类，在每个类型中选择 1 个代表性功能进行剖析，解析其形成过程及具体的评价指标。

（一）供给功能——食物供给

食物供给是供给功能的核心体现，是生态系统向人类及其他生物群体提供所需的各种养分、能量的能力。食物供给功能的强弱，将直接关系到一个地区的粮食安全状况，不仅影响食物的充足性，还对食物的安全和营养产生影响（Food Security，FAO 定义）。食物供给功能首先要满足的是为区域提供的食物的数量的多少，而提供食物数量的多少，就是一个生态系统中能够固定的能量与物质的总量，包括动物体和植物体固定量的总和。从生态系统的角度看，生态系统中的初级生产者是植物，植物体生产能力的高低，将直接通过食物链的作用传导到生态系统的各个方面，对整个生态系统的食物供给能力产生影响，因此监测生态系统食物供给功能的核心是监测生态系统中植物体生产力的高低，即生态系统生物量的多少。获取生物量的一个关键的参数是生态系统净初级生产力（Net Primary Productivity，NPP），是指植物在单位时间单位面积上由光合作用产生的有机物质总量中扣除自养呼吸后的剩余部分，是生产者能用于生长、发育和繁殖的能量值，反映了植物固定和转化光合产物的效率，也是生态系统中其他生物成员生存和繁衍的物质基础。

（二）调节功能——水文调节

生态系统的调节功能涉及多个方面，从环境保护的角度看，一个良好的生态系统，具有较强的水质自净能力，而对水质的调节主要通过对水量的调节来实现。因此生态系统水文调节功能的强弱会直接影响到区域的水质。水文调节受到区域生态系统面积、多年平均产流量、多年平均降雨总量、产流降雨占总降雨的比例、生态系统减少径流的效益系数、裸地的降雨径流率等要素有关。这些参数的获取除了部分可以通过遥感技术完成外，相当多的一些需要地面观测数据的配合。可以说，对生态系统服务功能的监测，是需要地面资料和遥感资料配合完成的工作。

（三）支持功能——土壤保护

生态系统其他各项服务功能的实现，关键是依靠支持功能是否完整。作为支撑整个生态系统运的关键硬件基础，土壤的存在具有重要作用，土壤保护功能的体现包括地表植物对土壤的保护，地卜生物对土壤的保护，气候气象条件、地质条件以及人类活动对土壤的影响等，核心凝聚在土壤抗侵蚀能力上，可以使用土壤侵蚀敏感性作为描述土壤保护功能强弱的重要参数。根据国家环境保护总局 2003 年颁布的《生态功能区划暂行规程》的有关规定，区域土壤侵蚀敏感性可以采用地形起伏度、土壤质地、植被特征、降雨侵蚀力四个指标来确定。

四、生态系统服务功能监测的具体方法

（一）生物量的监测

植被生物量的遥感监测主要有以下两种方法，即植被指数-生物量法与累积 NPP 法，两者适用范围及特点有所不同，具体选择哪种方法取决于数据的可获取性与应用的具体

目的。

1. 植被指数-生物量法

植被指数被证实与植被生物量具有较好的关系，因而可以通过植被指数-生物量回归法估算生物量，即根据各样方的森林/草地生物量干重和其对应的基于遥感数据的 NDVI、EVI 等植被指数值，通过建立两者之间的线性模型或非线性模型来反演森林/草地生态系统的生物量，具体植被指数及回归模型的选择取决于模型拟合及验证结果。

基本参数与数据来源

1）生物量

来源：地面观测

计算及获取方法：

通过设置森林、草地样地，调查单位面积内地上干生物量重，样地设置与调查方法可参见野外调查部分。

2）植被指数

来源：MODIS 陆地二级标准数据产品

计算及获取方法：

MODIS 陆地二级标准数据产品（MOD 13）可以从 NASA 的数据分发中心免费下载，网址为 http：//ladsweb.nascom.nasa.gov/，包括 250 m 的 NDVI 与 EVI。

2. 累积 NPP 法

对于草地、农田生态系统来说，其生物量的估算可以采用累积 NPP 法进行估算，即通过草地或农田的生长期（开始生长时间与结束生长时间）的确定，对生长期内的 NPP 进行累加以计算地上生物量。

基本参数与数据来源

1）NPP，单位时间内累积的净初级生产力，可通过上述 NPP 估算方法进行求取。

$$\text{NPP} = \text{APAR}(t) \times \varepsilon(t) \tag{5-57}$$

其中：

$$\text{APAR} = f\text{PAR} \times \text{PAR} \tag{5-58}$$

式中，PAR 为植被能进行光合作用的驱动能量，其能量为到达地表的太阳总辐射量的一个分量，可以通过下式进行计算获得。

$$\text{PAR} = 0.48 \times K_{24}^{\downarrow}(t) \tag{5-59}$$

式中，$K_{24}^{\downarrow}(t)$ 表示太阳总辐射量，由 FAO（世界粮农组织）公布的技术文档（Allen et al.，1998）中的经验公式来计算获得。

$$K_{24}^{\downarrow}(t) = \left\{0.25 + \frac{0.50n(t)}{N(t)}\right\} K_{24}^{\downarrow exo}(t) \tag{5-60}$$

$$K_{24}^{\downarrow exo}(t) = \frac{24 \times 60}{\pi} G_{sc} d_r [\omega_s \sin(\varphi)\sin(\delta) + \cos(\varphi)\cos(\delta)\sin(\omega_s)] \tag{5-61}$$

$$\delta = 0.409\sin\left(\frac{2\pi}{365}J - 1.39\right) \tag{5-62}$$

$$d_r = 1 + 0.033\cos\left(\frac{2\pi}{365}J\right) \tag{5-63}$$

$$\omega_s = \arccos[-\tan(\varphi)\tan(\delta)] \tag{5-64}$$

$$N(t) = \frac{24}{\pi \times \omega_s} \tag{5-65}$$

式中，$K_{24}^{\downarrow exo}(t)$ 表示地外太阳辐射，MJ/（m^2 • t）；G_{sc} 是太阳常数，为 0.082 0 MJ/（m^2 • min）（相当于 1 366.67W/m^2）；d_r 为相对日地距离；ω_s 是日落时角，rad；φ 表示地区纬度，rad；δ 为赤纬角，rad；rad 是弧度单位；J 为儒略日，即某一天是一年中的第几天；N（t）为潜在或者说最大日照时数；n（t）为实际日照时数，该数据由气象站点得到。

FPAR：植被对入射光合有效辐射的吸收比例，研究表明其与比值指数 SR 之间存在线性关系，如下式所示：

$$\text{FPAR} = \frac{(\text{SR} - \text{SR}_{\min}) \times (\text{FPAR}_{\max} - \text{FPAR}_{\min})}{\text{SR}_{\max} - \text{SR}_{\min}} + \text{FPAR}_{\min} \tag{5-66}$$

$$\text{SR} = \frac{\text{NIR}}{\text{RED}} = \frac{1 + \text{NDVI}}{1 - \text{NDVI}} \tag{5-67}$$

式中，$FPAR_{min}$ 和 $FPAR_{max}$ 的取值与植被类型无关，分别取值为 0.001 和 0.95，SR_{min} 和 SR_{max} 与植被类型有关，为对应植被类型 NDVI 的 5%和 95%的下侧百分位数。NIR 和 RED 分别表示近红外波段和红波段的反射率。

ε：指植被将吸收的光合有效辐射（APAR）通过光合作用转化为有机碳的效率。一般认为植被对光的利用效率是随生长季内的环境条件不断变化的，且主要受到温度和水分胁迫的影响（Potter et al.，1993；Field et al.，1995）。

$$\varepsilon(t) = \varepsilon^* \times T_1(t) \times T_2(t) \times W(t)$$

式中，ε^*指最大光利用率，g/MJ；T_1 和 T_2 表示环境温度对光利用的抑制影响，W 则为水分影响胁迫系数，用以表达水分因素影响植被对光利用的程度。T_1 和 T_2 及 W 均为无量纲参数。其中 T_1 和 T_2 及 W 分别由下面公式计算获得。

$$T_1 = -0.000\,5(T_{\text{opt}} - 20)^2 + 1$$

$$T_2 = \frac{1}{1 + \exp\{0.2(T_{\text{opt}} - 10 - T_{\text{mon}})\}} \times \frac{1}{1 + \exp\{0.3(-T_{\text{opt}} - 10 + T_{\text{mon}})\}}$$

式中，T_{opt} 表示植被生长季内 NDVI 值达到最高时的月平均气温，°C；T_{mon} 表示月平均气温，°C。

$$W(t)=\frac{\text{EET}(t)}{\text{PET}(t)}$$

式中，EET 表示区域月实际蒸散量，mm；PET 表示区域月潜在蒸散量，mm，可由 ETWatch（吴炳方等，2008；Xiong et al.，2010）计算获得。

2）开始生长时间和结束生长时间，需要根据不同的地区进行相应的调查，或者通过监测区域时间序列 NDVI 数据设定阈值进行判断获取。

3）收获指数，对于农田来说，如果想获取粮食产量，在获取地上生物量的基础上，还能获取收获指数，收获指数主要根据作物类型通过文献调研的方法获取。

（二）水文调节功能的监测

水文调节功能的监测主要是采用降水贮存量法，即用森林生态系统的蓄水效应来衡量其涵养水分的功能。

用森林生态系统的蓄水效应来衡量其涵养水分的功能。

$$Q=A\cdot J\cdot R \tag{5-68}$$

$$J=J_0\cdot K \tag{5-69}$$

$$R=R_0-R_g \tag{5-70}$$

式中，Q 是与裸地相比较，森林、草地、湿地、耕地、荒漠等生态系统涵养水分的增加量，mm/（$hm^2\cdot a$）；A 是生态系统面积，hm^2；J 是计算区多年均产流降雨量（$P>20$ mm），mm；J_0 是计算区多年均降雨总量，mm；K 是计算区产流降雨量占降雨总量的比例；R 是与裸地（或皆伐迹地）比较，生态系统减少径流的效益系数；R_0 是产流降雨条件下裸地降雨径流率；R_g 是产流降雨条件下生态系统降雨径流率。

根据赵同谦等以秦岭—淮河一线为界限将全国划分为北方区和南方区。而北方降雨较少，降雨主要集中于 6—9 月份，甚至一年的降雨量主要集中于一两次降雨中。南方区降雨次数多、强度大，主要集中于 4—9 月份。因此，建议北方区 K 取 0.4，南方区 K 取 0.6。

根据已有的实测和研究成果，结合各种生态系统的分布、植被指数、土壤、地形特征以及对应裸地的相关数据，可确定全国主要生态系统类型的 R 值，下表是主要森林生态系统的 R 值。其他草地、灌木林、沼泽等生态系统的 R 值有待于进一步确定。

表 5.9 中国主要森林生态系统类型 R 值

森林类型	寒温带落叶松林	温带、针叶林	温带亚热带落叶阔叶林	温带落叶小叶疏林	亚热带常绿落叶阔叶混交林林	亚热带常绿阔叶林	亚热带、热带针叶林	亚热带热带竹林	热带雨林、季雨林
R	0.21	0.24	0.28	0.16	0.34	0.39	0.36	0.22	0.55

而冰川、湖泊、河流、水库等湿地生态系统水源涵养量为系统平均储水（蓄水）量。

生态系统的面积可以通过统计遥感提取得到的生态系统一级类型和二级类型的面积来获取，生态系统一级类型和二级类型的提取方法如下。

生态系统分类方法基于面向对象的技术，引入非影像光谱信息强化目标的识别能力。

作业平台基于超级计算的、并行处理的构架，实现快速、高效的分类技术运作。作业流程方面采用分区分块、拼接成图的积木式方式，有效地控制制图质量、提高作业效率。具体流程分为影像预处理、作业分区、派生参数提取、尺度分割、解译标志库建立、决策树建立、分类运行。遥感数据和辅助数据在数据预处理后，基于超级服务器，将数据进行区、块、形三级作业分区，分区过程中进行不同时相的影像配准与拼接；为减少数据冗余，将多时相的影像生成可利用的派生分类参数，基于并行处理的方式，进行多尺度的数据分割，提取对象的空间、光谱与纹理信息；通过野外分层采样框架，建立数据解译标志库，利用样本的解译标志特征，建立基于分区、分类的决策树，进行分区块、分类，并根据各区块的景观差异，进行决策树优化、再分类。

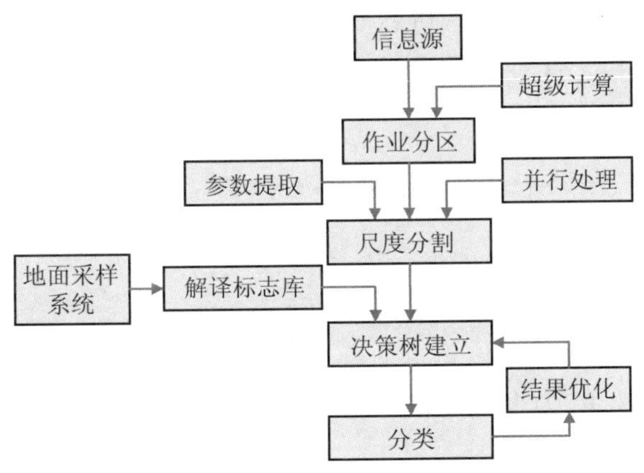

图 5.17 全国生态系统类型分类技术路线图

具体来说，解译标志库建立平台以 eCognition 软件为支撑，以预处理后数据层和派生信息为基础，提取采样点的解译信息，将采样区内的数据导入 eCognition 后，利用软件的 Sampling 工具，在影像上按空间位置分类选取采样点的影像和辅助数据的信息，生成最终分类需要的各类参数的采样点图谱信息。采样点视窗可以显示每个采样点各参数的阈值范围、频度、方差。若具有同样时间邻近采样区的影像，其采样点图谱可以共享，参与决策树建立的分析。

面向对象技术的实现是通过非监督分类、监督分类二次处理过程完成，采用决策树分析方法，通过采用人工与自动相结合的方式，对于影像光谱划分机理清楚的类型采用人工建树方法，对于类型的光谱变化比较大、规律不清楚的类型采用自动方法（最邻近方法）。建树分两个阶段，采用层次分类方法和最邻近方法。第一层次为人工建树方法，主要针对大光谱特征、时间过程有明显的差异的一级分类或大类，规律性较强，如水面与非水面、植被与非植被、落叶与非落叶等信息，在此基础上进一步自动方法细分类型。

决策树建立分为两个阶段进行：层次分类方法和区域类型的最邻近方法。由于各区块的地物类型和景观差异性，每个区块的决策树不可能相同，但基础的大类都是存在的，并具有相同的光谱特征。为此，决策树顶层采用统一的结构，根据土地覆盖类型的特征与光谱规律，顶层决策树分为四层：水面与非水面、植被与非植被或线性与非线性、耕地与非耕地、落叶与非落叶。下层依据区域特征进一步设计，通过对象的解译标志库和样本训练，建立分类决策树的指标与决策树结构，通过决策树的分级，进行类型的不断提纯，最终达到单个类别划分的结果。对于类型光谱复杂，采用最邻近方法进行划分，可选取多个光谱特征中心进行类型分组，如建设用地 1、建设用地 2 等，最终合并、汇总。

（三）土壤保护功能的监测

土壤保护功能的监测重点是对土壤侵蚀模数的监测，可以根据降雨、坡度坡长、植被、土壤和土地管理等因素评价生态系统土壤保护功能的强弱。

采用通用水土流失方程 USLE 进行评价，包括自然因子和管理因子两类。在具体计算的时候，需要利用已有实测的土壤保持数据对模型模拟结果进行验证，并且修正参数。

$$\mathrm{USLE}_x = R_x \bullet K_x \bullet \mathrm{LS}_x \bullet C_x \bullet P_x \tag{5-71}$$

USLE_x 表示栅格 x 的土壤侵蚀量；R_x 为降雨侵蚀力；K_x 为土壤可蚀性；LS_x 为坡度-坡长因子；C_x 为植被覆盖因子；P_x 为管理因子。

根据泥沙输移路径，每一栅格将持留部分泥沙，SEDR_x 为栅格 x 土壤持留量；SE_x 为栅格 x 的持留效率；USLE_y 为上坡栅格 y 产生的泥沙量；SE_z 为上坡栅格的泥沙持留量；

$$\mathrm{SEDR}_x = \mathrm{SE}_x \sum_{y=1}^{x-1} \mathrm{USLE}_y \prod_{z=y+1}^{x-1} (1-\mathrm{SE}_z) \tag{5-72}$$

潜在土壤保持量可以通过下述公式估计：

$$\mathrm{SEDRET}_{xD} = R_x \bullet K_x \bullet \mathrm{SL}_x \bullet \left(1 - C_x \bullet P_x\right) + \mathrm{SEDR}_x \tag{5-73}$$

基本参数

（1）土地覆被类型：来源于遥感解译或其他。

（2）降雨侵蚀力：来源于 Fouriner 指数。

$$R = 4.17 \bullet \sum_{i=1}^{12} \frac{j_i^2}{J} - 152 \tag{5-74}$$

式中，j 表示月降水；J 表示年降水；i 表示月份。

（3）土壤可蚀性因子：来源于土壤类型模型或文献。

$$K = \frac{2.1\times10^{-4}\times\left(12-O\right)\times M^{1.14}+3.25\times\left(S-2\right)+2.5\left(P_j-3\right)}{100}\times 0.1317 \tag{5-75}$$

式中，K 是土壤可蚀性因子；O 是有机质含量百分比；M 是土壤颗粒级配参数；S 是土壤结构等级；P_j 是渗透等级。

表 5.10 部分土壤类型 *K* 值（文献来源）

土壤类型	*K* 值	土壤类型	*K* 值	土壤类型	*K* 值
草褐土	0.362 6	湿潮土	0.353 7	淋溶棕壤	0.240 2
潮土	0.340 1	石灰性褐土	0.349 6	沙姜潮土	0.340 1
粗草棕壤	0.240 2	山地草甸土	0.213 7	盐潮土	0.411 6
褐土	0.322 1	沼泽草甸土	0.213 6	生草棕壤	0.240 2
棕土	0.215 7				

（4）地被物覆盖因子（*C*）：来源于文献或专家咨询。

（5）人为管理措施因子（*P*）：来源于文献或专家咨询。

局部区域 *C*、*P* 值见表 5.11。

表 5.11 局部区域 *C*、*P* 值（文献来源）

	森林	灌丛	园地	水田	旱地	水域	城市及建筑用地	裸地	草地
C	0.005	0.099	0.18	0.18	0.228	0	0	1	0.112
P	1	1	0.69	0.15	0.352	0	0.01	1	1

（6）地被物阻挡泥沙效率：来源于文献或专家咨询（天然植被最大可认为 100%）。

（7）坡长坡度因子：来源于通过下述模型从 DEM 中提取。

1）坡度因子：

$$\begin{cases} S = 10.8\sin\theta + 0.03 & \theta < 5^\circ \\ S = 16.8\sin\theta - 0.5 & 5^\circ \leqslant \theta < 10^\circ \\ S = 21.91\sin\theta - 0.96 & \theta \geqslant 10^\circ \end{cases} \tag{5-76}$$

式中，θ表示坡度（度）。

2）坡长因子：

$$L = \left(\frac{\lambda}{22.1}\right)^m \tag{5-77}$$

$$\begin{aligned} m &= 0.2 & \theta &\leqslant 1\% \\ m &= 0.3 & 1\% < \theta &\leqslant 3\% \\ m &= 0.4 & 3\% < \theta &\leqslant 5\% \\ m &= 0.5 & \theta &\geqslant 5\% \end{aligned}$$

式中，θ表示坡度百分比。

五、小结

生态系统服务功能的遥感监测的首要任务是建立生态系统服务功能评估的指标体系，针对指标体系中的每个指标，建立基于遥感数据的生态系统过程关键参数的反演算法，在地面观测数据的配合下，提高遥感监测数据的精度。

第七节 自然保护区生态环境遥感监测

自然保护区是为了保护典型生态系统、拯救珍稀濒危野生生物物种、保存重要自然历史遗迹而依法建立和管理的特别区域。自然保护区能为人类提供生态系统的天然“本底”，是各类自然生态系统和野生生物物种的天然贮存库，对于保护自然环境、保护物种等自然资源和维护生态平衡具有重要意义，在国民经济建设和未来社会发展中具有战略地位，加强和发展自然保护区事业也是当前我国环境保护工作的一项重要而紧迫的任务。

近年来，随着工业化、城镇化的加速推进，保护与开发的矛盾日益突出，自然保护区经济开发活动日益增多，自然保护区发展面临的压力不断加大，出现生态系统不断退化的严峻局面，也导致自然保护区生态系统功能严重受损，生态系统健康水平下降，直接威胁到保护区的可持续发展。在此背景下，迫切需要利用新的手段对自然保护区的人类活动和生态系统健康进行全方位监测，而遥感具有宏观性、实时性和综合性等特点，是开展全国自然保护区综合监管的最佳手段，能在自然保护区评审、日常监管等方面发挥很好的作用。

本节围绕遥感技术在自然保护区监测与评价中的应用，针对保护区人类活动和生态系统健康评价这 2 方面提出了监测指标，介绍相应的方法和技术流程。

一、自然保护区人类活动遥感监测

（一）内容和指标

自然保护区人类活动遥感监测内容包括如下 2 个方面。

1. 自然保护区人类活动遥感监测

以遥感影像数据为基础，采用遥感分类解译的方法，提取自然保护区的农业用地、居民点、工矿用地、采石场、能源设施、旅游设施、交通设施、养殖场、其他人工设施等人类活动信息，对自然保护区人类活动的面积、数量和百分比进行统计。

2. 自然保护区人类活动野外核查

根据遥感监测提取的人类活动斑块的经纬度信息，到实地进行定位、验证，并记录其所在功能区、建成时间、设施现状、相关审批手续、存在问题等。

自然保护区人类活动遥感监测指标如表 5.12 所示：

表 5.12 自然保护区人类活动遥感监测指标表

内容	指标	数据源
自然保护区人类活动遥感监测	各人类活动面积/数量/百分比	解译矢量
	不同功能区各人类活动面积/数量/百分比	解译矢量
	不同功能区各人类活动空间分布	解译矢量
自然保护区人类活动实地核查	敏感人类活动经纬度	实地核查
	设施名称	实地核查
	建成时间	实地核查
	设施现状	实地核查
	相关审批手续	实地核查
	存在问题	实地核查

（二）数据来源与处理

1. 数据源

（1）遥感数据

监测年成像的 30 m 以下、云量覆盖小于 10%、影像质量良好的高空间分辨率遥感影像。有条件的地区优先选取 10 m 以下高空间分辨率遥感影像。

（2）保护区边界数据

自然保护区最新的矢量边界和功能分区，边界数据为 shp 格式。

2. 遥感数据处理

遥感影像处理包括波段组合、几何精校正、图像镶嵌与图像裁切等处理过程。

（1）波段组合

原始遥感影像一般都是单波段（黑白），需要利用遥感波段组合功能，把单波段影像组合到一起获得良好的显示效果（彩色）。

（2）几何精校正

原始遥感影像有几何畸变，需要利用地面控制点对遥感图像进行几何精校正，主要包括方法确定、控制点输入、像素重采样和精度评价。

1）确定校正方法：根据遥感影像几何畸变的性质和数据源的不同确定几何校正的方法，一般选择多项式校正方法；

2）控制点输入：一般要求均匀分布在整幅遥感影像上，尽量选择明显、清晰的定位识别标志，如道路交叉点等特征点；

3）重采样：对原始输入影像进行重采样，得到消除几何畸变后的影像，一般选用双线性内插法；

4）精度评价：将几何精纠正的影像与控制影像套合，检验精度，要求几何校正精度在 10 m 以内。

（3）影像镶嵌

对于面积较大的自然保护区而言，需要多景影像才能覆盖，需要进行影像镶嵌。

1）指定参考图像：作为镶嵌过程中对比匹配以及镶嵌后输出图像的地理投影、像元大小、数据类型的基准；

2）影像镶嵌：在重叠区内选择一条连接两边图像的拼接线，进行影像镶嵌。

（4）影像裁切

镶嵌后的影像需要用自然保护区边界裁切出来，得到每个自然保护区的遥感影像。

1）投影转换：转换矢量边界投影，与纠正好的遥感影像一致；

2）影像裁切：利用遥感软件，将影像用保护区边界裁切出来。

3. 矢量边界处理

矢量边界处理包括投影转换、功能分区赋值等过程。

（1）投影转换

当矢量边界与自然保护区遥感影像不一致时，需要将矢量边界的投影转换成纠正好的影像投影，一般选用动态转换的方式变换投影。

（2）功能分区赋值

利用 GIS 属性编辑功能，对保护区功能分区矢量编辑的属性进行编辑，核心区赋代码为 1，缓冲区赋代码为 2，实验区赋代码为 3。

（三）方法

1. 自然保护区人类活动遥感监测

（1）人类活动分类

自然保护区人类活动分类体系如表 5.13 所示。

表 5.13 自然保护区人类活动分类

指标	定义	具体指标
农业用地	直接或间接为农业生产所利用的土地	水田
		旱地
居民点	因生产和生活需要而形成的集聚定居地点	城镇
		农村居民点
工矿用地	独立设置的工厂、车间、建筑安装的生产场地等以及在矿产资源开发利用的基础上形成和发展起来的工业区、矿业区	工厂
		矿山
		油井
		油罐
		工业园区
采石场	开采建筑石（砂）料的场所	采石场
		采砂场
能源设施	利用各种能源产生和传输电能的设施	风力发电场
		水电站
		变电站
		太阳能电站

指标	定义	具体指标
旅游设施	用于开展商业、旅游、娱乐活动所占用的场所	旅游用地
		高尔夫球场
		度假村
		寺庙
交通设施	道路	铁路
		高速公路
		普通道路
	从事运送货物和旅客的工具及设施	港口
		机场
		码头
养殖场	在滩涂、浅海、沿江及内陆，养殖经济动植物的区域	海水养殖场
		淡水养殖场
其他人工设施	无法准确划分到以上 8 种人类活动类别中的设施	其他人工设施

（2）遥感解译

采用遥感解译的方法（包括目视解译与自动分类方法），从遥感影像上提取自然保护区内各种人类活动信息。

1）解译：根据影像的判读标志，如色调（颜色）、形状、位置、大小、阴影、布局、纹理及其他间接标志等和解译人员对该区域土地类型分布规律的熟悉程度，从影像上识别各种人类活动信息。

2）判读顺序：一般是从影像顶部开始，然后以从左到右，从上到下依次连续判读。

3）判读提取目标地物的最小单元：一般规定自然保护区人类活动地类的面状地类应大于 6×6 个像元，图斑短边宽度最小为 2 个像元。

4）属性赋值：在矢量层的属性表中添加人类活动属性代码。

5）解译数据格式：shp 格式。

（3）人类活动信息统计

利用 GIS 空间分析的方法，将自然保护区功能分区矢量图层与人类活动矢量图层空间叠加，统计不同功能区每种人类活动的面积、数量和百分比。

（4）敏感人类活动斑块中心经纬度提取

提取工业用地、采石场、能源设施、旅游设施、交通设施、养殖场等较为敏感的人类活动矢量斑块经纬度，为核查提供依据。

2. 自然保护区人类活动实地核查

（1）核查方法

采用现场调查与座谈交流相结合的方法，对各自然保护区人类活动遥感监测结果进行实地核查。

（2）核查内容

根据遥感监测提取的人类活动斑块的经纬度信息，到实地进行定位、验证，并记录其所在功能区、建成时间、设施现状、相关审批手续、存在问题等，如表 5.14 所示。

表 5.14 自然保护区人类活动地面核查内容表

保护区名称	遥感解译结果				实地核查结果									
	活动类型	经度	纬度	所在功能区	活动类型	设施名称	经度	纬度	所在功能区	建成时间	设施现状	环评手续	“三同时”验收手续	存在问题

（3）室内修正

根据地面核查结果，对解译过程中不易判读的人类活动类型，进行补充，对错判、误判的人类活动类型进行属性修改。

（4）精度要求

通过室内解译、地面核查和室内修正，要求自然保护区人类活动遥感解译的精度达到 100%。

二、自然保护区生态系统健康评价

（一）内容和指标

本书选择 OECD（联合国经济合作与发展组织）建立的压力-状态-响应框架模型作为自然保护区生态健康评价的基础。这一框架模型具有非常清晰的因果关系，即人类活动对环境施加了一定的压力；因为这个原因，环境状态发生了一定的变化；而人类社会应当对环境的变化作出响应，以恢复环境质量或防止环境退化。而这三个环节正是决策和制定对策措施的全过程。

压力指标：主要描述人类干扰对自然保护区带来的影响和胁迫，其中自然干扰是一种无规则、不稳定、难以度量，人类干扰主要指以人类活动为主的生态动力源。

状态指标：反映自然保护区的结构和功能，具有活力、稳定和自调节的能力。评价生态系统是否健康可以从活力、组织结构和恢复力等 3 个主要特征来定义。活力表示自然保护区生态系统功能，可根据新陈代谢或初级生产力等测量；生态系统的组织结构是指系统的物种组成结构及其物种间的相互关系，反映生态系统结构的结构和功能；恢复力也称抵抗能力，根据胁迫出现时维持系统结构和功能的能力评价，当系统变化超过其恢复力时，系统立即“跳跃”到另一个状态，很多学者用弹性度来反映该指标。自然保护区生态状态指数表达式：

$$\mathrm{NRSI}=V\cdot O\cdot R \tag{5-78}$$

式中，NRSI 为自然保护区生态系统状态指数；V 为自然保护区生态活力指数；O 为自然保护区生态组织指数，用 0～1 间的数值来表示；R 为自然保护区生态弹性指数，用 0～1 间的数值表示。

响应指标：自然保护区受到人类干扰时，会出现一系列的变化，包括人类社会经济活动的变化。人类的反映可以通过以下指标来体现：一是与人类经济生产有关的指标，包括人均国内生产总值、财政收入、产业结构等；二是与人类健康有关的指标，包括各种污染物的排放等。

在压力-状态-响应框架模型的基础上，构建 3 个层次的自然保护区生态健康评价指标体系。第一层次是项目层，即压力、状态、响应 3 个项目；第二层次是评价因素层，即每一个评价准则具体有哪些因素决定；第三层次是指标层，即每个评价因素有哪些具体指标来表达，同时给出每个指标层的数据来源和获取方式，构建了三个层次的生态系统健康评价指标体系，同时给出每个指标层的数据来源和获取方式，见表 5.15。

表 5.15 自然保护区生态健康评价指标体系

项目层	评价因素层	指标层	指标来源和获取方式
压力指标	压力	人口密度	统计数据
		人类干扰强度	土地利用数据
状态指标	活力	归一化植被指数	环境一号卫星 CCD 数据
	组织	景观多样性指数	土地利用数据
		斑块丰富度	土地利用数据
		平均斑块面积	土地利用数据
		景观破碎度	土地利用数据
	弹性	生态弹性度	土地利用数据
响应指标	变化	自然保护区面积变化比例	土地利用数据

（二）方法

评价因子主要为归一化植被指数、景观多样性指数、景观破碎度指数、斑块丰富度、平均斑块面积（各景观指数计算方法见土地覆盖与生态系统参数产品生产）以及人类干扰强度、生态弹性度和自然保护区面积变化比例，计算方法如下。

1. 生态弹性度

生态弹性度指数（EEI）计算公式如下：

$$\mathrm{EEI}=\sum_{i=1}^{n}\left|\frac{S_i\times F_i}{S}\right| \tag{5-79}$$

式中，EEI 为生态弹性度指数；S_i 为 i 类土地利用类型的面积；F_i 为 i 类土地利用的弹性度分值；S 为研究区总面积。不同土地利用的弹性度主要参照专家经验法并考虑当地的实际情况确定。

2. 人类干扰强度

人类干扰指数强度（HIS）计算公式如下：

$$\mathrm{HIS}=\frac{\sum S_{\mathrm{c}}+S_{\mathrm{a}}+S_{\mathrm{r}}}{S}\times 100\% \tag{5-80}$$

式中，HIS 是人类干扰强度；S_{c}、S_{a}、S_{r} 分别是建设用地、农业用地、道路用地的面积；S 是研究区总面积。

3. 自然保护区面积变化比例计算方法

$$C=\frac{A_j-A_i}{A_i}\times 100\% \tag{5-81}$$

式中，C 为自然保护区面积变化比例；A_j、A_i 分别为自然保护区期末和期初的面积。

由于指标体系中的各项评价指标的类型复杂，各系数之间的量纲不统一，各指标之间缺乏可比性。有些指标与保护区生态健康呈正相关，如归一化植被指数；有些呈负相关，如人类干扰强度。因此，在利用上述指标时，必须对参评因子进行标准化处理。

根据各评价指标对自然保护区生态健康的贡献大小，采用专家经验法对项目层和指标层的评价指标进行权重分配，项目层指标权重分配为：压力是 0.4，状态是 0.4，响应是 0.2。

采用加权求和的方法来实现自然保护区生态健康评价。将评价单元各因子量化值与权重相乘并求和，获得该评价单元的综合评价指数值。即：

$$\mathrm{EHI}=\sum_{i=1}^{n}W_i\times C_i \tag{5-82}$$

式中，EHI 为生态健康指数；W_i 为 i 因子权重值；C_i 为 i 因子无量纲量化值。

依据计算出的自然保护区生态健康评价指数确定出健康级别，具体分级区间见表 5.16。

表 5.16 自然保护区生态系统健康指标分级

健康状态	定性描述
很健康	人为干扰很小或几乎没有，生态系统基本维持原始结构和功能
健康	人为干扰强度小于系统自调控阈值，城市河流生态系统保持一种动态的平衡
亚健康	人为干扰强度超过系统自调控阈值，生态系统结构和功能改变，生态质量不断下降，但可通过人工或自然恢复对其进行改善
不健康	生态系统进一步恶化，其自然恢复难度加大，采取人为调控进行人工恢复，其恢复的可能性较大
严重不健康	生态系统恶化严重，即使采取人工恢复，可能性也较小

自然保护区生态健康评价技术流程如图 5.18 所示。

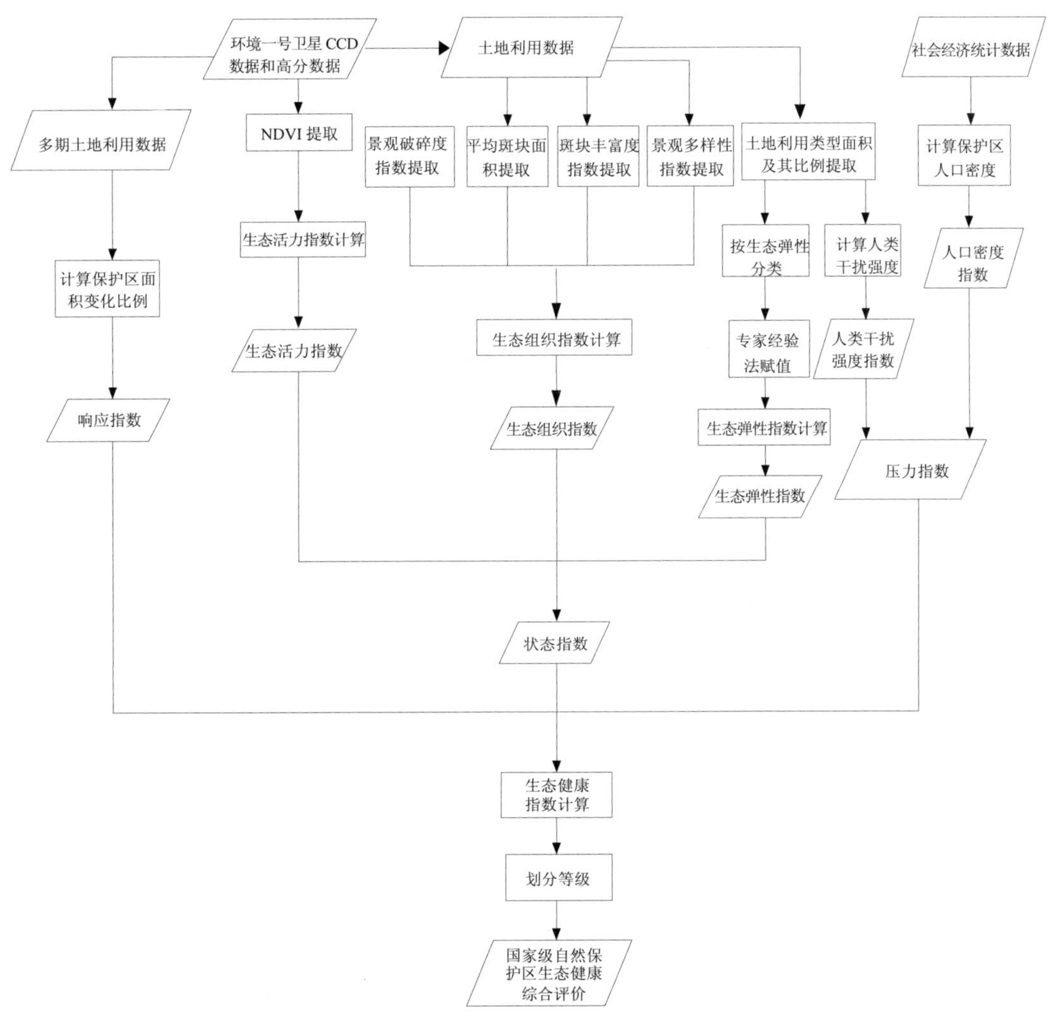

图 5.18 自然保护区生态健康评价流程

第八节 生物多样性优先保护区生态环境遥感监测

一、优先区土地利用类型变化遥感监测

（一）监测指标和分类体系

根据土地利用/土地覆盖分类体系，采用传统的监督与非监督分类方法，并结合人机交互解译方法，提取优先区土地利用/土地覆盖信息，并分析的动态变化和趋势，分析指标见表 5.17。

表 5.17 优先区土地利用遥感监测和分析指标

评价指标	缩写
各类型所占面积与比例	—
斑块数量	NP
斑块密度	PD
最大斑块指数	LPI
景观形状指数	LSI
蔓延度指数	CONTAG
斑块丰富度指数	PR
景观破碎度指数	LFI
Shannon 多样性指数	SHDI

（二）数据来源与处理

1. 数据源与处理

优先区土地利用遥感监测主要利用 HJ-1CCD，Landsat TM 结合 QuickBird、SPOT5 等高分辨率遥感影像，区域土壤图、植被图、地貌图等，提取示范区土地利用信息，解译获取优先区土地利用类型与分布。

2. 技术路线

土地利用/覆盖解译技术路线如图 5.19 所示。

二、优先区植被覆盖度变化遥感监测

（一）监测内容与指标

研究优先区植被覆盖度变化状况，下载 16 天合成，空间分辨率为 250 m，时间序列为 2000—2010 年共 11 年的 MODIS 植被指数产品，进行全区植被覆盖度计算。

监测指标：年平均最大植被覆盖度、月平均最大植被覆盖、植被覆盖度年际变化、植被覆盖年内变化。

（二）数据来源与处理

1. 数据源与处理

（1）Modis 植被指数产品下载及预处理

通过在 http：//modis.gsfs.nasa.gov/网站上查询优先区所在区域植被指数产品相应行列号，下载 2000—2010 年每 16 天合成数据产品，并在遥感软件中进行重投影及影像裁切。

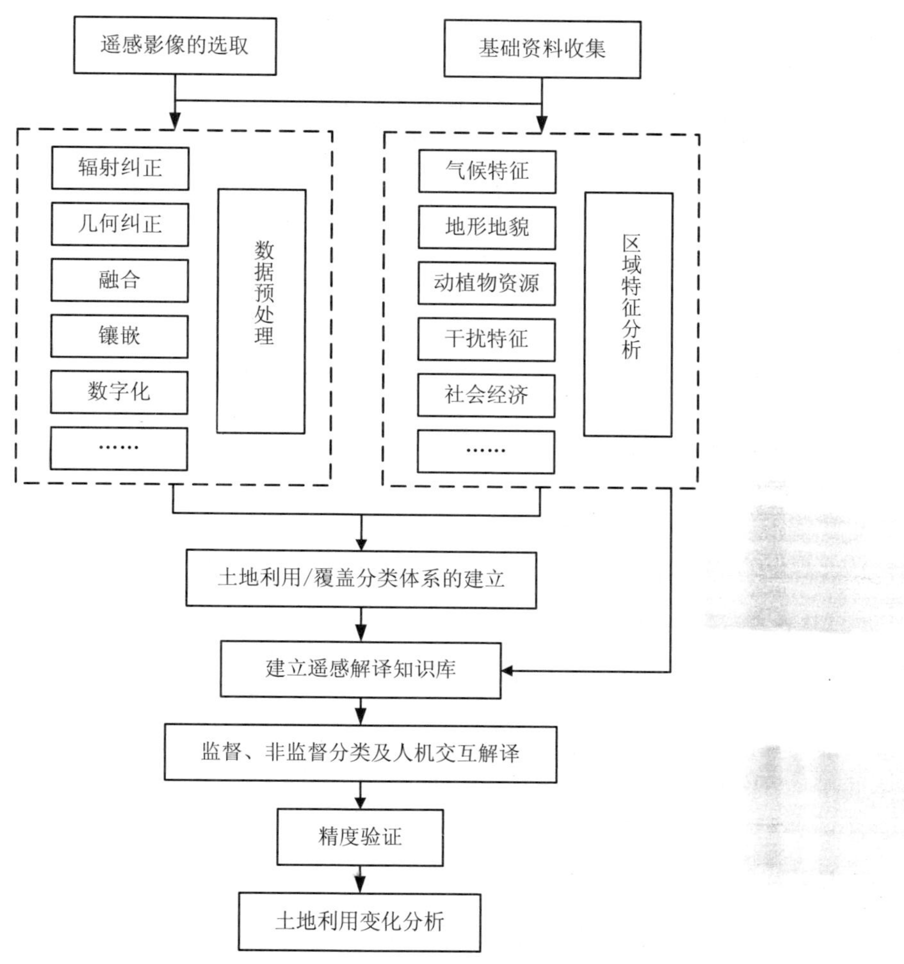

图 5.19 优先区土地利用/覆盖解译技术路线图

（2）年平均最大植被覆盖度计算

由于年最大 NDVI 可以较好反映该年度植被长势最好季节地表的植被覆盖状况，因而采用最大值合成法，结合像元二分法模型（方法见本章第三节）将每年的最大 NDVI 用于分析优先区 2000—2010 年植被覆盖度的年际变化。

（3）月平均最大植被覆盖计算

为了进一步揭示区域年内植被覆盖度变化趋势，选取近三年各期 MODIS 半月合成植被指数分别计算各期的植被覆盖度。

（4）植被覆盖度年际变化分析

通过以上的计算结果，分析研究区整个植被覆盖度空间分布情况，统计分析 2000—2010 年共 11 年植被覆盖度变化趋势，并通过分析各年植被覆盖度与相应年份气温、降水关系，揭示植被覆盖变化原因。

（5）植被覆盖年内变化分析

通过对月平均最大植被覆盖度计算，分析优先区植被覆盖度年内变化趋势，并通过与各月份气温、降雨数据的拟合分析气候对月植被覆盖度影响情况。

2. 技术路线

为研究近10年来优先区植被覆盖度变化状况，下载16天合成，空间分辨率为250 m，时间序列为2000—2010年共11年的MODIS植被指数产品，进行全区植被覆盖度计算，流程图见图5.20。

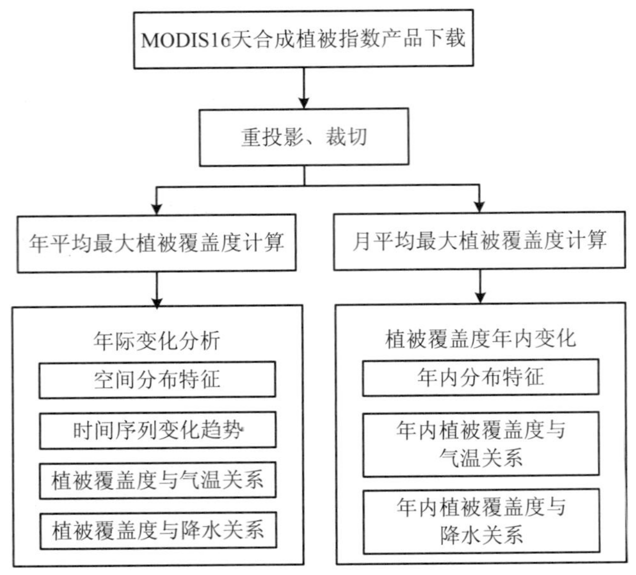

图5.20 技术路线图

三、优先区人类活动干扰遥感监测及定量评价

（一）监测内容与指标

1. 监测内容

（1）利用QuickBird、SPOT5等高分辨率遥感影像，结合区域土壤图、植被图、地貌图等，提取示范区土地利用信息，制作示范区的景观图；

（2）利用GIS手段及统计数据，获取示范区人口密度、道路密度等对生物多样性保护产生威胁的因素，综合评价和分析示范区生物多样性保护状况，并提出相关保护对策建议。

2. 监测与评价指标

优先区人类干扰的定量评估指标体系，具体分为遥感监测指标（水库面积、建设用地面积、耕地面积、道路长度、道路密度、优先区景观破碎度）、社会因素（人口总量、城镇人口数量、人口密度）和经济（人均国内生产总值、人均工业总产值）三个方面，如表5.18所示，使用模糊综合评判方法，通过综合评判矩阵作出多因素综合评估，以1990—2000年，2000—2010年每10年为一个评价周期，桂西黔南生物多样性保护优先区及优先区内各县为评价单元。

表 5.18 优先区人类活动强度定量评价指标体系

	评价指标	单位
遥感监测指标	水库面积	hm^2
	建设用地面积	hm^2
	耕地面积	hm^2
	道路长度	km
	道路密度	km/km^2
	景观破碎度	无量纲，0～1 之间
社会因素指标	人口总量	万人
	人口密度	人/km^2
	城镇人口数量	万人
经济指标	人均国内生产总值	元
	人均工业总产值	元

（二）分析评价方法

1. 技术路线

在对优先区的监测和分析的基础上，针对重点区域进行示范，确定示范区范围，选取高分辨率遥感影像，进行影像预处理，收集和整理示范区基础资料，从道路密度、人口密度、重大工程建设等方面分析示范区所受干扰，最后结合土地利用信息和干扰特征，分析生物多样性保护状况并提出对策建议（见图 5.21）。

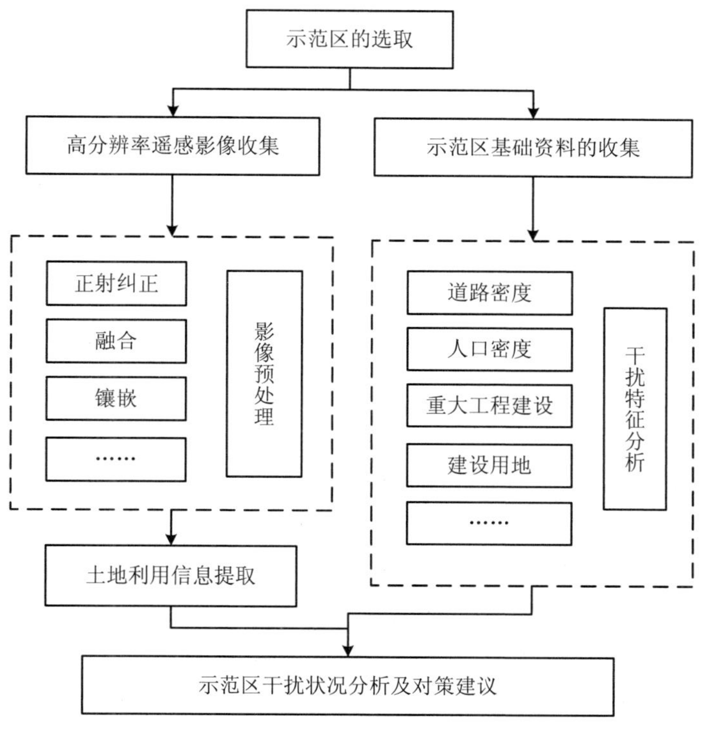

图 5.21 技术路线

2．评价方法

根据社会经济活动强度、人为干扰活动强度、污染物排放强度来计算优先区各县市的人类活动干扰指数。

（1）指标数据标准化

由于各评估指标的单位不同（即量纲不统一），互相之间不具备可比性，无法直接利用它们计算综合评估指数，因此，首先需要对数据进行标准化处理来消除这种影响。本研究选用极值处理法进行标准化处理。

本研究中存在两类指标，一类是正向指标，一类是负向指标。针对这两类指标，其标准化处理的方法分别如下：

正向指标：

$$X_s = (X-X_{min})/(X_{max}-X_{min}) \tag{5-83}$$

负向指标：

$$X_s = (X_{max}-X)/(X_{max}-X_{min}) \tag{5-84}$$

式中，X_s表示标准化以后的指标值，X表示标准化以前的指标值，X_{max}和X_{min}分别表示该指标中的最大值和最小值。

（2）因子分析法赋权重

权重是用来表示各指标变量或要素的相对重要程度。在生物多样性综合评估的过程中，评估指标权重的确定最为关键。权重的确定方法包括主观赋权和客观赋权两种。主观赋权法是依据评估者自身对评判对象的了解和认识以及相关知识的积累，按照主观重视程度的不同而分别赋予权重的方法，主要有层次分析法（AHP）、经验估算法等。由于主观确定的权重往往受限于专家个人的学识和经验的积累，不仅会随着知识程度的不同发生改变，在准确性上也值得商榷。客观赋权法是依据客观信息来反映不同指标的权重程度的方法，尽量避免了主观认知对权重判断的影响，主要包括熵权法、因子分析法、聚类分析法等。

因子分析是主成分分析的推广和发展（也可以说主成分分析是因子分析的特例），它将具有错综复杂关系的变量综合为数量较少的几个因子，以再现原始变量与因子之间的相互关系，同时根据不同因子还可以对变量进行分类，它属于多元分析中降维处理的一种统计方法。因子分析法确定指标权重的基本原理是根据相关性的大小把变量分组，使同组内的变量之间相关性较高，不同组之间的变量相关性较低，即把原本错综复杂关系的多个变量X_1，X_2，…，X_p归结为较少的综合因子F_1，F_2，…，F_m，然后根据综合因子（主成分）的方差贡献率以及各个变量和综合因子之间的回归系数计算出各个指标变量的权重。用这种方法计算出的权重避免了人为因素的影响，具有较强的客观性。因此，本研究选用因子分析法确定权重。

评估指标的权重赋值方法具体如下：以优先区各县市的各项指标的标准化数据为变量构建矩阵，采用 SPSS 统计分析软件进行数据处理，得出矩阵的特征根和相应的方差贡献率，选择主成分并得到因子得分结果和因子回归系数。因为主成分是原始变量的线性组合，包含了大部分原始变量的信息，所以可以根据因子回归系数计算出每个样本的各个评估指标的权重。权重计算公式如下：

$$W_i = \left| \sum_{p=1}^{m} g_p \alpha_{pi} \right| \tag{5-85}$$

式中，W_i 为第 i 个评估指标未进行归一化处理时的权重；g_p 为第 p 个主成分对总体方差的贡献率；α_{pi} 为第 i 个评估指标在第 p 个主成分中的回归系数；m 为主成分的个数，一般按特征根大于 1 或者累计贡献率达到 85%选取主成分的个数。最后，经过归一化处理，即可得到各评估指标的权重 W_j。

（3）计算人类活动干扰的综合评估指数

计算出各个主成分对总体方差的贡献率和各个评估指标的权重以后，采用如下公式计算生物多样性保护优先区综合评估指数：

$$\mathrm{BD_{index}} = \sum_{j=1}^{k} X_{\mathrm{s}} \times W_{\mathrm{j}} \quad (j = 1, 2, \cdots, k) \tag{5-86}$$

其中，$\mathrm{BD_{index}}$ 代表人类活动强度综合评估指数，X_{s} 是标准化以后的评估指标值，W_{j} 为归一化以后各个评估指标的权重，k 为评估指标个数。

第九节　矿产资源开发区生态环境遥感监测

矿产资源是不可或缺的重要生产资料，随着我国经济社会的持续快速发展，对各类矿产资源的需求也日益增长。然而，矿山开采在带动经济发展的同时，也容易对生态环境造成破坏，特别是不少矿山因规模小、开采技术落后、开采方式粗放，造成较大的资源浪费和环境污染，给人们的生活和健康带来极大的危害。

矿山环境问题近些年来显得尤为突出，其根本原因在于我国矿业长期以来实行的粗放型资源利用模式，以牺牲矿山环境为代价进行大规模超强度矿产资源开采。矿山环境问题突出表现在五个方面：一是采矿活动破坏了大量耕地和建设用地；二是采矿诱发地质灾害，矿山在开采过程中都不同程度地引起地表下沉、塌陷、岩体开裂、山体滑坡等地质环境问题，极大地危及人们生命财产安全；三是采矿使矿区水均衡遭受破坏，产生各种水环境问题，如水资源减少、水质下降、有色金属矿区的水体污染；四是矿山开采中废气、粉尘、废渣排放，产生大气污染和酸雨；五是采矿破坏自然地貌景观，影响整个地区环境的完整性。

本节结合环境保护部卫星环境应用中心开展的矿产资源开发区研究与应用工作，介绍矿山生态环境遥感监测相关的技术方法。

一、内容和指标

矿产资源区的生态环境监测和分析内容主要包括以下几个方面，监测指标见表 5.19。

表 5.19 矿产资源开发区监测评估内容与指标

监测指标	数据来源
矿区面积	遥感影像识别
矿产类型	部分地面核查+资料收集
开采状况	部分地面核查+资料收集
矿区占用生态用地类型和面积	遥感解译+GIS 叠加分析
与敏感生态目标（河流、国家禁止开发区等）格局关系	遥感解译+GIS 叠加分析
植被盖度	遥感提取
植被变化趋势	时序分析
生物量	地面实验+遥感提取
生物量变化趋势	时序分析

（1）矿区分布现状调查

在矿产资源开发过程中的采矿和选矿，不可避免会对原地貌形成改变，占用土地资源。可根据矿区用地和其他土地利用类型之间的光谱差异，提取矿区边界，结合地面核查和统计资料，获取矿区类别等属性信息，并基于该数据，可对区域内矿区面积、空间分布、比例、主要特征进行空间统计和综合分析，摸清矿区的分布格局。

（2）矿区动态变化分析

基于两期矿区解译数据，进行矿区面积变化、空间分布格局变化、占用土地类型和面积比例变化进行空间统计和空间分析，定量反映矿区占用其他土地类型的特征。

（3）矿区生态影响分析

矿区对生态的影响反映在多个方面，如引起环境污染、破坏植被和土地资源等。这里，我们主要监测其对植被的影响和与生态敏感区域的格局关系。

基于矿区解译数据和植被覆盖度数据，分析矿区及缓冲区范围内的植被状况变化，反映矿区开采对区域植被的影响；

基于矿区解译数据和生态保护敏感目标边界数据，分析矿产资源开发区建设与国家级自然保护区、重点风景名胜区、森林公园、地质公园和世界文化自然遗产的格局关系，与重要河流之间的格局关系。

二、数据收集与遥感图像预处理

矿区生态环境监测需选取合适的遥感数据，并收集矿产资源相关资料和监测区域内的生态敏感区边界数据。

（一）遥感数据源选取

遥感数据源的选取原则为：监测年成像空间分辨率在 10 m 以下、云量覆盖小于 10%、影像质量良好的多光谱遥感影像。针对矿区占地面积大的矿区可适当选取 10～30 m 的中分辨率遥感影像。

（二）其他数据收集

为增加矿产资源监测区域分析，尽量搜集资源开发区矿区分布、矿种、产量、矿权边界、周边环境数据等地面数据，并收集周边生态敏感区边界数据，包括：国家级自然保护区、重点风景名胜区、森林公园、地质公园和世界文化自然遗产区域和重要河流等矢量数据。

（三）遥感数据预处理

遥感影像预处理包括波段组合、几何精校正、图像镶嵌与图像裁切等处理过程。具体处理过程见“遥感影像图像处理”章节，特别提出的是，为增加矿区的遥感空间分辨率，若有同传感器的全色数据，尽量将全色波段和多光谱数据进行融合。

三、指标计算与分析方法

（一）矿产资源开发区遥感提取和精度验证

矿产资源开发区的分类体系可根据具体区域制定，按开采状况分为：活动矿区和闭坑未恢复矿区；按矿区内部用地分为：开采区、排土场、尾矿区、矿山工业场地和居民区。可根据实际监测状况进行分类体系的调整。

矿产的开发必然会产生人为的干扰场地，而这些场地中的地物在可见光-近红外范围内的光谱反射特征与周围未被扰动的地物有较大差异。矿产资源开发区遥感提取主要根据矿区遥感影像光谱特征，采用计算机自动分类加人工干预的方法提取。Landsat TM/ETM 和环境一号卫星 CCD 影像具有较为丰富的波谱信息，不同波段 DN 值的迥异给我们利用波谱信息识别矿产资源开发区分布提供了可行性。以乌海露天煤矿为例（图 5.22），通过对比分析矿区和其他地物在各个波段的波谱特征，可利用以下发现算法来提取矿区的空间分布。

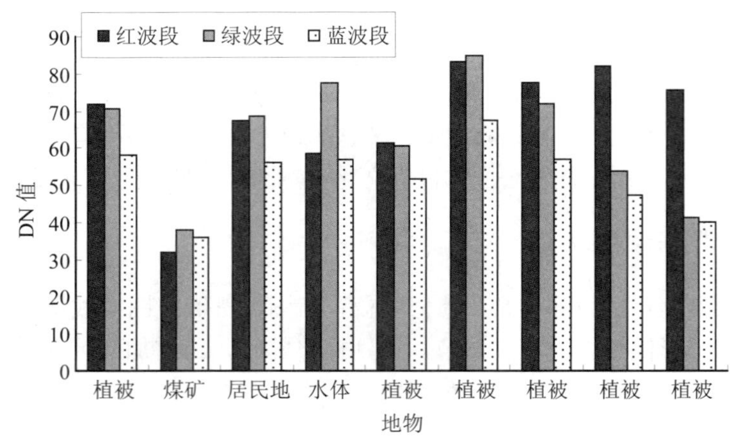

图 5.22 乌海市主要地物光谱特征

$$\text{Band}_{\text{red}} < A，\text{Band}_{\text{green}} < \text{B}，\text{Band}_{\text{blue}} < C$$

式中，Band_{red}、$\text{Band}_{\text{green}}$、$\text{Band}_{\text{blue}}$ 分别为红、绿、蓝波段的 DN 值，A、B、C 为阈值，范围一般为 20～40，在实际提取的过程中通过人为调整 A、B、C 的取值来达到最佳的提取效果。

因矿区容易和地表裸露区域和部分建设用地混淆，矿区遥感提取的精度评估与结果修正非常重要，主要有以下 2 种方法：1）对疑似斑块进行归类，开展地面核查；2）利用更高分辨率数据进行验证和修正。

（二）矿产资源开发区时空变化及对生态环境影响分析

1．矿区面积和空间变化

矿产资源开发区时空变化分析主要基于上述遥感提取的两期矿产资源开发区空间分布数据，通过对比矿区空间分布的大小变化，揭示矿区空间范围的变化过程。

（1）矿区面积比例

评价范围内的矿区面积比例。计算方法为：

$$P = \frac{S}{\text{TS}} \tag{5-87}$$

式中，S 为评价范围内的矿区总面积；TS 为评价区域总面积。

（2）矿区斑块数

评价范围内矿区斑块的数量。计算方法为：

应用 GIS 技术以及景观结构分析软件 FRAGSTATS3.3 分析板块数 NP。NP 为斑块数量。

2．矿区占用土地利用类型和面积

在进一步考虑 2000 年土地覆盖类型的基础上，分析矿区空间范围扩展对土地利用的影响，包括侵占的土地利用类型及其数量特征。

（1）占用各类生态系统面积比例，计算方法为：

$$P_i = \frac{S_i}{\mathrm{TS}} \tag{5-88}$$

式中，P_i 为 2010 年矿区占用土地覆被分类系统中第 i 类的面积比例；S_i 为 2010 年矿区占用土地覆被分类系统中第 i 类的面积；TS 为评价区域内总矿区面积。

（2）类平均斑块面积

应用 GIS 技术以及景观结构分析软件 FRAGSTATS3.3 分析平均斑块面积 MPS。

$$\mathrm{MPS}=\frac{\mathrm{NP}}{\mathrm{TS}} \tag{5-89}$$

式中，MPS 为平均斑块面积；NP 为斑块数量；TS 为评价区域总面积。

3．矿区影响范围内的植被变化

区域植被覆盖度、生物量监测计算方法见本章第 3 节，在开展具体区域监测时，需注意时相的一致性，本节主要介绍植被变化趋势的计算方法。

利用矿区影响范围内年 NDVI 最大值变化趋势来揭示植被覆盖状况的整体变化态势。NDVI 最大值变化趋势是通过对研究区每一个像元对应的年 NDVI 最大值与年份进行线性拟合，其变化率用最小二乘法来计算，公式如下：

$$b = \frac{\sum_{i=1}^{n}(x_i - \overline{x})(y_i - \overline{y})}{\sum_{i=1}^{n}(x_i - \overline{x})^2} \tag{5-91}$$

式中，b 为年 NDVI 最大值变化率；i 为年份，x、y 分别为年份和该年的 NDVI 值；$\overline{x}$、$\overline{y}$ 分别为某年份年 NDVI 最大值的平均值和所有年份 NDVI 的平均值。b 为负表示植被覆盖在研究时期内呈下降趋势，b 为正表示植被覆盖在研究时期内呈上升趋势。

1）植被指数

①计算及获取方法一：

MODIS 陆地二级标准数据产品（MOD 13）可以从 NASA 的数据分发中心免费下载。网址为 http：//ladsweb.nascom.nasa.gov/，包括 250 m 的 NDVI 与 EVI。

②计算及获取方法二：

采用 SPOT-VEGETATION NDVI 数据集。SPOT-VEGETATION 是搭载在 SPOT4 和 SPOT5 卫星上的传感器，有蓝、红、近红外和短波红外 4 个波段。它主要用于全球和区域尺度陆地植被的监测，自 1998 年 4 月开始数据分发的业务化运行。SPOT-VEGETATION NDVI 数据集是利用最大值合成法 MVC（Maximum Value Composites）合成的 10 天最大值 NDVI 产品，空间分辨率为 1 km，该产品经过了系统误差纠正、大气纠正等，并投影到 WGS84 坐标系统。通过公式 NDVI=RAW×0.004–0.1 计算得到 NDVI 值，其中 RAW 为产品的原始数据值。

③计算及获取方法三：

搜集多时相的矿产资源开发区中高分辨率遥感数据，进行数据几何纠正、辐射纠正和大气纠正后，参考本章第 3 节 NDVI 计算方法进行计算。

参考文献

[1] Chomko R.M.，Gordon H.R.，Maritorena.S.，et al.. 2003. Simlataneous retrieval of oceanic and atmospheric parameters for ocean color imagery by spectral optimization：A validation. Remote Sens. Environment，84：208-220.

[2] Ekstrand S. 1992. Landsat TM based quantification of chlorophylla during algae blooms in coastal waters. International Journal of Remote Sensing，13（10）：1913-1926.

[3] Giardino C，Brando V，Dekker A，et al.. 2007. Assessment of water quality in Lake Garda（Italy）using Hyperion. Remote Sensing of Environment，109（2）：183-195.

[4] Giardino C.，Candiani G.，Zilioli E. 2005. Detecting chlorophyll-a in Lake Garda using TOA MERIS radiances，Photogrammetric Engineering and Remote Sensing，71（9）：1045-1051.

[5] Gordon H R，Morel A. 1983. Remote assessment of ocean color for interpretation of satellite visible imagery：A review. New York：Springer-Verlag.

[6] Habbane M.，J.M. Dubois，M.I. El-Sabh，et al.. 1998. Empirical algorithm using SeaWiFS hyperspectral bands：a simple test. International Journal of Remote Sensing，19（11）：2161-2169.

[7] Keiner L.E.，Brown C.W..1999. Estimating oceanic chlorophyll concentrations with neural networks. International Journal of Remote Sensing，20（1）：189-194.

[8] Kirk J T O. 1983. Light and photosynthesis in aquatic ecosystems. London：Cambridge University Press.

[9] Klemas V，Bartlett D，Philpot W，et al.. 1974. Coastal and estuarine studies with ERTS-1 and Skylab，17（10）：1631-1636.

[10] Kutser T.，Metsamaa L.. Strombeck N.，et a1.. 2006. Monitoring cyanobacterial blooms by satellite remote sensing，Estuarine Coastal and Shelf Science，67（1-2）：303-312.

[11] Mobley C D，Sundman L K. 2003. Effects of optically shallow bottoms on upwelling radiances：Inhomogeneous and sloping bottoms. Limnology and Oceanography，48：329-336.

[12] Morel A，Gentili B. 1991. Diffuse reflectance of oceanic waters：Its dependence on sun angle as influenced by the molecular scattering contribution. Applied Optics，30：4427-4438.

[13] Morel A，Gentili B. 1993. Diffuse reflectance of oceanic water. II. Bidirectional aspects. Applied Optics，33：6864-6879.

[14] Morel A，Gentili B. 1996. Diffuse reflectance of oceanic waters.III. Implication of bidirectionality for the remotesensing problem. Applied Optics，135（24）：4850-4862.

[15] Mueller J L，et al. 2003 a. Ocean optics protocols for satellite ocean color sensor validation. Revision 4，Volume III：radiometric measurements and data analysis protocols，National Aeronautical and Space Administration Report，21621：1-72.

[16] Ruddick K G，Ovidio F，Rijkeboer M. 2000. Atmospheric correction of SeaWiFS imagery for turbid coastal and inland waters. Appl. Opt.，39（6）：1364-1371.

[17] Salama S，Monbaliu J. 2004.Quantitative estimation of suspended particulate matter from CHRIS images，Proc. of the 2nd CHRIS/Proba Workshop，ESA/ESRIN，Frascati，Italy.

[18] Sathyendranath S，Prieur L，Morel A. 1989. A Three-component Model of Ocean Colour and Its Application to Remote Sensing of Phytoplankton Pigments in Coastal Waters. International Journal Remote Sensing，10（8）：1373-1394.

[19] Sathyendranath S. 2000. Remote sensing of ocean colour in coastal. and other optically-complex，waters. IOCCG Report：No.3. Canada：International Ocean-Colour Coordinating Group.

[20] Stumpf R.P.，Pennock J.R..1989. Calibration of a general optical equation for remote sensing of suspended sediments in a moderately turbid estuary. J. Geoph. Res.，vol94，No.C10：14363-14371.

[21] Tang Danling，I-H Ni，FE Müller-Karger，et al. 1997. Monthly variation of CZCS pigment concentrations in Chinese coastal oceans. Joint University Biology Symposium' 97，Hong Kong，November 1997：34.

[22] Van Mol B V，Park Y J，Ruddick K，et al. 2004a. Mapping of chlorophyll and suspended particulate maater maps from CHRIS imagery of the Oostende core site. Proc. Of the 2nd CHRIS/Proba Workshop.

[23] Van Mol B V，Ruddick K. 2004b.The compact high resolution imaging spectrometer（CHRIS）：the future of hyperspectral satellite sensors. imagery of Oostende coastal and inland waters. The Airborne Imaging Spectroscopy Workshop.

[24] 陈楚群，施平，毛庆文. 1996. 应用T M数据估算沿岸海水表层叶绿素浓度模型研究. 中国环境遥感，11（3）：168-175.

[25] 党顺行，杨崇俊，王宇飞.卫星遥感海表温度反演研究. 高技术通讯，2001（3）：15-21.

[26] 黄韦艮，毛显谋，张鸿翔，等. 1998. 赤潮卫星遥感监测与实时预报. 海洋预报，（3）：37-45.

[27] 金相灿. 1995. 中国湖泊环境（第一、二、三册）. 海洋出版社，102-113.

[28] 雷坤，郑丙辉，王桥. 2004. 基于中巴地球资源1号卫星的太湖表层水体水质遥感. 环境科学学报，（3）：26-34.

[29] 李小斌，陈楚群，施平，等. 2007. 珠江口海域总无机氮的遥感提取研究. 环境科学学报，27（2）：313-318.

[30] 李炎，李京. 1999. 基于海面-遥感器光谱反射率斜率传递现象的悬浮泥沙遥感算法. 科学通报，44（17）：1892-1897.

[31] 李柞泳，张辉军，邓新民，等. 1993. 湖泊营养状态的Hamming贴近度评价法口. 环境科学研究，16（1）：11-15.

[32] 吕恒，江南，李新国. 2005. 湖泊的水质遥感监测研究. 地球科学进展，20（2）：185-192.

[33] 马荣华，戴锦芳. 2005. 结合Landsat ETM与实测光谱估测太湖叶绿素及悬浮物含量. 湖泊科学，17（2）：97-103.

[34] 马荣华，孔维娟，段洪涛，等. 2009. 基于MODIS影像估测太湖蓝藻暴发期藻蓝素含量. 中国环境科学，29（3）：254-260.

[35] 唐军武. 1998. 海洋光学特性模拟与遥感模型.中国科学院遥感应用研究所博士学位论文.

[36] 万余庆，张凤丽，闫永忠. 2003. 高光谱遥感技术在水环境监测中的应用研究. 国土资源遥感，（3）：

17-23.

[37] 王志辉，易善桢. 2007. 不同指数模型法在水体遥感提取中的比较研究. 科学技术与工程，7（4）：534-537.

[38] 吴传庆，杨志峰，王桥，等. 2009. 叶绿素 a 浓度的动态峰反演方法. 湖泊科学，21（2）：223-227.b

[39] 吴传庆，王桥，王昌佐，等. 2009. 去除叶绿素 a 影响的泥沙反演模型. 中国环境监测，25（2）：26-30.a

[40] 吴传庆. 2008. 湖泊富营养化高光谱遥感监测机理－光谱实验研究. 北京师范大学博士学位论文.

[41] 尹球，疏小舟，徐兆安，等. 2004. 湖泊水环境指标的超光谱响应特征分析. 红外与毫米波学报，23（6）：427-435.

[42] 张巍，王学军. 2002. 太湖水质指标相关性与富营养华特征分析. 环境污染与防治，24（1）：50-53.

[43] 唐军武，田国良，汪小勇，等. 2004. 水体光谱测量与分析 I：水面以上测量法. 遥感学报，8（1）：37-44.

[44] Gons H J. 1999. Optical teledetection of chlorophyll a in turbid inland water. Enviroment Science & technology，33（7）：1127-1132.

[45] Hoogenboom H J，Dekker A G，De Haan J F. 1998. Retrieval of chlorophyll and suspended matter in inland waters from CASI data by matrix inversion. Canadian Journal of Remote Sensing，24（2）：144-152.

[46] 张加晋. 2009. 近岸Ⅱ类水体叶绿素浓度遥感反演的算法综述. 福建水产，1：43-47.

[47] 沈春燕，陈楚群，詹海刚. 2005. 人工神经网络反演珠江口海域叶绿素浓度. 热带海洋学报，24（6）：21-26.

[48] 詹海刚，施平，陈楚群. 2000. 利用神经网络反演海水叶绿素浓度. 科学通报，45（17）：1879-1884.

[49] 张亭禄，李肖霞. 2007. 基于人工神经网络的海水漫射衰减系数的遥感反演方法. 中国海洋大学学报，37（4）：676-680.

[50] 陈军，温珍河，付军. 2010. 基于分段映射模型的水质参数遥感反演研究. 光谱学与光谱分析，30（10）：2784-2788.

[51] Plass G. N.，Kattawar G.W..1967. Monte Carlo Calculations of Light Scattering From Clouds，Oceanography and Atmospheric Sci. 5，37-84.

[52] 孔繁翔，高光. 2005. 大型浅水富营养化湖泊中蓝藻水华形成机理的思考. 生态学报，25（3）：589-595.

[53] 孔繁翔，宋立荣，等. 2011. 蓝藻水华形成过程及其环境特征研究. 北京：科学出版社.

[54] 李俊生，吴迪，吴远峰，等. 2009. 基于实测光谱数据的太湖水华和水生高等植物识别. 湖泊科学，21（2）：215-222.

[55] Huete A R，Justice C. 1999. MODIS vegetation index（MOD13）algorithm theoretical basis document ver3，University of Arizona，Tucson.

[56] Gitelson A A，Kaufman Y J，Merzlyak M N. 1996. Use of a Green Channel in Remote Sensing of Global Vegetation form EOS-MODIS. Remote Sensing of Environment，（58）：289-29.

[57] Kaufman Y J and Tanre D. 1992. Atmospherically resistance vegetation index（ARVI）for EOS-MODIS. IEEE Trans. Geosci. Remote Sens.（30）：261-270.

[58] Jiang Z Y，Huete A R，Chen J，et al.. 2006. Analysis of NDVI and scaled difference vegetation index retrievals of vegetation fraction. Remote Sensing of Environment，（101）：366-378.

[59] 吴迪. 2011. 内陆水体藻类及富营养化遥感监测与评价研究. 中国科学院对地观测与数字地球中心博

士论文.

[60] Hu，C.. 2009. A novel ocean color index to detect floating algae in the global oceans.Remote Sensing Environmental，113：2118-2129.

[61] 罗海江，方修琦，白海玲，等. 2008. 基于 VEGETATION 数据的区域生态系统质量评价之一 —— 指标体系选择. 中国环境监测，24（2）：45-49.

[62] 罗海江，方修琦，白海玲，等. 2008. 基于 VEGETATION 数据的区域生态系统质量评价之二——生产能力指数评价. 中国环境监测，24（5）：61-64.

[63] 罗海江，汪文鹏，白海玲. 2010. 基于 VEGETATION 数据区域生态系统质量评价之三——服务功能稳定度指数评价. 中国环境监测，26（2）：37-41.

[64] 姚尧，王世新，周艺，等. 2012. 生态环境状况指数模型在全国生态环境质量评价中的应用. 遥感信息，27（3）：93-98.

[65] 李世东. 2007. 中国生态状况报告 2005—生态综合指数与生态状况基本判断. 北京：科学出版社.

[66] 罗亚，徐建华，岳文泽. 基于遥感影像的植被指数研究方法述评. 生态科学，2005，24（1）：75-79

[67] Rouse，J. W. ，R. H. Haas，J. A. Schell，and D. W. Deering，Monitoring vegetation systems in the great plains with ERTS，Third ERTS Symposium，1973，NASA SP-351 I：309-317.

[68] Liu H Q，Huete A R. A feedback based modif ication of the NDVI to minimize canopy background and atmospheric noise. IEEE Geoscience and Remote Sensing. 1995，33：457-465.

[69] 赵英时，等. 遥感应用分析原理与方法. 北京：科学出版社，2003.

[70] Jing M. Chen. And Black，T. A. ，Defining leaf area index for non-flat leaves. Plant cell Environment. 1992，15，421-429.

[71] 张仁华. 实验遥感模型及地面基础. 北京：科学出版社，1996.

[72] Yanjuan Yao，Qinhuo Liu，Qiang Liu，Xiaowen Li. LAI Retrievals and Uncertainty Evaluations for Typical Row-planted Crops at Different Growth Stages. Remote Sensing of Environment. 112（1）：94-106，2008.

[73] Knyazikhin，Y.，J. V. Martonchik，et al.（1998）. Estimation of vegetation canopy leaf area index and fraction of absorbed photosynthetically active radiation from atmosphere-corrected MISR data. Journal of geophysical research 103：32，239-32，256.

[74] 颜春燕. 遥感提取植被系生化组分信息方法与模型研究. 中国科学院遥感应用研究所，2003.

[75] 张慧芳，张晓丽，黄瑜. 遥感技术支持下的森林生物量研究进展，世界林业研究，2007，20（4）.

[76] 王维枫，雷渊才，王雪峰，等. 森林生物量模型综述. 西北林学院学报，2008，23（2）：58-63

[77] Dong JR，Kaufmann RK，Myneni RB，et al. 2003. Remote sensing estimites of boreal and temperate forest woody biomass：Carbon pools，sources and sinks. Remote Sensing of Enviorment，84：393-410

[78] 李丽. 吉林敦化地区人工红松林 LAI 与 NPP 反演的遥感方法研究. 北京，北京师范大学，2005

[79] 徐新良，曹明奎. 森林生物量遥感估算与应用分析. 地球信息科学，2006，8（4）：1222128.

[80] 朴世龙，方精云，郭庆华. 利用 CASA 模型估算我国植被净第一性生产力. 植物生态学报. 2001，25（5）：603-608.

[81] 陈晓玲，赵红梅，田礼乔. 环境遥感模型与应用. 武汉：武汉大学出版社，2008.

[82] Dickinson，R. E.（1995）. land processes in climate models. Remote Sensing of Environment 51：27-38.

[83] 历华，曾永年，本培东，等. 利用多源遥感数据反演城市地表温度. 遥感学报，2007，11（6）：891-896

[84] 李召良. 地表温度反演算法，先进对地观测反演技术与应用学术研讨会材料汇编（一），1999.

[85] 辛晓州. 用定量遥感方法计算地表蒸散. 北京：中国科学院遥感应用研究所，2003.

[86] Bastiaanssen W GM. SEBAL-based sensible and latent heat fluxes in the irrigated Gediz Basin，Turkey. Journal of Hydrology，2000，229（1～2）：87-100.

[87] Sandholt I，Rasmussen K，Andersen J . A Simple Interpretation of the Surface Temperature/Vegetation Index Space for Assessment of Surface Moisture Status. Remote Sensing of Environment，2002，79：213-234.

[88] 王秀兰，包玉海．土地利用动态变化研究方法探讨．地理科学进展．1999，18（1）：81-87.

[89] 王仰麟，赵一斌，韩荡．景观生态系统的空间结构：概念、指标与案例．地球科学进展，1999，14（3）.

[90] FAO Proceedings. Land Quality Indicators and Their Use in Sustainable Agriculture and Rural Development. Proceedings of the Workshop organized by the Land and Water Development Division FAO Agriculture Department. 1997. 2：5.

[91] 刘建军. 基于遥感和 GIS 的巢湖流域生态系统健康评价. 北京：中国科学院地球化学研究所博士学位论文，2002.

[92] 左伟. 基于 RS、GIS 和 Models 的区域生态环境系统安全综合评价研究——以长江三峡库区重庆市忠县为例. 南京：南京师范大学博士学位论文，2002.